图的分解与完备残差图

段辉明　杨世辉　曾　波　著

本书获得以下基金项目资助：
　国家自然科学基金项目（71271226）
　国家自然科学基金项目（61472056）
　教育部人文社会科学研究一般项目（14YJAZH033）
　中国博士后科学基金特别资助项目（2015T80975）
　电子商务及供应链系统重庆市重点实验室开放基金项目（No. 1456024）
　重庆市自然科学基金（cstc2015jcy jA00034）
　重庆市教育委员会科学技术研究（KJ1500403）
　重庆市自然科学基金（cstc2015jcy jA00015）
　重庆邮电大学出版基金

科学出版社

北　京

内 容 简 介

本书共 10 章,主要以图论知识为基础,以同构的理论、集合论、数论知识为依托,对图的分解和完备残差图的性质进行比较深入的研究. 其主要内容包括以下五个方面:完全等部图的同构因子分解、完备三分图的同构因子分解、图的笛卡儿乘积的 Hamilton 圈分解、完备残差图的性质的研究,以及某些特殊残差图的性质研究.

本书主要适合图论的科研人员以及组合优化、计算机科学、信息安全等相关领域研究人员和硕士、博士研究生参阅.

图书在版编目(CIP)数据

图的分解与完备残差图/段辉明,杨世辉,曾波著. —北京:科学出版社, 2015.12

ISBN 978-7-03-046964-9

I. 图… II. ①段…②杨…③曾… III. ①图论–研究 IV. ①O157.5

中国版本图书馆 CIP 数据核字(2015) 第 312370 号

责任编辑:李 欣 肖 雷/责任校对:钟 洋
责任印制:张 伟/封面设计:陈 敬

科学出版社出版
北京东黄城根北街 16 号
邮政编码:100717
http://www.sciencep.com

北京建宏印刷有限公司 印刷
科学出版社发行 各地新华书店经销
*
2016 年 1 月第 一 版 开本:720 × 1000 B5
2018 年 1 月第三次印刷 印张:15 1/2
字数:304 000

定价:88.00 元
(如有印装质量问题,我社负责调换)

前　　言

　　图的同构是图论中的最基本的关系, 同构问题一直受到数学界与工程技术界的关注. 图的分解与完备残差图是图的同构理论的应用. 图的因子分解在研究图的结构性质中起重要作用, 在对策、组合设计、组合最优化以及网络优化等方面有广泛的应用. 完备残差图研究一个图, 其任意点的闭邻域与去掉 K_n 后同构时, 这个图的性质与结构, 以及相继去掉 m 次之后与 K_n 同构时的性质与结构, 是图论的一个重要课题. 对于图的分解和完备残差图, 经过 30 年的发展, 取得了较好的成果. 这些成果不但丰富了图论的知识, 而且对组合优化、网络优化、编码理论、计算机科学等都有广泛的应用. 由于对图的因子分解以及完备残差图的性质研究还有许多困难, 有许多理论需要进一步丰富和完善. 本书主要以图论知识为基础, 同构的理论、集合论和数论知识为依托, 对图的分解和完备残差图的性质进行了比较深入的研究, 其主要内容包括以下几个方面.

　　1. 完全等部多分图的同构因子分解是美国数学家 F.Harary 以及澳大利亚 R.W. Robinson 和 N.C.Wormald 于 1977 年在组合理论的国际会议上提出的猜想, 本书介绍了两种不同的证明方法, 其中一种是中国科学院博士生导师王建方在文献 [1] 中证明的, 另一种是本书作者杨世辉对此猜想给出的独立性证明.

　　2. 完全等部多分图的同构因子分解是美国数学家 F.Harary 以及澳大利亚 R.W. Robinson 和 N.C.Wormald 于 1977 年在组合理论的国际会议上提出的猜想. 本书对此猜想的证明有两种不同的方法, 其中一种是中国科学院博士生导师王建方在文献 [1] 中的证明的, 另一种方法是本书作者杨世辉对此猜想的独立性证明.

　　3. 圈的笛卡儿乘积的 Hamilton 圈的分解是数学家 A.Kötzig 提出的猜想之一. 本书主要是介绍两个圈、三个圈的笛卡儿乘积的 Hamilton 圈的分解以及任意圈的笛卡儿乘积的 Hamilton 圈分解.

　　4. 残差图是由数学家 Erdös, F.Harary, M.Klawe 等提出的概念, 他们研究了 K_n-残差图的一些性质, 并对连通的 m-K_n-残差图提出一些猜想和重要结论. 研究残差图的最小阶和最小图在网络优化和组合优化中有重要的作用. 本书首先研究完备残差图的一般性质, 包括最大独立集、奇阶完备残差图的最小阶和极图、次最小阶和极图等重要性质. 其次是对连通的完备 m-K_n-残差图的猜想进行研究, 取得了一定的进展, 离最终完全弄清楚结构与性质还有一段艰辛的路程.

　　5. 残差图的概念可以推广到超平面上, 本书研究 m-$K_n \times K_s$-残差图的重要性质, 拓展残差图的研究范围, 并引进超平面残差图 $HPK(n_1, n_2, \cdots, n_r)$ 的概念, 研

究 $HPK(n_1, n_2, \cdots, n_r)$-残差图.

6. 图的合成是图的重要运算之一, 本书研究 F-残差图到 $F[K_t]$-残差图的运算, 特别研究 $F = K_n \times K_s$ 和 $F = HPK(n_1, n_2, \cdots, n_r)$, 并得到此类残差图的最小阶和相应极图.

全书共 10 章, 其中第 1, 2, 5–9 章由段辉明编写, 第 3, 4, 10 章由杨世辉和曾波编写.

本书作者段辉明一直从事图论组合数学的研究工作, 很多成果都是在杨世辉教授的悉心指导下完成的. 杨世辉教授多年来一直从事图论中同构因子分解和完备残差图的研究, 并取得了很多成果. 杨世辉教授渊博的知识、严谨的治学态度、平易近人的处事风格, 时刻潜移默化地教诲着学生, 是学生今后人生最宝贵的精神财富.

图的因子分解与完备残差图是图的同构理论的应用, 对于因子分解、残差图的有关性质, 还有很多问题需要解决, 如完全等部图的同构因子分解以及完备三分图的同构因子分解与组合优化和网络优化的具体联系, Hamilton 圈分解的具体应用等都值得我们去思考. 同时关于连通的完备残差图的猜想尚未完全解决, $K_m \times K_n$ 以及超平面图是否有同构因子分解等还有很多需要亟待解决的问题. 希望感兴趣的同行加入因子分解与完备残差图的研究中, 并同时希望能把相关的理论应用到组合优化、计算机科学、信息安全等重要领域.

书中不妥之处在所难免, 恳请读者批评指正.

目　　录

第1章 绪 论

1.1 问题的提出

自然界和人类社会中的大量事物以及事物之间的关系, 常可用图形来描述. 对图的基本概念和性质、图的理论及其应用的研究, 构成图论的主要内容. 图论通过点线组成的图形, 构成模拟物理系统的数学模型, 并根据图的性质进行分析, 提供研究各种系统的方法. 任何一个包含了某种二元关系的系统都可以用图论的方法分析, 而且它往往还有形象直观的特点. 图论中应用的线形图与几何图不同, 每条边都可以有方向权值, 用以研究系统特性, 进行决策分析, 确定最优设计, 调整经济管理.

图的同构问题一直受到数学界与工程技术界的关注, 从理论上讲, 一般认为该问题属于 NP-完全问题, 从应用上讲, 图论的应用非常广泛, 在化学、运筹学、计算机科学、电子学、网路理论、信息安全等诸多领域都有应用. 图的同构是图论中最基本的关系, 判断两个给定的图是否同构是非常困难的. 图的分解和完备残差图是同构理论的应用, 其中图的因子分解在研究图的结构性质中起着重要作用, 而且有着重要的实际意义. 完全等部图的因子分解和完备三分图的同构因子分解是由著名的数学家 F.Harary, R.W.Robinson 以及 N.C.Wormald 提出的重要猜想, 这些猜想的解决不但丰富了图论知识, 而且还为网络优化、组合优化等信息科学类提供有力的理论依据, 其中 Hamilton 圈分解对遗传算法和组合设计都有重要的作用. 残差图是由数学家 P.Erdös, F.Harary, M.Klawe 等提出的, 残差图对于组合优化、网络优化、信息安全等方面都有重要作用. 由 Erdös 等提出的关于完备残差图的猜想和结论, 主要是研究图形的最小阶和最小图. 研究其图形的最小性和唯一性在组合优化、网络优化等方面有着重要的意义.

然而, 对于图的同构是一个非常困难的问题, 图的因子分解和完备残差图的性质还有待丰富和完善, 就图的分解和完备残差图而言, 还存在如下问题亟待解决.

(1) 关于数学家 Harary, Robinson 以及 Wormald 提出的关于等部多分图的同构因子分解的猜想已经解决, 但是有很多问题值得去探讨, 理论上等部多分图满足同构因子分解的条件, 而其他关于等部多分图的同构因子分解, 如几个等部多分图的笛卡儿乘积是否可以同构因子分解, 等部多分图的合成图是否可以同构因子分解等; 在应用上, 等部多分图的同构因子分解, 怎样应用到组合优化、网络优化以及算法中去.

(2) 完全三分图的同构因子分解是一个比较困难的问题, 目前已经完全解决了 Harary, Klawe 等提出的关于完全三分图的猜想, 但杨世辉教授在证明时用的置换以及三色图的思想, 是否可以用到其他图的同构因子分解中; 其次是完全二分图、三分图的笛卡儿乘积以及合成满足什么样的条件可以同构因子分解, 以及完全图的同构因子分解在优化和计算机科学的应用.

(3) Hamilton 分解广泛应用于电路分析、控制系统、随机最优控制等. Hamilton 圈分解应用于棋盘的马步问题, 也可以帮助计算机辅助分析等. 关于数学家 Kötzig 提出的关于两个圈、三个圈以及 n 个圈笛卡儿乘积的 Hamilton 圈分解的猜想已经解决. 但对于圈的合成的 Hamilton 圈分解, 还尚未解决, 关于 Hamilton 圈分解的应用也需要较大程度上的推广.

(4) 残差图的概念是由数学家 Erdös, Harary 和 Klawe 引入的, 由于研究的是图形的最小阶和最小图的问题, 这与组合优化、网络优化有着密切的关系, 所以研究残差图的性质是很必要的. 目前对于 Erdös 等提出的关于连通的 $m\text{-}K_n$-残差图的猜想和结论只解决了很少一部分的 m 和 n 值的问题, 还有很多问题都未解决. 其次残差图是重要的图形, 因此研究残差图的性质也十分重要. 本书主要研究残差图的最小阶、次最小阶和构造极图, 以及超平面上的残差图的概念的推广和性质的研究. 关于超平面的残差图以及图的合成、图的笛卡儿乘积的残差图的性质还有很多未解决的问题.

1.2　研究目的和意义

(1) 图的同构是图论的基本概念, 但对于图的同构因子分解的理论意义和实际意义是不言而喻的. 图的因子分解在研究图的结构性质中起着重要的作用, 并广泛应用于组合优化、网络优化、信息安全、计算机科学、生物等领域中. 完全等部多分图、完全二分图、完全三分图是图论中的重要的图形, 研究同构因子分解不但从理论上丰富了图的因子分解的知识, 而且为因子分解应用方便提供理论的基础.

(2) Hamilton 路、圈等是图论的重要内容之一, 也广泛应用于电路分析、生物以及网络优化、组合优化等. 研究圈的笛卡儿乘积的 Hamilton 圈分解, 可以让更多研究者了解 Hamilton 圈分解的理论基础, 同时可以把理论的精髓应用到其他实际应用中来, 也丰富了图论关于 Hamilton 圈的知识, 使得在 Hamilton 圈方面有更坚实的理论基础.

(3) 残差图主要研究的是一个图去掉点和相邻的边的图形和某个特定的图同构的性质, 残差图的最小阶和极图的研究与研究组合优化、决策以及网络优化等提供重要的理论依据. 同时研究残差图本身的性质主要是为了解决由数学家 Erdös, Harary 和 Klawe 提出的关于完备残差图的猜想, 这些问题的解决丰富了图论在残差图方面的理论基础.

1.3　国内外研究现状

J.Petersen 在文献 [2] 中引入图的因子分解的概念, 证明了一个图能 2-因子分解的充分必要条件是该图为偶正则的, 并由此给出了一类 Diophanine 方程的基础解. 从此, 图的因子理论一直为人们所重视, 成为图论研究中最活跃的课题之一. 著名匈牙利数学家 L.Lovasz 在文献[3]中提到图论中有些分支的中心结构定理形成了图论研究的骨干时, 把因子和连通作为两个例子特别地提出来. 图的因子分解在研究图的结构性质中起了重要作用, 并且广泛应用于对策、组合设计、组合优化、网络优化、生物等领域中. 图的同构是图论中的图的最基本的关系, 有如拓扑学中的同胚、初等几何中的全同. 然而同构的问题, 即判断两个给定图是否同构又是非常困难的. M.R.Garey 和 D.S.Johnson 在文献 [4] 中列举了 12 个未解决的问题, 其第一个就是图的同构问题. 这个问题的重要性和困难性不仅为图论界, 而且为整个数学界所公认. 图的同构因子分解的理论意义和实际意义是很重要的. 图的分解和残差图是图的同构的应用, 因此研究其图的分解以及残差图的性质也是相当困难的. 下面是本书研究的具体内容的研究现状.

(1) 完全等部图的同构因子分解的研究现状

图的同构因子分解有重要的理论意义和实际意义, 同时这个问题又是非常困难的, 因为同构问题本身就很困难. Chung 和 Graham 在文献 [5] 中说到在算法的观点中, 同构问题即使是树分为两个同构的子图, 也是 NP-完全的. 对于完全图 K_n 的同构因子的分解 G.Ringel 在文献 [6]、H.Sachs 在文献 [7] 中分别独立地证明了可分条件是 K_n 能分解 2 个同构因子的充分条件. Harary, Robinson 和 Wormald 在文献 [8] 中证明了可分性条件对完全偶图是充分的, 同时在文献 [9]中完整地解决了完全图的同构因子分解问题, 得到如下结果: $t|K_n$ 的充分必要条件为 $t\left|\dfrac{n(n-1)}{2}\right.$, 在文献 [10] 中还研究了完全等部图的同构因子分解, 得到了一些有趣的结果, 并且提出了下述猜想: 对所有完全等部图, 可分条件意味着存在一个同构的因子分解. 王建方在文献 [1] 中证明了这个猜想, 同时 S.J.Quinn[11] 和杨世辉 [12] 也给出了证明.

(2) 完备三分图的同构因子分解的研究现状

Harary, Robinson 和 Wormald 在文献 [9] 中, 对于完备三分图 $K(m, n, s)$, 当 $t = 2, 4$ 时证明了可分性条件 $t|mn + ms + ns$ 是 $t|K(m, n, s)$ 的充分性条件. 并指出当 t 为奇数时, 可分性条件不一定是充分的. 例如, $t > 1$ 为奇数, 当 $m \geqslant t(t+1)$ 时, 由可分性条件 $t|2m + 1$ 不能得到 $t|K_{(1,1,m)}$, 他们猜测当 t 为偶数时, 如果 $t|mn + ms + ns$, 则 $t|K(m, n, s)$. Quinn 在文献 [11] 中证明了当 $t = 6$ 时, 可分性条

件是充分的. 杨世辉在文献 [13] 中用一种新的方法证明了当 $t = 6$ 时, 可分性条件是充分的. 同时他在文献 [14] 中证明当 $t = 2^k$ 时, 由于当 $t > 1$ 为奇数、$m \geqslant t(t+1)$ 时 $t|2m+1$, 但 $K(1,1m)$ 不是 t 可分的, 所以对于奇数 t 和完备三分图 $K(m,m,n)$, 可分性条件不一定是充分性条件. 段辉明在文献 [15] 中讨论了当 $t = 9 \times 2^k$ 时的可分性条件. 同时杨世辉在文献 [13] 中利用与前面不同的方法, 引进特殊置换, 利用三色图形的性质证明了 Harary, Robinson 和 Wormald 在文献 [9] 中提出关于完备三分图的同构因子分解的猜想.

(3) Hamilton 圈分解的研究现状

著名数学家 Kötzig 在文献 [16] 中, 研究了 $C_m \times C_n$ 有两条 Hamilton 圈的问题, 并得到 $C_m \times C_n$ 是两条边不重 Hamilton 圈的并, 同时提出 $C_m \times C_n \times C_r$ 可否分解成三条不重 Hamilton 圈, 此猜想已被 M.F.Fregger 在文献 [17] 中证明. 同时连广昌在文献 [18] 中把 Kötzig 在文献 [17] 中的圈推广到 n 个圈的笛卡儿乘积, 并求出 Hamilton 圈分解. J.C.Bermond 在文献 [19] 中的猜想 1.15 中提到两个圈的合成 $C_m[C_n]$ 图的 Hamilton 圈分解, 文献 [20]—[21] 证明了此猜想的正确性.

(4) 完备残差图的研究现状

残差图的概念在文献 [22] 中由 Erdös, Harary 和 Klawe 引入的, 他们研究了完备残差图, 对于任意正整数 m 和 n, 证明了 $(m+1)K_n$ 是唯一的具有最小阶 $(m+1)n$ 的 m-K_n-残差图, 同时证明了 C_5 是唯一的具有最小阶 5 的连通的 K_2-残差图. 当 $1 < n \neq 2$, 连通的 K_n-残差图的最小阶 $2(n+1)$; 当 $n \neq 2,3,4$ 时, $K_{n+1} \times K_2$ 是唯一的具有最小阶的连通的 K_n-残差图. 对于 m-K_n-残差图他们提出如下两个猜想 [22].

猜想 1   当 $n \neq 2$ 时, 连通残差图的 m-K_n-最小阶为 $\min\{2n(m+1), (n+m)(m+1)\}$.

猜想 2   当 n 充分大时, 有唯一的具有最小阶 m-K_n-残差图.

近几年对于残差图的研究国内外研究学者也异常活跃, 其中对于 Erdös, Harary, Klawe 等在一类重要的 m-K_n-残差图的猜想和结论也有了进展, 廖江东、杨世辉等在文献 [23]—[26] 中研究了 $m = 2,3$, 以及 $m \geqslant 2n+1$ 的部分 n 值的残差图. 段辉明等在文献 [27] 中研究了 $m = 3, n = 2$ 的部分残差图. 杨世辉、段辉明在文献 [28]—[29] 研究了完备奇阶和次最小阶的残差图的性质, 他们也在文献 [30]—[35] 中研究了超平面残差图以及图与图的合成和笛卡儿乘积的残差图. 在文献 [36]—[39] 研究了残差图的应用.

1.4   主要研究内容

本书以图的同构为主线, 围绕着图的同构因子分解、图的 Hamilton 圈分解, 以及完备残差图和超平面残差图展开相关研究, 重点介绍完全等部图、完备三分图、圈的笛卡儿乘积的 Hamilton 圈分解, 以及完备残差图的性质、超平面残差图的性质、图与图的合成残差图的性质等内容.

本书共 10 章, 其中第 1 章是绪论, 第 2 章是相关的预备知识, 第 10 章是结论与展望. 其余 7 章为本书的主要研究内容, 下面介绍这 7 章的主要研究内容.

第一部分 (对应本书第 3 章, 完全等部图的同构因子分解). 本章首先介绍完全等部多分图的概念, 以及完全等部多分图同构因子的猜想. 对于该猜想的证明介绍两种不同的方法: 一种是王建方教授解决此猜想的方法; 另一种是杨世辉教授解决此猜想的方法.

第二部分 (对应本书第 4 章, 完全三分图的同构因子分解). 本章先介绍关于完全三分图的同构因子分解的猜想以及相关的内容. 然后介绍 $t = 6, 18$, 以及 $t = 2^t$ 的完全三分图的同构因子分解. 最后介绍杨世辉教授引进特殊的置换和三色图的性质解决的整个猜想的证明.

第三部分 (对应本书第 5 章, 圈的 Hamilton 圈分解). 本章主要介绍圈的 Hamilton 圈分解的猜想, 以及两个圈、三个圈的 Hamilton 圈分解, 最后介绍 n 个圈的笛卡儿乘积的 Hamilton 圈分解的笛卡儿乘积的 Hamilton 圈分解.

第四部分 (对应本书第 6 章, 完备残差图的重要性质). 本章主要介绍一般的残差图的关于独立集的几个重要性质. 然后介绍完备残差图的最小阶和构造相关极图. 最后介绍完备残差图的次最小阶的性质和构造极图.

第五部分 (对应本书第 7 章, 连通的 m-K_n- 残差图). 本章主要研究由 P. Erdös, F. Harary 和 M. Klawe 提出的关于 m-K_n-残差图的猜想. 主要研究了 K_n- 残差图的性质. 主要研究部分的 m 和 n 的值, 当 $n = 2, m = 2, m = 3$ 以及 $m > 2n - 3$ 时, m-K_n-残差图的重要性质.

第六部分 (对应本书第 8 章, 超平面残差图). 本章主要把残差图的概念推广到超平面上, 两个完备图的笛卡儿乘积是超平面残差图定义的特殊图形. 首先介绍 m- $K_n \times K_s$- 残差图的最小阶和极图, 其次介绍 3 维超平面残差图的最小阶和极图, 最后介绍任意维的超平面残差图的最小阶和极图.

第七部分 (对应本书第 9 章, 图的合成残差图). 本章首先介绍一部的图和完备图的合成残差图的基本性质, 其次举例说明超平面残差图和完备图的合成的最小阶和极图的性质.

1.5 本章小结

本章主要介绍本书研究课题的研究目的、研究现状、研究意义.

第2章 预备知识

2.1 关于图的基础知识

定义 2.1.1 一个图 G 定义为一个有序对 (V, E), 记为 $G = (V, E)$, 其中

(1) V 是一个非空集合, 其中的元素称为顶点;

(2) $E = \{e_1, e_2, \cdots, e_n\}$ 是无序集合, 其元素称为边, 是 V 的无序对, 其元素可在 E 中出现不止一次. 重复出现的元素称为重边. 其中图 G 中顶点的个数叫做阶. 端点重合为一点的边叫做环; 没有环及多重边的图叫做简单图. 若 $e = (u, v) \in E$, 称 u 和 v 为 e 的端点.

定义 2.1.2 每一对不同的顶点均有一条边相联的简单图, 称为完全图. n 阶完全图记为 K_n.

定义 2.1.3 设 V_1 和 V_2 是 G 的顶点子集, 使得

$$V_1 \cup V_2 = V(G), \quad V_1 \cap V_2 = \varnothing,$$

且 G 的每一条边的一个端点在 V_1 中, 另一个端点在 V_2 中, 则称 G 为二部图. 如果 V_1 中每一个顶点与 V_2 中的每一个顶点都邻接, 则称为完全二部图.

定义 2.1.4 设图 $G = (V, E)$, $u \in V = V(G)$, 集合 $N(u) = \{x | x \in V(G), x$ 与 u 邻接 $\}$ 与 $N^*(u) = \{u\} \cup N(u)$ 分别叫做顶点 u 的邻域和闭邻域.

定义 2.1.5 对于 $u \in V(G)$, 定义 $G_u = G - N(u)$, 其中 $N(u)$ 是 u 的闭邻域.

定义 2.1.6 若 $F \subset G$, 定义 F 在 G 中的度:

$$d_G(F) = \sum_{x \in F} d_G(x) - \sum_{x \in F} d_F(x).$$

定义 2.1.7 如果 $G = \bigcup_{i=1}^{m} G_i$, 这里 G_i 是 G 的子图, 且 $G_i \cong F, V(G_i) \cap V(G_j) = \varnothing$, G_i 与 G_j 不邻接 $(i, j = 1, 2, \cdots, m, i \neq j)$, 则 G 可以记为 $G \cong mF$.

定义 2.1.8 假设 $G = (V, E)$ 是简单图, 记

$$E = E(G), \quad V = V(G), \quad \nu(G) = |V|$$

为 G 的阶. 如果 $U = \{u_1, u_2, \cdots, u_k\} \subset V$ 是 $V = V(G)$ 的非空集合, U 的导出子图记为 $\langle U \rangle = \langle u_1, u_2, \cdots, u_k \rangle$, 或记为 $G[U]$, 特别地, 可以记 $G = \langle V \rangle = \langle v_1, v_2, \cdots, v_n \rangle$, 这里 $V = V(G) = \{v_1, v_2, \cdots, v_n\}$.

注 关于图的定义、记号和相应的基本知识遵从关于图论的相关教材, 下面给出本书中常常采用, 而在其他教科书中不常见的一些术语与记号.

定义 2.1.9 若 $v \in V = V(G)$, 可以说是点 v 属于图 G, 也记为 $v \in G$. 若 $v \in H$, H 是 G 的子图, 可记为 $H \subset G$. v 在 H 中的闭邻域记为

$$N_H(v) = \{x \in H | x = v, \text{ 或 } x \text{ 与 } v \text{ 是邻接的}\},$$

$N_G(v)$ 简记为 $N(v)$, 如果 $F \subset G$, F 邻域可以记为

$$N(F) = N_G(F) = \bigcup_{v \in F} (N(v)).$$

定义 2.1.10 设 $X, Y \subset V(G)$, $X \cap Y = \varnothing$, 如果存在 $x \in X$ 和 $y \in Y$, x 与 y 邻接, 称 X 与 Y 邻接. 否则, 称 X 与 Y 不邻接. 如果对于任意的 $x \in X$ 和 $y \in Y$, x 与 y 邻接, 称 X 与 Y 完全邻接.

定义 2.1.11 H 称为 G 的子图, 记为 $H \subseteq G$, 如果 $V(H) \subseteq V(G)$, $E(H) \subseteq E(G)$, 且 H 中边的重数不超过 G 中对应的重数.

定义 2.1.12 设 $G = (V, E)$, 满足条件 $V(H) = V(G)$ 与 $E(H) \subseteq E(G)$ 的真子图, H 叫做 G 的生成子图.

定义 2.1.13 图 G 的顶点集合 $V(G)$ 分成子集 V_1 和 V_2 ($V_1 \cup V_2 = V(G)$, $V_1 \cap V_2 = \varnothing$) 的分划 (V_1, V_2), 称为 G 的二分划.

定义 2.1.14 设有两个图 $G_1 = (V_1, E_1)$ 和 $G_2 = (V_2, E_2)$, 它们的顶点集间有一一对应关系, 使得边之间有如下的关系: 设 $u_1 \leftrightarrow u_2$, $v_1 \leftrightarrow v_2$, $u_1, v_1 \in V_1$, $u_2, v_2 \in V_2$. 如果 $(u_1, v_1) \in E_1$, 那么 $(u_2, v_2) \in E_2$, 而且 (u_1, v_1) 的重数与 (u_2, v_2) 的重数相同, 这种对应关系叫做同构. 记为 $G_1 \cong G_2$.

由此可知, 两个图有相同的顶点数或相同的边数是同构的必要条件.

2.2 图 的 运 算

定义 2.2.1 设 G_1 和 G_2 都是 G 的子图, 则

G_1 和 G_2 的并, 记为 $G_1 \cup G_2$: 仅由 G_1 和 G_2 中所有边组成的图.

G_1 和 G_2 的交, 记为 $G_1 \cap G_2$: 仅由 G_1 和 G_2 的公共边组成的图.

G_1 和 G_2 的差, 记为 $G_1 - G_2$: 仅由 G_1 中去掉 G_2 中的边组成的图.

定义 2.2.2 设 G_1 和 G_2 是任意两个无向图, G_1 和 G_2 的笛卡儿乘积为图 $G = G_1 \times G_2$, 其中图 G 满足:

$$V(G) = V(G_1) \times V(G_2),$$

G 中的两个顶点 $\langle a, b \rangle$ 和 $\langle c, d \rangle$ 是邻接的当且仅当 $a = c$ 且 $(b, d) \in E(G_2)$, 或者 $b = d$ 且 $(a, c) \in E(G_1)$.

定义 2.2.3 设图 $G_1 = (V_1, E_1)$, $G_2 = (V_2, E_2)$, G_1 和 G_2 的合成记为 $G_1[G_2]$, 定义为

$$V_1 \times V_2 = \{x = (x_1, x_2) | x_1 \in V_1, x_2 \in V_2\},$$

两个顶点 $u = \{u_1, u_2\}$ 和 $v = \{v_1, v_2\}$ 是相邻的, 当且仅当 u_1 与 v_1 在 G_1 相邻, 或者 $u_1 = v_1$, u_2 与 v_2 在 G_2 中相邻.

定义 2.2.4 设图 $G_1 = (V_1, E_1)$ 和 $G_2 = (V_2, E_2)$ 不相交, 即 $V_1 \cap V_2 = \varnothing$, 定义 G_1 与 G_2 的联 $G = G_1 + G_2$, 即为

$$V(G) = V_1 \cup V_2, \quad E(G) = E_1 \cup E_2 \cup E(K(V_1, V_2)),$$

这里的 $K(V_1, V_2)$ 是指以 V_1, V_2 为独立点集的完备二部图.

2.3 本 章 小 结

本章主要介绍了本书所用到的图论的基本知识, 介绍图的边、点、阶、邻域等定义, 以及图的同构, 图的交、并、和、差、笛卡儿乘积、合成等运算.

第 3 章　完全等部图的同构因子分解

3.1　图的因子分解概述

Petersen 在文献 [2] 中引入图的因子分解的概念, 证明了一个图能 2- 因子分解的充分必要条件是该图为偶正则的, 并由此给出了一类 Diophanine 方程的基础解. 从此, 图的因子理论一直为人们所重视, 成为图论研究中最活跃的课题之一. 图的因子分解在研究图的结构性质中起着重要作用, 并且有重要的实际意义.

图 G 的一个支撑子图 H 被称为 G 的一个因子. 若 H 为 α-正则的, 则称它为 α-因子. 一个图 $G = (V, E)$ 的边集 E 的一个分划 $\{E_1, E_2, \cdots, E_t\}$ 被称为图 G 的一个因子分解. 若每个因子 (V, E_i) 都是 α-正则的, 则称为 α-因子分解.

图 $G = (V, E)$ 的边集 E 的一个分划 $\{E_1, \cdots, E_t\}$ 叫做 G 的同构因子分解, 如果 E_j 张成的子图 $G_j = (V, E_j)$ 彼此同构, 子图 G_j 叫做 G 的 t 分因子, 记为 $\dfrac{G}{t}$. $\{G_1, \cdots, G_t\}$ 叫做 t 个同构因子. 如果 G 能分解成 t 个同构因子, 称 G 是 t 可分的或 t 可分 G, 记为 $t|G$.

王建方在文献 [40] 中讨论了 1-因子分解, 着重讨论了有限拓扑方法、群论方法和边着色方法, 证明了图 G 能 1-因子分解的必要条件, 以及讨论了同构因子分解, 主要讨论群论方法和某些数论方法、图函数和多步分解法. 他还在文献 [41] 中介绍关于图的路因子分解.

本章主要介绍 Harary, Robinson, Wormald 等提出的关于完全多部图的同构因子分解猜想的证明的两种不同的方法.

定义 3.1.1　$G = (V, E) = G(A^1, A^2, \cdots, A^n)$ 叫做以 $A^1, A^2, \cdots, A^n$ 为独立集的 n-部分图, 如果

$$A^1 \cup A^2 \cup \cdots \cup A^n = V, \quad A^i \cap A^j = \varnothing,$$

这里 $i \neq j, i, j = 1, 2, \cdots, n$, 且属于同一点集 A^i 的任意顶点不邻接.

用 (A^i, A^j) 记完备二分图 $K(A^i, A^j)$ 的边集,

(1) 如果 $(A^i, A^j) \cap E = \begin{cases} (A^i, A^j), & \\ \varnothing, & \end{cases}$ 或 $i \neq j, i, j = 1, 2, \cdots, n$, 则称 G 为拟完备 n-部分图.

(2) 如果 $(A^i, A^j) \cap E = (A^i, A^j), i \neq j, i, j = 1, 2, \cdots, n$, 则称 G 为完备 n-部分图. 如果还有 $|A^1| = \cdots = |A^n| = m$, 则称 G 为完备 n-等部图, 简记为 $K_n(m)$.

对于 G 能分解成 t 个同构因子, 称 G 是 t 可分的或 t 可分 G, 记为 $t|G$. 给定的 t 和恰有 q 条边的图 G, $t|G$ 的一个明显的必要条件是 t 整除 q, 记为 $t|q$, $t|q$ 叫做 $t|G$ 的可分性条件. 一般来说, 可分性并不是充分条件. Sachs 在文献 [7] 和 Ringel 在文献 [6] 中分别独立地证明了可分条件是 K_n 能分解为 2 个同构因子的充分条件. Harary, Robinson, Wormald 在文献 [8]中完整地解决了完全图的同构因子分解问题, 得到了下面结果: $t|K_n$ 的充分必要条件为 $t\left|\dfrac{n(n-1)}{2}\right.$. 他们还在文献 [9] 中研究多分图的同构因子分解, 得到了一些有趣的结果, 并且提出了下述猜想: 对所有完全等部图, 可分条件意味着存在一个同构因子分解, 这个猜想可以描述为如下定理.

定理 3.1.1   对任意三个正整数 $n, m, t, t|K_n(m)$ 当且仅当 $t\left|\dfrac{n(n-1)m^2}{2}\right.$, 其中 $K_n(m)$ 表示每部有 m 个定点的完全等部 n-分图.

对于此猜想的证明, 王建方、Quinn 和杨世辉分别独立地给出了不同的证明, 本书介绍两种方法证明, 第一种是王建方教授在文献 [1] 中的方法; 第二种方法是同一时期杨世辉教授在文献 [42] 中证明的.

3.2   关于完全图的同构因子分解猜想证明的第一种方法

由定义 2.2.3 的合成图的定义知, 对任意的 $v \in V_1$, 令 $V(v) = \{(v, u)|u \in V_2\}$, 我们称 $V(v)$ 为顶点 v 在 $G_1[G_2]$ 中的张集, v 为 $V(v)$ 的支点. 由此有下面的引理成立.

引理 3.2.1 $K_n(m) = K_n[I_m]$, 其中 K_n 表示 n 阶完全图, I_m 表示 m 阶孤立图. $K(v_1, v_2, \cdots, v_t)$ 表示顶点集合为 $\{v_1, v_2, \cdots, v_t\}$ 的完全图, $K(V_1, V_2, \cdots, V_n)$ 表示各部独立集分别为 $V_1, V_2, \cdots, V_n$ 的完全 n-分图.

设 G 为 n 阶图, 我们称 $G_n(m) = G[I_m]$ 为拟完全等部 n-分图.

下面定义简化剩余系.

定义 3.2.1[43]   设 $\varphi(m)$ 表示与 m 互素类的个数, 在与 m 互素的各类中各取一个代表 $a_1, a_2, \cdots, a_{\varphi(m)}$, 命名为 m 的剩余缩系, 简称缩系.

定理 3.2.1   若 $a_1, a_2, \cdots, a_{\varphi(m)}$ 为一缩系, 且 $(k, m) = 1$, 则 $ka_1, ka_2, \cdots, ka_{\varphi(m)}$ 也为一缩系.

设 ϕ 为对称群 S_n 的一个置换, ϕ' 为 S_n 的配对群中一个置换, 且满足 $\phi'\{i, j\} = \{\phi i, \phi j\}$, 称 ϕ' 为 ϕ 的导出置换.

下面给出文献 [9] 的引理.

引理 3.2.2   完全图 K_m 的边可以标号, 使得当 $n < \dfrac{(m-1)}{2}$ 时, 对任意 n 条

具有相继标号的边是独立的.

为了说明, 这里列出符合要求的标号. 设 $V(K_m) = \{v_1, v_2, \cdots, v_m\}$. 下面分两种情形.

情形 I m 为奇数, 令 $\phi = (v_1, v_2, \cdots, v_m)$. 对 $1 \leqslant i \leqslant \dfrac{(m-1)}{2}$ 和 $0 \leqslant j \leqslant m-1$, 标边 $[\phi^j v_i, \phi^j v_{m-i}]$ 为 $i + j\dfrac{m-1}{2}$.

情形 II m 为偶数, 对 $1 \leqslant i \leqslant \dfrac{m}{2}$ 和 $0 \leqslant j \leqslant \dfrac{m}{2} - 1$, 标边 $[\phi^j v_i, \phi^j v_{m+1-i}]$ 为 $i + j(m-1)$, $1 \leqslant i < \dfrac{m}{2}$ 和 $0 \leqslant j \leqslant \dfrac{m}{2} - 1$, 标边 $[\phi^j v_{i+1}, \phi^j v_{m+1-i}]$ 为 $\dfrac{m}{2} + i + j(m-1)$.

下面证明定理 3.1.1, 由图的合成定义 2.2.3, 可直接得到下面三个引理.

引理 3.2.3 若 $G_1 \cong G_2$, 则有

$$G_1[I_m] \cong G_2[I_m].$$

引理 3.2.4 若 $G = \bigcup_i G_i$, 则有

$$G[I_m] = \bigcup_i G_i[I_m].$$

引理 3.2.5 若 $E(G) \cap E(H) = \varnothing$, 则有

$$E(G_1[I_m]) \cap E(H[I_m]) = \varnothing.$$

引理 3.2.6 若 G 是一个 2-分图, 则 $G[I_m]$ 能分解成 m^2 个同构子图且每个子图都与 G 同构.

证明 设 G 的顶点集为

$$V = V^1 \cup V^2, \quad V^1 \cup V^2 = \varnothing,$$

$V^1 = \{v_0^1, v_1^1, \cdots, v_s^1\}$ 和 $V^1 = \{v_0^2, v_1^2, \cdots, v_s^2\}$ 是 G 的两个独立集.

$$V(v_i^j) = (v_{i,0}^j, v_{i,1}^j, \cdots, v_{i,m-1}^j).$$

令

$$G(i,h) = \bigcup_{[v_k^1, v_p^2]} K(v_{k,i}^1, v_{p,h}^2), \quad i, h = 0, 1, \cdots, m-1.$$

显然, $G(i,h) \cong G$, 这些子图的边不交性也是显然的.

引理 3.2.7 若 p 为素数, $n \leqslant p+1$, 则 $K_n(p)$ 能分解为 p^2 个同构因子.

证明 设

$$V(K_n) = \{v_0, v_1, \cdots, v_{n-1}\},$$

$$V(v_i) = \{v_{i,0}, v_{i,1}, \cdots, v_{i,p-1}\},$$

这里 $i = 0, 1, \cdots, n-1$. 令

$$K_n(i,j) = K(v_{0,i}, v_{1,j}, v_{2,j+i}, \cdots, v_{n-1,j+(n-2)i}), \quad i, j = 0, 1, \cdots, p-1.$$

所有顶点的第二个下标均取 $\text{mod}(p)$, 以下皆作同样约定.

显然, $K_n(i,j) = K_n$, 从而

$$\{(V(K_n), E(K_n(i,j))) | i, j = 0, 1, \cdots, p-1\}$$

中的 p^2 个图都彼此同构. 现在证明

$$\{E(K_n(i,j)) | i, j = 0, 1, \cdots, p-1\}$$

构成 $E(K_n(p))$ 的分划. 因为

$$\sum_{i=0}^{p-1}\sum_{j=0}^{p-1} |E(K_n(i,j))| = p^2 |E(K_n)| = \frac{n(n-1)p^2}{2} = |E(K_n(p))|,$$

所以仅需要证明 $\{K_n(i,j) | i, j = 0, 1, \cdots, p-1\}$ 中的所有边彼此不重. 若不然, 两个不同的图 $K_n(i_1, j_1)$ 和 $K_n(i_2, j_2)$ 有重边, 设 $[v_{k,j_1+(k-1)i_1}, v_{l,j_1+(l-1)i_1}]$ 和 $[v_{k,j_2+(k-1)i_2}, v_{l,j_2+(l-1)i_2}]$ 是重边, 不妨设 $l > k \geqslant 1$, 于是有

$$\begin{cases} j_1 + (k-1)i_1 \equiv j_2 + (k-1)i_2 (\text{mod} p) \\ j_1 + (l-1)i_1 \equiv j_2 + (l-1)i_2 (\text{mod} p) \end{cases} \Rightarrow (l-k)(i_2 - i_1) \equiv 0 (\text{mod } p), \quad (3.2.1)$$

因为 $1 \leqslant k < l \leqslant n-2 \leqslant p-1$ 和 p 为素数, 由定理 3.2.1 和式 (3.2.1), $i_2 - i_1 \equiv 0(\text{mod} p)$, 而 $0 \leqslant i_1, i_2 \leqslant p-1$, 故有 $i_1 = i_2 \Rightarrow j_1 = j_2$. 同假设 $K_n(i_1, j_1)$ 和 $K_n(i_2, j_2)$ 不同构相矛盾, 若重边是在独立集 V_0 和其他独立集的顶点之间, 也可同样导出矛盾.

引理 3.2.8 设 p 为素数, 对任意给定的整数 $h, 0 \leqslant h \leqslant p-1$, $K_p(p)$ 的下述 p 个子图

$$\{K_p(i, h+i) = K(v_{0,i}, v_{1,h+i}, \cdots, v_{p-1,h+(p-1)i}) | i = 0, 1, \cdots, p-1\}$$

没有公共顶点.

证明 显然, V_0 的 p 个顶点分别属于上面 p 个不同的子图. 对于任意的 $1 \leqslant k \leqslant p-1$, $v_{k,h+ki}$ 为 $K_p(i, h+i)$ 的顶点. 又因为 p 为素数, 故 $(k, p) = 1$. 由定理 3.2.1 知, $k, k \cdot 2, \cdots, k \cdot (p-1)$ 为 p 的缩系. 它们取 $\text{mod} p$ 之后, 取值 $\{1, 2, \cdots, p-1\}$

中各数一次. 当 $i = 0$ 时, $k \cdot 0 = 0$, 因而 V_k 中 p 个顶点分别属于 p 个不同子图. 引理证毕.

下面约定, 当 $\beta < \alpha$ 时, $\bigcup\limits_{x=\alpha}^{\beta} A_x = \varnothing$, 且

$$
\delta(\alpha) = \begin{cases} 0, & \alpha = 0, \\ 1, & \alpha \neq 0, \end{cases} \qquad \varepsilon(\alpha) = \begin{cases} 1, & \alpha = 0, \\ \alpha, & \alpha \neq 0, \end{cases} \qquad \lambda(\alpha) = \begin{cases} 2, & \alpha = 0, \\ 1, & \alpha \neq 0. \end{cases}
$$

引理 3.2.9　设 p 为素数, $n \geqslant 2$, 则 $p^2 | K_n(p)$.

证明　记 $K_n(p)$ 的独立集为

$$
V_k = \{v_{k,0}, v_{k,1}, \cdots, v_{k,p-1}\}, \quad k = 0, 1, \cdots, p-1.
$$

设 $n = mp + r, 0 \leqslant r < p$, 令

$$
K_p^x(i, h+i) = K(v_{xp,i}, v_{xp+1,h+i}, \cdots, v_{xp+p-1,h+(p-1)i}), \quad x = 0, 1, \cdots, m-1,
$$

$$
K_r(i, h+i) = K(v_{mp,i}, v_{mp+1,h+i}, \cdots, v_{mp+r-1,h+(r-1)i}), \quad i, h = 0, 1, \cdots, p-1.
$$

令

$$
G_n(i, h+i) = \bigcup_{x=0}^{m-1} \left\{ K_p^x(i, h+i) \bigcup_{j=(x+1)p}^{n-1} K(\{v_{xp+h, h+\varepsilon(h)i}\}, V_j) \right\} \cup K_r(i, h+i),
$$

这里 $i, h = 0, 1, \cdots, p-1$.

由引理 3.2.7 和引理 3.2.8 易见,

$$
\{(V(K_n(p)), E(G_n(i, h+i))) | i, h = 0, 1, \cdots, p-1\}
$$

构成了 $K_n(p)$ 的同构因子分解.

我们称 $\{v_{xp+h, h+\varepsilon(h)i} | x = 0, 1, \cdots, m-1\}$ 为 $G_n(i, h+i)$ 的基点集合, 它导出一个完全子图.

引理 3.2.10　设 G 为 n 阶图, p 为素数, $2 < p < n < 2p$, G 具有下面性质:

(1) G 有两个点不交的团 K_p 和 K_{n-p}.

(2) 若 K_p 的一个顶点 v 同 K_{n-p} 的一个顶点相邻, 那么 v 就同 K_{n-p} 的全部顶点相邻, 则拟完全等部 n-分图 $G_n(p) = G[I_p]$ 能分解为 p^2 个同构因子.

证明　记

$$
V(G) = \{v_0, v_1, \cdots, v_{n-1}\},
$$

设 $\{v_0, v_1, \cdots, v_{p-1}\}$ 和 $\{v_p, v_{p+1}, \cdots, v_{n-p}\}$ 分别导出 K_p 和 K_{n-p}. 下面分两种情形说明.

情形 I   若 G 为完全图, 引理 3.2.10 即为引理 3.2.9 的证明.

情形 II   若 G 不是完全图, 则存在 $V(K_p)$ 的顶点不与 $V(K_{n-p})$ 的顶点相邻, 不妨设全部这样的顶点集合为 $\{v_{p-s}, v_{p-s+1}, \cdots, v_{p-1}\}$, 记

$$V_i = V(v_i) = \{v_{i,0}, v_{i,1}, \cdots, v_{i,p-1}\}, \quad i = 0, 1, \cdots, p-1.$$

因为 $n - p < p$, 故根据引理 3.2.7, $K_p(p)$ 和 $K_{n-p}(p)$ 都可分解为 p^2 个同构子图. 令

$$K_p(i, h + i) = K(v_{0,i}, v_{1,h+i}, \cdots, v_{p-1,h+(p-1)i}),$$

$$\overline{K}_{n-p}(i, h + i) = K(v_{p,h+i}, v_{p+1,h+2i}, \cdots, v_{n-1,h+(n-p)i}), \quad i, h = 0, 1, \cdots, p-1.$$

因为 $n < 2p$, 所以对任意 $1 \leqslant i \leqslant n - p < p$, 由定理 3.2.1 知,

$$h - (h + ji) \equiv 0 (\mathrm{mod} p) \Leftrightarrow i = 0.$$

令

$$G'(i, h + i) = K\left(\{v_{0,i+1}\} \bigcup_{k=1}^{p-1-s} \{v_{k,h+ki+\lambda(i)}\}, \bigcup_{j=0}^{n-1-p} \{v_{p+i,h+\lambda(i)-1}\}\right),$$

这里 $i, h = 0, 1, \cdots, p-1$.

易知 $G'(i, h + i)$ 是 2-分图, 这 p^2 个子图彼此同构. 对任意序对 (i, h), 都有 $G'(i, h + i)$ 同 $K_p(i, h + i)$ 和 $\overline{K}_{n-p}(i, h + i)$ 没有公共顶点. 因此下面 p^2 个子图彼此同构:

$$G(i, h + i) = G'(i, h + i) \cup K_p(i, h + i) \cup \overline{K}_{n-p}(i, h + i),$$

这里 $i, h = 0, 1, \cdots, p-1$. 从而有

$$\{(V(G_n(p)), E(G(i, h + i)))| i, h = 0, 1, \cdots, p-1\}$$

中的 p^2 个子图彼此同构. 现在仅需证明

$$\{E(G'(i, h + i))| i, h = 0, 1, \cdots, p-1\}$$

构成

$$E\left(K\left(\bigcup_{k=0}^{p-1-s} V_k, \bigcup_{j=p}^{n-1} V_j\right)\right)$$

的等基数分划, 这仅需证明, 当 $(i_1, h_1) \neq (i_2, h_2)$ 时, 有

$$E(G'(i_1, h_1 + i_1)) \cap E(G'(i_2, h_2 + i_2)) = \varnothing$$

即可. 若不然, 存在 $1 \leqslant k \leqslant p-1-s$ 和 $0 \leqslant j \leqslant n-1-p$, 使得 $[v_{k,h_1+ki_1+\lambda(i_1)}, v_{p+1,h_1+\lambda(i_1)-1}]$ 和 $[v_{k,h_2+ki_2+\lambda(i_2)}, v_{p+1,h_2+\lambda(i_2)-1}]$ 是重边. 于是有

$$\begin{cases} h_1 + ki_1 + \lambda(i_1) \equiv h_2 + ki_2 + \lambda(i_2) (\bmod p), \\ h_1 + \lambda(i_1) \equiv h_2 + \lambda(i_2) (\bmod p), \end{cases}$$

所以有 $k(i_1 - i_2) \equiv 0(\bmod p)$. 又因为 $1 \leqslant k \leqslant p-1$, 由定理 3.2.1 得到 $i_1 \equiv i_2(\bmod p)$, 所以有 $i_1 = i_2 \Rightarrow h_1 = h_2$. 若重边的一个端点在 V_0 中, 容易看出 $i_1 = i_2, h_1 = h_2$, 同假设 $(i_1, h_1) \neq (i_2, h_2)$ 矛盾, 从而引理得证.

由引理 3.2.10 可得到如下推论.

推论 3.2.1 若 n 阶图 G 由两个顶点不交的图 K_{n_1} 和 K_{n_2} 以及连接它们之间的边组成, 且 $n_1 + n_2 = n, n_1, n_2 < p, p$ 为素数, 则拟完全等部 n-分图 $G_n(p) = G[I_p]$ 能分解为 p^2 个子图彼此同构的因子.

引理 3.2.11 设 p 为素数, G 中有一个 p 阶完全子图 $K_p, G\text{-}K_p$ 为 s 阶孤立图, 则 $p^2 | G[I_p]$.

证明 设

$$V(K_p) = \{v_0, v_1, \cdots, v_{p-1}\},$$

顶点 $v_p, v_{p+1}, \cdots, v_{p+s-1}$ 都互不相邻, 记

$$V_i = V(v_i) = \{v_{i,0}, v_{i,1}, \cdots, v_{i,p-1}\}, \quad i = 0, 1, \cdots, p+s-1.$$

令

$$G(i, h+i) = K(v_{0,i}, v_{1,h+i}, \cdots, v_{p-1,h+(p-1)i}) \bigcup_{[v_\alpha, v_{p+j}] \in E(G)} K(v_{\alpha,\delta(\alpha)h+E(\alpha)+1}, v_{p+j,h}),$$

这里 $i, h = 0, 1, \cdots, p-1$.

用类似引理 3.1.10 的证明方法, 可以证明下面 p^2 个图构成 $G[I_p]$ 的同构因子分解:

$$\{V(G[I_p]), E(G(i, h+i))) | i, h = 0, 1, \cdots, p-1\}.$$

引理 3.2.12 设 $G_n(m)$ 为拟完全等部 n-分图, 每部有 m 个顶点, 若 $g|m$, 则有 $g | G_n(m)$.

证明 记 $G_n(m)$ 的独立集组为

$$V_0, V_1, \cdots, V_{n-1}, \quad |V_i| = m.$$

因为 $g|m$, 可将每个独立集划分为 g 等分,

$$V_i = \bigcup_{j=0}^{g-1} V_{i,j}, \quad |V_{i,j}| = \frac{m}{g}.$$

设 $G_n(m) = G[I_m]$, v_i 是 V_i 的支点. 令

$$H^{(k)} = \bigcup_{(v_i,v_j)\in E(G),j>i} K(V_{i,k}, V_j), \quad k = 0,1,\cdots,g-1.$$

易见,

$$\{(V(G_n(m)), E(H^k))|, k = 0,1,\cdots,g-1\}$$

形成了 $G_n(m)$ 的同构因子分解. 证毕.

引理 3.2.13　若 $t \left|\dfrac{n(n-1)m}{2}\right.$, 则存在 $b,p,q \geqslant 1$, 使得

$$t = bp^2q, \quad b\left|\dfrac{n(n-1)}{2}\right., \quad pq|m.$$

证明显然得出.

由图合成定义可以直接得到下面引理.

引理 3.2.14　若 α 为正整数, 若 $\alpha = \alpha_1, \alpha_2, \cdots, \alpha_n$, 则对任意图 G, 有

$$G[I_\alpha] = G[I_{\alpha_1}][I_{\alpha_2}]\cdots[I_{\alpha_n}].$$

下面证明定理 3.1.1, 定理的必要性显然, 下面证明定理充分性.

由引理 3.2.13, 存在 t 的因数分解 $t = bp^2q$, 使得 $b\left|\dfrac{n(n-1)}{2}\right.$, $pq|m$. 将 p 进行

素数分解 $p = p_1p_2\cdots p_n$, 使得 $p_1 \leqslant p_2 \leqslant \cdots \leqslant p_\beta$, 因 $p|m$, 有 $m = p_1p_2\cdots p_\beta \cdot \dfrac{m}{\beta}$,

下面分两种情形讨论.

情形 I　b 为奇数, 设 $n = kb+r$, $0 \leqslant r < b$, 因为 b 为奇数且 $b\left|\dfrac{n(n-1)}{2}\right.$, 所

以 $b\left|\dfrac{r(r-1)}{2}\right.$. 下面讨论 $r > 1$ 且 r 为奇数的情况, 其他情况可类似证明. 设

$$sb = \dfrac{r(r-1)}{2}, \quad s < \dfrac{r-1}{2},$$

由引理 3.2.2 知, 完全图 $K_r = K(v_{kt}, v_{kt+1}, \cdots, v_{kt+r-1})$ 的边集可以分划成 P_0,

$P_1, \cdots, P_{b-1}$, 使得对每个 i, 都有 $|P_i| = s$, 且在 P_i 中的边都彼此独立, 令

$$\phi = (v_0, v_1, \cdots, v_{b-1})(v_b, v_{b+1}, \cdots, v_{2b-1})\cdots(v_{(k-1)b}, \cdots, v_{kb-1})(v_{kb}, \cdots, v_{kb+r-1}),$$

ϕ' 是由 ϕ 导出的在边集 $E(K_n)/E(K_r)$ 上的置换. 令

$$E_0 = \bigcup_{i=0}^{k-1}\left(\bigcup_{j=1}^{\frac{b-1}{2}}\{[v_{ib}, v_{ib+i}]\} \bigcup_{j=(i+1)b}^{n-1}\{[v_{ib}, v_j]\}\right),$$

则

$$\{H^{(l)} = V(K_n), (\phi')^l E_0 \cup P | l = 0, 1, \cdots, b-1\}$$

构成了 $K(v_0, v_1, \cdots, v_{n-1})$ 的同构因子分解. 称

$$\{\phi^l v_i b | i = 0, 1, \cdots, b-1\}$$

为 $H^{(l)}$ 的基点集合为 $H^{(l)}$ 的基点集合, 它导出 $H^{(l)}$ 的一个完全子图, 记为 $\overline{K_k^{(1)}}$.

取 $P_0 = \bigcup\limits_{\alpha=0}^{s-1} \{[v_{kb+\alpha}, v_{kb+r-1-(\alpha+1)}]\}$, 令 $H^{(0)}$ 基点集合为

$$\overline{V} = \{v_0, v_b, v_{2b}, \cdots, v_{(k-1)b}\}.$$

$\overline{V}$ 导出 $H^{(0)}$ 的一个完全子图, 记为

$$\overline{K_k} = K(v_0, v_b, v_{2b}, \cdots, v_{(k-1)b}).$$

由 $H^{(0)}$ 的结构可知, $H^{(0)} - \overline{K_k}(G - H$ 表示从 G 去掉 H 的顶点及所关联的边而产生的子图) 由 P_0 和一些孤立点组成.

由引理 3.2.3—引理 3.2.5 可知,

$$\{H^{(l)}[I_m] | l = 0, 1, \cdots, b-1\}$$

构成了 $K_n(m)$ 的分解为 b 个因子的同构因子分解. 由引理 3.2.14 知

$$H^{(l)}[I_m] = H^{(l)}[I_{p_1}][I_{p_2}] \cdots [I_{p_\beta}][I_{m/p}].$$

现在来证明存在 $H^{(0)}[I_{p_l}]$ 的分解为 p_l^2 个因子的同构因子分解. 设

$$k = k_1 p_1 + a_1, \quad 0 \leqslant a_1 < p_1.$$

记

$$V_i = V(v_i) = \{v_{i,0}, v_{i,1}, \cdots, v_{i,p_i-1}\}, \quad i = 0, 1, \cdots, n-1.$$

令

$$K_{p_1}^x(i, h+i) = K(v_{xp_1b,i}, v_{(xp_1+1)b, h+i}, \cdots, v_{(xp_1+p_1-1)b, h+(p_1-1)i}),$$

$$H_1^x(i, h+i) = K\left(\{v_{(xp_1+h)b, h+\varepsilon(h)i}\}, \bigcup_{j=1}^{\frac{b-1}{2}} V_{(xp_1+p_1-1)b+j} \bigcup_{l=(x+1)p_1b}^{n-1} V_l\right),$$

$$K_{\alpha_1}(i, h+i) = K(v_{k_1p_1b,i}, v_{(k_1p_1+1)b, h+i}, \cdots, v_{(k_1p_1+p_1-1)b, h+(\alpha_1-1)i}),$$

$$P_0(i, h+i) = \bigcup_{j=1}^{\frac{b-1}{2}} K(v_{kb+\alpha, h+(p_1-2)i}, v_{kb+[r-1-(\alpha+1)], h+(p_1-1)i}),$$

$$H_2^x(i, h+i) = \bigcup_{\alpha=0}^{p_1-2} K\left(\{v_{(xp_1+\alpha)b, \delta(\alpha)h+\varepsilon(\alpha)i+1}\}, \bigcup_{j=1}^{\frac{b-1}{2}} \{V_{(xp_1+\alpha)b+j, h}\}\right.$$
$$\left.\bigcup_{\beta=1}^{p_1-2-\alpha} \bigcup_{j=1}^{b-1} \{v_{(xp_1+\alpha+\beta)b+j, h}\} \bigcup_{j=\frac{b+1}{2}}^{b-1} \{v_{(xp_1+p_1-1)b+j, h}\}\right).$$

当 $p_1 \geqslant 3$ 时, 令

$$B(\alpha) = \left[\bigcup_{j=1}^{\left\lceil\frac{b-1}{2}\right\rceil} \{V_{(k_1p_1+\alpha)b+j, h+\lambda(i)}\} \bigcup_{\beta=1}^{\alpha_1-1-\alpha} \bigcup_{j=1}^{b-1} \{v_{(k_1p_1+\alpha+\beta)b+j, h+\lambda(i)}\}\right]$$
$$\bigcup_{\beta=0}^{s-1} \{v_{kb+\beta, h+\lambda(i)-1}\} \bigcup_{\beta=s}^{r-1} \{v_{kb+\beta, h+\lambda(i)-1}\},$$

当 $\alpha_1 \neq 0$ 时, 令

$$H_3(i, h+i) = (K\{v_{k_1p_1b, i+1}\}, B(0)) \bigcup_{\alpha=1}^{\alpha_1-1} K(\{v_{(k_1p_1+\alpha)b, h+\alpha i+\lambda(i)}\}, B(\alpha).$$

当 $\alpha_1 = 0$ 时, 令 $H_3(i, h+i)$ 为空图.

当 $p_1 = 2$ 时, 令

$$B(\alpha) = \bigcup_{j=1}^{\frac{b-1}{2}} \{v_{(k_1p_1+\alpha)b+j, h}\} \bigcup_{\beta=0}^{s-1} \{v_{kb+\beta, h+1}\} \bigcup_{\beta=s}^{r-1} \{v_{kb+\beta, h+i+1}\},$$

$$H_3(i, h+i) = \bigcup_{\alpha=0}^{\alpha_1-1} K(\{v_{(k_1p_1+\alpha)b, h\delta(\alpha)+\varepsilon(\alpha)i+1}\}, B(\alpha)).$$

这里 $x = 0, 1, \cdots, k_1-1, i, h = 0, 1, \cdots, p_1-1$. 令

$$H(i, h+i) = \bigcup_{x=0}^{k_1-1} \left[K_{p_1}^x(i, h+i) \bigcup_{l=1}^{2} H_l^x(i, h+i)\right],$$
$$\cap K_{\alpha_1}(i, h+i) \cup H_3(i, h+i) \cup P_0(i, h+i).$$

这里 $i, h = 0, 1, \cdots, p_1-1$. $H_1^x(i, h+i)$ 是一个星图, 它的中心在 $K_{p_1}^x(i, h+i)$ 上, 它的其他顶点在各个独立集上的分布是均衡的. $H_2^x(i, h+i)$ 和 $H_3^x(i, h+i)$ 都是完全 2-分图.

易见, 对任意 $1 \leqslant i \leqslant p_1 - 1, 0 \leqslant h \leqslant p_1 - 1, 0 \leqslant x \leqslant k_1 - 1$, 下列各式成立:

$$V(K_{p_1}^x(i, h+i)) \cap V(H_2^x(i, h+\lambda)) = \varnothing,$$

$$V(K_{\alpha_1}^x(i, h+i)) \cap V(H_3(i, h+i)) = \varnothing,$$

$$V(P_0(i, h+i)) \cap V(H_3(i, h+i)) = \varnothing.$$

综上所述, 可知

$$\{H(i, h+i) | i, h = 0, 1, \cdots, p_1 - 1\}$$

中的图都是同构的, 所以

$$\left\{\overline{H}(i, h+i) \Big| i, h = 0, 1, \cdots, p_1 - 1\right\}$$

中的图也是同构的, 使用引理 3.2.9—引理 3.2.11 的证明方法, 可证明

$$\left\{E(\overline{H}(i, h+i)) \Big| i, h = 0, 1, \cdots, p_1 - 1\right\}$$

构成了 $E(H^0[I_{p_1}])$ 的分划, 故

$$\left\{\overline{H}(i, h+i) \Big| i, h = 0, 1, \cdots, p_1 - 1\right\}$$

构成了 $H^0[I_{p_1}]$ 的同构因子分解.

$$\left\{v_{(xp_1+h)b, h+\varepsilon(h)i} \Big| x = 0, 1, \cdots, k_1 - 1\right\}$$

为 $\overline{H}(i, h+i)$ 的基点集合, 它导出 $\overline{H}(i, h+i)$ 的一个 k_1 阶的完全子图, 记为 $\overline{K_{k_1}}(i, h+i)$. 易见 $\overline{H}(i, h+i) - \overline{K_{k_1}}(i, h+i)$ 由一些孤立点和一些 2-分图、k_1 个 $(p_1 - 1)$ 阶完全图和一个 α_1 阶完全图组成, 这些子图都是 $\overline{H}(i, h+i) - \overline{K_{k_1}}(i, h+i)$ 的极大分支. 因为 $p_2 \geqslant p_1, p_1 \geqslant \alpha_1$, 所以这些完全子图的阶都严格小于子图 p_2. 根据引理 3.2.6, 引理 3.2.7, 引理 3.2.9, 引理 3.2.10 及其推论, 用前面使用的方法, 能够将 $\overline{H}(i, h+i)[I_{p_2}]$ 分解为 p_2^2 个同构因子, 再定义每个因子的基点集合, 用同样的方法一直进行下去, 可以得到将 $H^{(0)}[I_p]$ 分解为 $p^2 = p_1^2 p_2^2 \cdots p_\beta^2$ 个同构因子. 设其中一个因子为 T, 根据引理 3.2.12, 能将 $T[I_{m/p}]$ 分解为 q 个同构因子. 在分解过程中, 每个阶段用同样方法将上阶段得到的每个因子都用同样方法分解. 由引理 3.2.3—引理 3.2.5 以及引理 3.2.14, 这样可以得到分解

$$H^{(0)}[I_m] = H^{(0)}[I_{p_1}][I_{p_2}] \cdots [I_{p_\beta}][I_{m/p}]$$

的分为 $p^2 q$ 个因子的同构因子分解, 对每个 $H^{(l)}[I_m]$ 作同样分解, 就得到了将 $K_n(m)$ 分为 $t = bp^2 q$ 个因子的同构因子分解.

情形 II b 为偶数, 设 $n = k2b + r, 0 \leqslant r < 2b$, 分别考虑四种情形:

$$r = 0, \quad r = 1, \quad 1 < r < b, \quad b \leqslant r < 2b.$$

先讨论 $r = 0, b \leqslant r < 2b$ 的情况, 给出 K_2/b 的结构, 其他情况可类似地构造相应的因子, 这里从略. 设

$$V(K_n) = \{v_0, v_1, \cdots, v_{n-1}\}.$$

当 $b \leqslant r < 2b$ 时, 设 $r = b + r'$, 必有 $r' \neq 0, 1$, 且 $b > 4$, 否则 $b \left| \dfrac{n(n-1)}{2} \right.$ 将不成立.

由 $b \left| \dfrac{n(n-1)}{2} \right.$ 可知,

$$b \left| \frac{(r'(r'-1)-b)}{2} \right. .$$

令 $a = \dfrac{r'(r'-1)}{2b} - \dfrac{1}{2}$, a 为整数. 当 $\alpha < \dfrac{r'-3}{2}$ 时, 即有

$$\frac{r'(r'-1)}{2b} - \frac{1}{2} = \frac{r'-3}{2},$$

则有 $r' = 3$ 或 4, 但 $\alpha = \dfrac{r'-3}{2}$ 是整数, $r' = 4$ 不可能, 所以 $\alpha = 0$. 这种情况下, $K_{r'}$ 的任意 $\alpha + 1$ 条边当然是独立的.

总之, $K_{r'}$ 的边集可以划分为 $\overline{\overline{S}}_0, \overline{\overline{S}}_1, \cdots, \overline{\overline{S}}_{b-1}$, 使得

$$\left| \overline{\overline{S}}_l \right| = \begin{cases} a, & 0 \leqslant l < \dfrac{b}{2}, \\ a+1, & \dfrac{b}{2} \leqslant l < b-1, \end{cases}$$

且对每个 l, $\left| \overline{S}_l \right|$ 中的边是彼此互相独立的.

令 $\phi_1 = (v_{2kb}, v_{2kb+1}, \cdots, v_{2kb+b-1})$, ϕ_1' 是 ϕ_1 的导出置换. 令

$$S = \bigcup_{J=1}^{\frac{b}{2}-2} \{[v_{2kb}, v_{2kb+j}]\} \cup \{[v_{2kb+1}, v_{2kb+\frac{b}{2}+1}]\} \cup \{[v_{2kb}, v_{2kb+\frac{b}{2}+1}]\},$$

$$S_l = \begin{cases} (\phi_1')^l S, & 0 \leqslant l < \dfrac{b}{2}, \\ (\phi_1')^l \left\{ \dfrac{S}{[v_{2kb+1}, v_{2kb+\frac{b}{2}+1}]} \right\}, & \dfrac{b}{2} \leqslant l < b-1, \end{cases}$$

$$\overline{S}_l = \bigcup_{j=0}^{r'-1} \{[\phi_1^l v_{2kb}, v_{2kb+b+i}]\}, \quad l = 0, 1, \cdots, b-1,$$

$$\phi = (v_0, v_1, \cdots, v_{2b-1})(v_{2b}, v_{2b+1}, \cdots, v_{4b-1})(v_{2(k-1)b}, \cdots, v_{2kb-1}).$$

令

$$E = \bigcup_{i=0}^{k-1} \left\{ \bigcup_{j=1}^{b-1} (\{[v_{2ib}, v_{2ib+1}]\} \cup \{[v_{2ib+b}, v_{2ib+b+i}]\}) \cup \{[v_{2ib}, v_{2ib+b}]\} \right\}$$
$$\bigcup_{i=0}^{k-1} \bigcup_{j=(i+1)2b}^{2kb-1} (\{[v_{2ib}, v_j]\} \cup \{[v_{2ib+b}, v_j]\}),$$

$$E_l = (\phi_1')^l E, \quad l = 0, 1, \cdots, b-1,$$

则

$$\{H^{(l)} = (V(K_{2kb}), E_l) \mid l = 0, 1, \cdots, b-1\}$$

构成了完全 K_{2kb} 的同构因子分解, 将它分为 b 个因子.

$$\left\{ \phi^l v_{2ib}, \phi^l v_{2ib+b} \Big| i = 0, 1, \cdots, k-1 \right\}$$

为 $H^{(l)}$ 的基点集合. 它导出 $H^{(l)}$ 的一个 $2k$ 阶完全子图. 我们记 $H^{(0)}$ 的这种 $2k$ 的完全子图为 $\overline{K}_{2k}$. 令

$$\overline{E}_l = E_l \bigcup_{i=0}^{k-1} \bigcup_{j=2kb}^{2kb+r-1} \{[(\phi^l v_{2ib}, v_j)]\} \cup \{[(\phi^l v_{2ib+b}, v_j)]\}$$
$$\cup S_l \cup \overline{S}_l \cup \overline{\overline{S}}_l, \quad l = 0, 1, \cdots, b-1,$$

以及

$$\left\{ \overline{H}^{(l)} = \left(V\left(K_{2kb+r} \right), \overline{E}_l \right) \Big| l = 0, 1, \cdots, b-1 \right\},$$

构成了 K_{2kb+r} 的同构因子分解, $\overline{H}^{(l)}$ 的基点集合为

$$\{\phi^l v_{2ib}, \phi^l v_{2ib+b} \mid i = 0, 1, \cdots, k-1\} \cup \{\phi_1^l v_{2ib}\},$$

它导出 $\overline{H}^{(l)}$ 的一个 $2k+1$ 阶完全子图.

对于 $r = 1, 1 < r < b$ 的情况, 可以类似地构造一个同构因子分解, 并定义因子的基点集合.

之后的分解, 基本上同于情形 I, 现在仅就 $n = 2kb$ 给出 $H^{(0)}[I_{p_1}]$ 的分解为 p_1^2 个同构因子的因子结构. 其他论证完全同于情形 I. 另外设 $p_1 > 2$(对于 $p_1 = 2$ 时, 可以类似地给出结构).

设 $2k = k_1 p_1 + a_1, 0 \leqslant a_1 < p_1$, 不妨设 $k_1 = 2f+1$(当 $2 \mid k_1$ 时, 可以类似地论证). 因为 $p_1 \geqslant 3$ 为素数, p_1 必为奇数, 于是 a_1 也为奇数. 令

$$H(i, h+i) = \bigcup_{x=0}^{k_1-1} K(v_{xp_1b,i}, v_{(xp_1+1)b,h+i}, \cdots, v_{(xp_1+p_1-1)b,h+(p_1-1)i})$$

$$\cup K(v_{k_1p_1b,i}, v_{(k_1p_1+1)b,h+i}, \cdots, v_{(k_1p_1+a_1-1)b,h+(a_1-1)i})$$

$$\bigcup_{x=0}^{k_1-1} K\left(\{v_{(xp_1+h)b,h+\varepsilon(h)i}\}, \bigcup_{j=(x+1)p_1b}^{n-1} V_j\right)$$

$$\bigcup_{\beta=0}^{f}\left\{\bigcup_{\alpha=0}^{\frac{p_1-1}{2}-1}\left[K\left(\{v_{(2\beta p_1+2\alpha)b,\delta(\alpha)h+2\varepsilon(\alpha)i+1}\},\right.\right.\right.$$

$$\left.\bigcup_{j=1}^{b-1}\left(\{v_{(2\beta p_1+2\alpha)b+j,h+(2\alpha+1)i+1}\}, \bigcup_{\varpi=1}^{p_1-2-2\alpha}\{v_{(2\beta p_1+2\alpha+1+\varpi)b+j,h}\}\right)\right)$$

$$\cup K\left(\{v_{(2\beta p_1+2\alpha+1)b,h+(2\alpha+1)i+1}\}, \bigcup_{\varpi=1}^{p_1-2-2\alpha}\bigcup_{j=1}^{b-1}\{v_{(2\beta p_1+2\alpha+1+\varpi)b+j,h}\}\right)\right]$$

$$\left.\cup K\left(\{v_{(2\beta p_1+p_1-1)b,h+(p_1-1)i+1}\}, \bigcup_{j=1}^{b-1}\{v_{(2\beta p_1+p_1-1)b+j,h}\}\right)\right\}$$

$$\bigcup_{\beta=0}^{f}\left\{\bigcup_{\alpha=0}^{\frac{p_1-1}{2}-1}\left[K\left(\{v_{((2\beta+1)p_1+2\alpha)b,\delta(\alpha)h+2\varepsilon(\alpha)i+1}\},\right.\right.\right.$$

$$\left.\bigcup_{\varpi=0}^{p_1-2-2\alpha}\bigcup_{j=1}^{b-1}\{v_{((2\beta+1)p_1+2\alpha+\varpi)b+j,h}\}\right)$$

$$\cup K\left(\{v_{((2\beta+1)p_1+2\alpha+1)b,h+(2\alpha+1)i+1}\},\right.$$

$$\bigcup_{j=1}^{b-1}\left(\{v_{((2\beta+1)p_1+2\alpha+1)b+j,h+(2\alpha+1)i+1}\},\right.$$

$$\left.\left.\left.\bigcup_{\varpi=1}^{p_1-2-2\alpha}\{v_{((2\beta+1)p_1+2\alpha+2+\varpi)b+j,h}\}\right)\right)\right]$$

$$\left.\cup K\left(v_{((2\beta+1)p_1+p_1-1)b,h+(p_1-1)i+1}, \bigcup_{j=1}^{b-1}\{v_{((2\beta+1)p_1+p_1-1)b+j,h}\}\right)\right\}$$

$$\bigcup_{\alpha=0}^{\frac{a_1-1}{2}}\left[K\left(\{v_{(k_1p_1+2\alpha)b,\delta(\alpha)h+2\varepsilon(\alpha)i+1}\}, \bigcup_{\varpi=0}^{a_1-2-2\alpha}\bigcup_{j=1}^{b-1}\{v_{(k_1p_1+2\alpha+\varpi)b+j,h}\}\right)\right.$$

$$\cup K\left(\{v_{(k_1p_1+2\alpha+1)b,h+(2\alpha+1)i+1}\},\right.$$

$$\bigcup_{j=1}^{b-1} \left(\{v_{(k_1p_1+2\alpha+1)b+j,h}\} \bigcup_{\varpi=1}^{a_1-1-2\alpha} \{v_{(k_1p_1+2\alpha+2+\varpi)b+j,h}\} \right) \Big) \Big]$$

$$\cup K \left(\{v_{(k_1p_1+a_1-1)b,h+(a_1-1)i+1}\}, \bigcup_{j=1}^{b-1} \{v_{(k_1p_1+a_1-1)b+j,h}\} \right),$$

$$\left\{ \overline{H}(i,h+i) = (V(H^{(0)}[I_{p_1}]), E(H(i,h+i))) | i,h = 0,1,\cdots,p_1-1 \right\},$$

构成了 $H^{(0)}[I_{p_1}]$ 的同构因子分解.

往下继续论证与情形 I 相同, 于是完成了定理 3.1.1 的证明.

3.3　关于完全图的同构因子分解猜想证明的第二种方法

引理 3.3.1　设 $G = (V,E) = G(A^1, A^2, \cdots, A^n)$ 为 3-色拟完备 n-部分图, 如果

$$q \| |A^i|, \quad i = 1, 2, \cdots, n,$$

$|A^i|$ 为 A^i 的顶点数, 则 $q^2 | G$.

证明　若已用 1, 2, 3 三种色给 G 的顶点染了色 (属于同一点集 A^i 的顶点染相同的色), A^i 的顶点染色 $\beta(i)$, $\beta(i) = 1, 2, 3$ 为染色函数, 等分 A^i 为 q 个子集, 即令

$$A^i = \bigcup_{r=1}^{q} A^r,$$

其中 $A_r^i = \dfrac{1}{q}|A^i|$, $A_r^i \cap A_s^i = \varnothing$, $r \neq s, r, s = 1, 2, \cdots, q$.

再令

$$E^{rs} = \bigcup_{(i,j) \in (I,J)} \left(A_{\tau(i)}^i, A_{\tau(j)}^j \right),$$

这里

$$\tau(i) = \begin{cases} r, & \beta(i) = 1, \\ s, & \beta(i) = 2, \\ r+s, & \beta(i) = 3, \end{cases}$$

$$\tau(j) = \begin{cases} r, & \beta(j) = 1, \\ s, & \beta(j) = 2, \\ r+s, & \beta(j) = 3, \end{cases}$$

$r + s$ 取模的加法运算,

$$(I, J) = \{(i,j) | 1 \leqslant i \leqslant n; (A^i, A^j) \subset E\}.$$

下面我们证明 $\{E^{rs}|r,s=1,\cdots,q\}$ 是 G 的一组同构因子, 因为当 $(A^i,A^j)\subset E$ 时, $\beta(i)=\beta(j)$, 所以 $(\tau(i),\tau(j))$ 只可能为

$$(r,s),\quad (r,r+s),\quad (s,r),\quad (s,r+s),\quad (r+s,r),\quad (r+s,s).$$

当 $\tau(i)=r,\tau(j)=s$ 时, 显然有

$$(A^i,A^j)=\bigcup_{r,s=1}^{q}(A^i_r,A^j_r),$$

并且当 $(r_1,s_1)=(r_2,s_2)$ 时, $(A^i_{r_1},A^j_{s_1})\cap(A^i_{r_2},A^j_{s_2})=\varnothing$; 当 $\tau(i)=r,\tau(j)=r+s$ 时, 同样有

$$(A^i,A^j)=\bigcup_{r,s=1}^{q}(A^i_r,A^j_{r+s}).$$

当 $(r_1,s_1)\neq(r_2,s_2)$ 时, 有

$$(A^i_{r_1},A^j_{r_1+s_1})\cap(A^i_{r_2},A^j_{r_2+s_2})=\varnothing,$$

其余情形同理可知, 从而证明了当 $(r_1,s_1)\neq(r_2,s_2)$ 时,

$$E^{r_1s_1}\cap E^{r_2s_2}=\varnothing,$$

而且有下面的结论

$$E=\bigcup_{(i,j)\in(I,J)}(A^i,A^j)=\bigcup_{(i,j)\in(I,J)}\left(\bigcup_{r,s=1}^{q}\left(A^i_{\tau(i)},A^j_{\tau(j)}\right)\right)$$
$$=\bigcup_{r,s=1}^{q}\left(\bigcup_{(i,j)\in(I,J)}\left(A^i_{\tau(i)},A^j_{\tau(j)}\right)\right)=\bigcup_{r,s=1}^{q}E^{rs}.$$

令 $G^{rs}=(V^{rs},E^{rs})$ 为 E^{rs} 张成的子图, 令 V^{rs} 中具有相同上标的点集 1-1 对应, 再让对应点集的顶点 1-1 对应, 即可得到同构对应, 因为在这样的对应下, 如果 $a_1,b_1\in V^{11},a_r,b_s\in V^{rs}$ 是 V^{rs} 中与 G^{11} 中 a_1,b_1 对应的二顶点, 如果 $a_1\in A^i,b_1\in A^j$, 则 $a_r\in A^i,b_s\in A^j$, 且当 a_1,b_1 邻接时, $(A^i,A^j)\subset E$, 此时 a_r 与 b_s 也邻接, 当 a_1 与 b_1 不邻接时, $(A^i,A^j)\cap E=\varnothing$, a_r 与 b_s 也不邻接, 故

$$G^{rs}\cong G^{11},\quad r,s=1,\cdots,q.$$

引理 3.3.2　设 $G=(V,E)=G(A^1,A^2,\cdots,A^n)$ 为拟完备 n-部图, 如果 $q\||A^i|$, $i=1,2,\cdots,n$, 则 $q|G$.

证明　令

$$A^i = \bigcup_{r=1}^{q} A^r,$$

其中 $A_r^i = \dfrac{1}{q}|A^i|,\ A_r^i \cap A_s^i = \varnothing,\ r \neq s, r, s = 1, 2, \cdots, q.$

再令

$$E^r = \bigcup_{(i,j) \in (I,J)} (A^i, A_r^j),$$

其中有

$$(I, J) = \{(i, j) | 1 \leqslant i \leqslant n; (A^i, A^j) \subset E\}.$$

$G^r = (V^r, E^r)$ 为 E^r 张成的子图. 令 V^r 与 V^1 中具有相同上标的点集 1-1 对应, 再令 A_r^i 与 A_1^i 的顶点 1-1 对应, 从而得到 V^r 与 V^1 的顶点 1-1 对应. 这也是 G^r 与 G^1 的同构对应. 如果 $a_1, b_1 \in V^1$ 分别与 $a_r, b_r \in V^r$ 对应, 且 $a_1 \in A^i, a_2 \in A^j$, 则 $a_r \in A^i, b_s \in A^j$, 且若 a_1, b_1 邻接当且仅当 $(A^i, A^j) \subset E$, 当且仅当 a_r 与 b_r 也邻接, 故 $G^r \cong G^1$, 且显然有

$$E = \bigcup_{r=1}^{q} E^r, \quad E^r \cap E^s = \varnothing, \quad r \neq s, \quad r, s = 1, \cdots, q,$$

故 $q|G$.

定理 3.3.1　设 $K(A^1, A^2, \cdots, A^n)$ 为完备 n-部分图, 如果

$$q\|A^i\|, \quad i = 1, 2, \cdots, n, \quad \text{且 } q \geqslant 2n - 3,$$

则

$$q^2 | K(A^1, A^2, \cdots, A^n).$$

证明　令

$$A^i = \bigcup_{r=1}^{q} A^r,$$

其中,

$$A_r^i = \frac{1}{q}|A^i|, \quad A_r^i \cap A_s^i = \varnothing, \quad r \neq s, \quad r, s = 1, 2, \cdots, q.$$

再令

$$E^r = \bigcup_{1 \leqslant i < j \leqslant n} \left(A_{\phi_s(j)+r-1}^i, A_{\phi_s(j)+r+s-2}^j \right),$$

其中下标加法为模 q 的加法 (简记为 mod q, 下同), 这里 $r, s = 1, 2, \cdots, q,\ \phi_s(j)$ 满足如下条件:

(1) $\phi_s(2) = 1$;

(2) $\phi_s(j) = \begin{cases} \phi_s(j-1)+1, & j \geqslant 3, \phi_s(j-1)+1 \neq \phi_s(t)+s-1, 2 \leqslant t \leqslant j-1; \\ \phi_s(j-1)+s, & \text{其他}, \end{cases}$

E^{1s} 如下：

$$E^{11} = (A_1^1, A_1^2) \cup (A_2^1, A_2^3) \cup \cdots \cup (A_{n-1}^1, A_{n-1}^n)$$
$$\cup (A_2^2, A_2^3) \cup \cdots \cup (A_{n-1}^2, A_{n-1}^n) \cup \cdots \cup (A_{n-1}^{r-1}, A_{n-1}^n),$$

$$E^{12} = (A_1^1, A_2^2) \cup (A_3^1, A_4^3) \cup \cdots \cup (A_{2n-3}^1, A_{2n-2}^n)$$
$$\cup (A_3^2, A_4^3) \cup \cdots \cup (A_{2n-3}^2, A_{2n-2}^n) \cup \cdots \cup (A_{2n-3}^{n-1}, A_{2n-2}^n),$$
$$\cdots\cdots$$

$$E^{1s} = (A_1^1, A_s^2) \cup (A_2^1, A_{s+1}^3) \cup \cdots \cup (A_{\phi_s(j)}^1, A_{\phi_s(j)+s-1}^j) \cup \cdots \cup (A_{\phi_s(n)}^1, A_{\phi_s(n)+s-1}^n)$$
$$\cup (A_2^2, A_s^3) \cup \cdots \cup (A_{\phi_s(j)}^2, A_{\phi_s(j)+s-1}^j) \cup \cdots \cup (A_{\phi_s(n)}^2, A_{\phi_s(n)+s-1}^n) \cup \cdots$$
$$\cup (A_{\phi_s(j)}^{j-1}, A_{\phi_s(j)+s-1}^j) \cup \cdots \cup (A_{\phi_s(n)}^{j-1}, A_{\phi_s(n)+s-1}^n) \cup \cdots \cup (A_{\phi_s(n)}^{n-1}, A_{\phi_s(n)+s-1}^n),$$
$$\cdots\cdots$$

$$E^{1q} = (A_1^1, A_q^2) \cup (A_2^1, A_1^3) \cup \cdots \cup (A_{n-1}^1, A_{n-2}^n)$$
$$\cup (A_2^2, A_1^3) \cup \cdots \cup (A_{n-1}^2, A_{n-2}^n) \cdots \cup (A_{n-1}^{n-1}, A_{n-2}^n).$$

令 $G^{rs} = (V^{rs}, E^{rs})$ 为 E^{rs} 张成的子图，这里

$$V^{rs} = \bigcup_{1 \leqslant i < j \leqslant n} (A_{\phi_s(j)+r-1}^i \cup A_{\phi_s(j)+r+s-2}^j), \quad t, s = 1, \cdots, q.$$

下面我们证明在一般加法运算下

$$\phi_s(2) < \phi_s(3) < \cdots < \phi_s(n) \leqslant 2n-3,$$

再由 $\phi_s(j)$ 的定义知，$\phi_s(j)$ 是单增的.

当 $s = 1$ 时，令

$$\phi_1(j) = \phi_1(j-1) + 1 = j-1, \quad j = 2, \cdots, n,$$

当 $n \geqslant 2$ 时，则有

$$\phi_1(n) = n-1 \leqslant 2n-3.$$

当 $s \geqslant n$ 时，由于

$$\phi_s(2) + s - 1 = s \geqslant n, \quad \phi_s(t) + s - 1 \geqslant \phi_s(2) + s - 1 \geqslant n,$$

这里 $2 \leqslant t \leqslant j - 1$, 故有

$$\phi_s(2) = 1, \phi_s(3) = 2, \cdots, \phi_s(n) = n - 1 \leqslant 2n - 3,$$

当 $2 < s < n$ 时, 令

$$\tau_1 = \min\{j | \phi_s(j-1) + 1 \geqslant \phi_s(t) + s - 1, j = 3, \cdots, n, 2 \leqslant t \leqslant j - 1\},$$

于是有

$$\phi_s(2) = 1, \phi_s(3) = 2, \cdots, \phi_s(j) = j - 1(j \leqslant \tau_1 - 1), \phi_s(\tau_1 - 1) = \tau_1 - 2,$$

又由于

$$\phi_s(j) = \phi_s(j-1) + 1 \neq \phi_s(t) + s - 1, \quad 2 \leqslant t \leqslant j - 1, \quad 3 \leqslant j \leqslant \tau_1 - 1,$$

所以有

$$\phi_s(j) < \phi_s(t) + s - 1, \quad 2 \leqslant t \leqslant j - 1, \quad 3 \leqslant j \leqslant \tau_1 - 1.$$

特别地, 有

$$\phi_s(\tau_1 - 1) < \phi_s(2) + s - 1,$$

所以

$$\phi_s(\tau_1 - 1) \leqslant \phi_s(2) + s - 1.$$

由 τ_1 的定义以及

$$\phi_s(2) + s - 1 < \phi_s(t) + s - 1, \quad 3 \leqslant t \leqslant j - 1,$$

所以有

$$\phi_s(\tau_1 - 1) + 1 = \phi_s(2) + s - 1 = s, \quad \phi_s(\tau_1 - 1) + 1 = (\tau_1 - 2) + 1 = \tau_1 - 1 = s,$$

因为 $\tau_1 = s + 1$, 所以有

$$\phi_s(\tau_1) = \phi_s(\tau_1 - 1) + s = \tau_1 - 2 + s = 2\tau_1 - 3,$$

归纳地定义 τ_r 如下: 如果已经定义了 $\tau_1, \tau_2, \cdots, \tau_{r-1}$, 令

$$\tau_r = \min\{j | \phi_s(j-1) + 1 \geqslant \phi_s(t) + s - 1, 2 \leqslant t \leqslant j - 1, j > \tau_{r-1}\},$$

于是

$$\tau_1 < \tau_2 < \cdots < \tau_r < \cdots \leqslant n.$$

我们用归纳法证明 $\phi_s(\tau_r) = 2\tau_r - 3$, 当 $r = 1$ 时, 已经证明. 对于 $r > 1$, 假定 $\phi_s(\tau_r) = 2\tau_r - 3$, 对于 $r + 1$, 根据 $\phi_s(j)$ 的定义知,

$$\phi_s(\tau_r + i) = \phi_s(\tau_r + i - 1) + 1 = \phi_s(\tau_r) + i, \quad i \geqslant 1, \ \tau_r + i \leqslant \tau_{r+1} - 1.$$

由于

$$\phi_s(\tau_r + i) \neq \phi_s(t) + s - 1, \quad 2 \leqslant t \leqslant \tau_r + i - 1,$$

以及

$$\phi_s(\tau_r) \neq \phi_s(\tau_r - 1) + s > \phi_s(t) + s - 1, \quad 2 \leqslant t \leqslant \tau_r + i - 1,$$

所以

$$\phi_s(\tau_r - 1) + s - 1 < \phi_s(\tau_r + i) < \phi_s(\tau_r) + s - 1 < \phi_s(t) + s - 1,$$

其中 $1 \leqslant i \leqslant \tau_{r+1} - \tau_r, t > \tau_r$. 特别地, 有

$$\phi_s(\tau_r - 1) + s - 1 \leqslant \phi_s(\tau_{r+i} - 1) < \phi_s(\tau_r) + s - 1,$$

由 τ_{r+1} 的定义以及

$$\phi_s(\tau_{r+1} - 1) + 1 \leqslant \phi_s(\tau_r) + s - 1 < \phi_s(t) + s - 1,$$

其中 $t > \tau_r$, 有下面结论

$$\phi_s(\tau_{r+1} - 1) + 1 = \phi_s(\tau_r) + s - 1,$$

从而得到

$$\begin{aligned}
\phi_s(\tau_{r+1} - 1) + 1 &= \phi_s(\tau_r) + (\tau_{r+1} - \tau_r - 1) + 1 \\
&= \phi_s(\tau_r) + \tau_{r+1} - \tau_r = \phi_s(\tau_r) + s - 1.
\end{aligned}$$

故有

$$\tau_{r+1} = \tau_r + s - 1, \quad \phi_s(\tau_{r+1} - 1) = \phi_s(\tau_r) + s - 2,$$

$$\begin{aligned}
\phi_s(\tau_{r+1}) &= \phi_s(\tau_{r+1} - 1) + s = \phi_s(\tau_r) + s - 2 + s \\
&= 2\tau_r - 3 + 2s - 2.
\end{aligned}$$

因为 $\tau_1 < \tau_2 < \cdots < \tau_r < \cdots \leqslant n$, 取其中最大的一个记为 τ, 如果 $\tau = n$, 则有

$$\phi_s(n) = 2n - 3.$$

如果 $\tau < n$, 则有

$$\phi_s(\tau + i) = \phi_s(\tau + i - 1) + 1 = \phi_s(\tau) + i, \quad 1 \leqslant i \leqslant n - \tau,$$

$$\phi_s(n) = \phi_s(\tau + n - \tau) = \phi_s(\tau) + n - t$$

$$= 2\tau - 3 + n - \tau = \tau + r - 3 < 2n - 3.$$

到此证明了在一般加法运算下有

$$1 \leqslant \phi_s(2) < \phi_s(3) < \cdots < \phi_s(n) \leqslant 2n - 3,$$

其中 $s = 1, \cdots, q$.

当 $q \geqslant 2n - 3$ 时, 在模 q 的加法运算下, $\phi_s(2), \cdots, \phi_s(n)$ 是 $I_q = \{1, \cdots, q\}$ 中的 $n - 1$ 个不同的值.

下面证明: 当 $(r_1, s_1) \neq (r_2, s_2)$ 时, $E^{r_1 s_1} \cap E^{r_2 s_2} = \varnothing$, 当 $(r_1, s_1) = (r_2, s_2)$ 时, 有

(1) 当 $r_1 \neq r_2$, $s_1 = s_2$ 时,

$$\phi_{s_1}(j) + r_1 - 1 \neq \phi_{s_2}(j) + r_2 - 1,$$

(2) 当 $s_1 \neq s_2$ 时, 若 $\phi_{s_1}(j) + r_1 - 1 = \phi_{s_2}(j) + r_2 - 1$, 则有

$$\phi_{s_1}(j) + r_1 + s_1 - 2 \neq \phi_{s_2}(j) + r_2 + s_2 - 2,$$

综合 (1),(2) 得到, 当 $(r_1, s_1) \neq (r_2, s_2)$ 时, 有下面的结论

$$(\phi_{s_1}(j) + r_1 - 1, \phi_{s_1}(j) + r_1 + s_1 - 2)$$

$$\neq (\phi_{s_2}(j) + r_2 - 1, \phi_{s_2}(j) + r_1 + s_2 - 2),$$

从而有

$$(\phi_{s_1}^i(j) + r_1 - 1, \phi_{s_1}^j(j) + r_1 + s_1 - 2) \cap (\phi_{s_2}^i(j) + r_2 - 1, \phi_{s_2}^j(j) + r_2 + s_2 - 2) = \varnothing.$$

当 $(i, j) \neq (i', j')$ 时, 显然有

$$(A_{\phi_{s_1}(j)+r_1-1}^i, A_{\phi_{s_1}(j)+r_1+s_1-2}^j) \cap (A_{\phi_{s_2}(j')+r_2-1}^{i'}, A_{\phi_{s_2}(j')+r_2+s_2-2}^{j'}) = \varnothing,$$

故 $E^{r_1 s_1} \cap E^{r_2 s_2} = \varnothing$, 当 $(r_1, s_1) \neq (r_2, s_2)$ 时, 有 $E = \bigcup_{r,s=1}^{q} E^{rs}$.

下面证明 $G^{rs} = (V^{rs}, E^{rs})$ 彼此同构, $r, s = 1, \cdots, q$. 令 V^{rs} 中的顶点集 $\phi_s^i(j) + r - 1, \phi_s^j(j) + r + s - 2$ 分别与 V^{11} 中的顶点集 A_{j-1}^i, A_{j-1}^j 对应, 然后再令对

应二顶点子集的顶点 1-1 对应, 在这个对应下, 如果 $a_1, b_1 \in V^{11}$, 则 $a_r, b_s \in V^{rs}$, 且 a_1, b_1 分别与 a_r, b_s 对应, 如果 a_1, b_1 在 G^{11} 中邻接, 且 $a_1 \in A^i_{j-1}$, 则必有 $b_1 \in A^j_{j-1}$, 于是有

$$a_r \in \phi^i_s(j) + r - 1, \quad b_s \in \phi^j_s(j) + r + s - 2,$$

从而有 a_r, b_s 在 G^{rs} 中邻接. 同理, 如果 a_1, b_1 在 G^{11} 中不邻接, 也有 a_r, b_s 不邻接, 从而证明了 $G^{rs} \cong G^{11}$, 即 $q^2|G$.

由 E^{1s} 的表列可知, G^{11} 如图 3.3.1 所示, 有 $n-1$ 个连通分支.

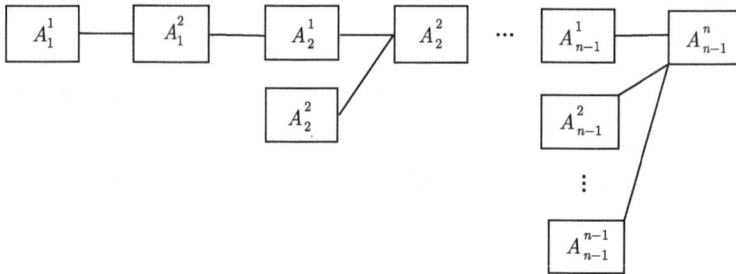

图 3.3.1　G^{11}

E^{1s} 中写在同一横排中的顶点集都在不同的 $\phi_s(j)$ 中, 其中

$$(1 \leqslant \phi_s(2) < \phi_s(3) < \cdots < \phi_s(n) \leqslant 2n - 3, s = 1, \cdots, q, q \geqslant 2n - 3).$$

位于同一竖列的顶点集对, 左边的彼此不同 (上标不同), 右边的彼此相同, 这也证明了 E^{1s} 张成的子图彼此同构.

V^{rs} 是 V^{1s} 中子集的下标加 $r - 1$ 得到的, $r = 1, \cdots, q$, 从而有

$$G^{rs} = (V^{rs}, E^{rs}), \quad r, s = 1, \cdots, q$$

彼此同构.

引理 3.3.3　设 $K(A^1, A^2, \cdots, A^n)$ 为完备 n-部分图, 如果

$$q||A^i|, \quad i = 1, 2, \cdots, n,$$

且 $q \geqslant 2n - 1$, 令 $A^i = \bigcup_{r=1}^q A^r$, 其中

$$A^i_r = \frac{1}{q}|A^i|, \quad A^i_r \cap A^i_s = \varnothing, \quad r \neq s, \quad r, s = 1, 2, \cdots, q.$$

令

$$E^{rs} = \bigcup_{1 \leqslant i < j \leqslant n} (\phi^i_s(j) + r - 1 + \tau(s), \phi^j_s(j) + r + s - 2 + \tau(s)),$$

其中 $\phi_s(j)$ 如定理 3.1.3 中定义, 则必存在这样的指标函数 $\tau(s) = 1, \cdots, q$, 使得 E^{rs} 张成的子图 $G^{rs} = (V^{rs}, E^{rs})$, $r, s = 1, \cdots, q$ 是 q^2 个边不重同构因子, 并且满足

$$V^{rs} \cap A_r^j = \varnothing, \quad j = 1, \cdots, n, \ s = 1, \cdots, q.$$

证明 令

$$\widetilde{E^{rs}} = \bigcup_{1 \leqslant i < j \leqslant n} (\phi_s^i(j) + r - 1, \phi_s^j(j) + r + s - 2),$$

其中 $r, s = 1, \cdots, q$, 以及 $\widetilde{G^{rs}} = (\widetilde{V^{rs}}, \widetilde{E^{rs}})$, 记 $\widetilde{V^{rs}}$ 中顶点集的下标集为

$$\widetilde{u}(r, s) = \{\phi_s^i(j) + r - 1, \phi_s^j(j) + r + s - 2 | j = 1, 2, \cdots, n\},$$

因 $q \geqslant 2n - 1 > 2n - 3$ 满足定理 3.3.1 的条件, 故 $\widetilde{G^{rs}}$, $r, s = 1, \cdots, q$ 是 q^2 个同构因子. 由于

$$|\widetilde{u}(r, s)| \leqslant 2(n - 1) = 2n - 2, \quad q \geqslant 2n - 1,$$

故必有

$$\widetilde{\tau}_r(s) \in I_q - \widetilde{u}(r, s), \quad I_q = \{1, \cdots, q\}.$$

令 $\tau(s) = q - \widetilde{\tau}_1(s) + 1$, 我们证明这就是所要找的指标函数. 令

$$u(r, s) = \{\phi_s^i(j) + r - 1 + \tau(s), \phi_s^j(j) + r + s - 2 + \tau(s) | j = 1, 2, \cdots, n\} (\mathrm{mod} q),$$

下面证明 $r \notin u(r, s)$, 用反证法证明, 假设 $r \in u(r, s)$, 则有下面两种情形之一发生.

情形 I

$$r = \phi_s(j) + r - 1 + \tau(s) \Rightarrow \phi_s(j) - 1 + \tau(s) = \phi_s(j) - 1 + q - \widetilde{\tau}_1(s) + 1 = 0,$$

从而有 $\widetilde{\tau}_1(s) = \phi_s(j)$;

情形 II

$$r = \phi_s(j) + r + s - 2 + \tau(s) \Rightarrow \phi_s(j) - 2 + s + \tau(s) = \phi_s(j) - 2 + s + q - \widetilde{\tau}_1(s) + 1 = 0,$$

从而有 $\widetilde{\tau}_1(s) = \phi_s(j) + s - 1$.

两种情形都有

$$\widetilde{\tau}_1(s) \in \widetilde{u}(1, s) = \{\phi_s(j), \phi_s(j) + s - 1 | j = 1, 2, \cdots, n\}$$

成立, 这与 $\widetilde{\tau}_1$ 的定义矛盾, 从而证明了 $r \notin u(r, s)$. 因为 $u(r, s)$ 是 V^{rs} 中子集的下标集, 从而证明了

$$V^{rs} \cap A_r^j = \varnothing, \quad j = 1, \cdots, n; \ r, s = 1, \cdots, q.$$

$G^{rs}, r, s = 1, \cdots, q$ 的同构性显然, 仅只需证明: 当 $(r_1, s_1) \neq (r_2, s_2)$ 时, $E^{r_1 s_1} \cap E^{r_2 s_2} = \varnothing$.

(1) 当 $r_1 \neq r_2, s_1 = s_2$ 时, 显然有

$$\phi_{s_1}(j) + r_1 - 1 + \tau(s_1) \neq \phi_{s_2}(j) + r_2 - 1 + \tau(s_2).$$

(2) 当 $s_1 \neq s_2$ 时, 如果

$$\phi_{s_1}(j) + r_1 - 1 + \tau(s_1) = \phi_{s_2}(j) + r_2 - 1 + \tau(s_2),$$

则必有

$$\phi_{s_1}(j) + r_1 + s_1 - 2 + \tau(s_1) \neq \phi_{s_2}(j) + r_2 + s_2 - 2 + \tau(s_2).$$

综合 (1),(2) 得到, 当 $(r_1, s_1) \neq (r_2, s_2)$ 时, 有下面的结论

$$\phi_{s_1}(j) + r_1 - 1 + \tau(s_1),$$

$$\phi_{s_1}(j) + r_1 + s_1 - 2 + \tau(s_1) \neq \phi_{s_2}^i(j) + r_2 - 1 + \tau(s_2),$$

$$\phi_{s_2}^j(j) + r_2 + s_2 - 2 + \tau(s_2),$$

从而有

$$\left(A^i_{\phi_{s_1}(j) + r_1 - 1 + \tau(s_1)}, A^j_{\phi_{s_1}(j) + r_1 + s_1 - 2 + \tau(s_1)} \right)$$
$$\cap \left(A^{i'}_{\phi_{s_2}^i(j) + r_2 - 1 + \tau(s_2)}, A^{j'}_{\phi_{s_2}^j(j) + r_2 + s_2 - 2 + \tau(s_2)} \right) = \varnothing.$$

当 $(i, j) = (i', j')$ 时, 前一不等式显然成立, 故

$$E^{r_1 s_1} \cap E^{r_2 s_2} = \varnothing.$$

定理 3.3.2　设 $G(A^1, A^2, \cdots, A^n)$ 为拟完备 n-部分图, 如果

$$q \| A^i |, \quad i = 1, 2, \cdots, n, \quad 且 \ q \geqslant n,$$

则 $q^2 | G(A^1, A^2, \cdots, A^n)$.

证明　令 $K(A^1, A^2, \cdots, A^n)$ 与 $G(A^1, A^2, \cdots, A^n)$ 有相同独立点集的完备 n-部分图. 令

$$K(A^1, A^2, \cdots, A^n) = K\left(A^1, A^2, \cdots, A^{\left[\frac{n+1}{2}\right]} \right) \cup K\left(B^1, B^2, \cdots, B^{\left[\frac{n+1}{2}\right]} \right) \cup K(A, B),$$

这里

$$A^{\left[\frac{n+1}{2}\right]+j} = B^j, \quad j = 1, 2, \cdots, \left[\frac{n+1}{2}\right],$$

$$A = \bigcup_{i=1}^{\left[\frac{n+1}{2}\right]} A^i, \quad B = \bigcup_{j=1}^{\left[\frac{n}{2}\right]} B^j.$$

令

$$A^i = \bigcup_{r=1}^{q} A_r^i, \quad B^i = \bigcup_{r=1}^{q} B_r^j,$$

$$|A_r^i| = \frac{1}{q}|A^i|, \quad |B_r^i| = \frac{1}{q}|B^j|.$$

当 $r \neq s$ 时, $A_r^i \cap A_s^i = \varnothing$, $B_r^j \cap B_s^j = \varnothing$, 下面令

$$A_r = \bigcup_{i=1}^{\left[\frac{n+1}{2}\right]} A_r^i, \quad B_r = \bigcup_{j=1}^{\left[\frac{n}{2}\right]} B_r^j,$$

从而有

$$A = \bigcup_{i=1}^{q} A_r, \quad B = \bigcup_{j=1}^{q} B_r,$$

由于

$$q \geqslant n \geqslant 2\left[\frac{n+1}{2}\right] - 1 \geqslant 2\left[\frac{n}{2}\right] - 1,$$

根据引理 3.3.3 得到 $K\left(A^1, A^2, \cdots, A^{\left[\frac{n+1}{2}\right]}\right)$ 的同构因子 G_A^{rs}, 且

$$V_A^{rs} \cap A_r = \varnothing, \quad r, s = 1, \cdots, q,$$

以及 $K\left(B^1, B^2, \cdots, B^{\left[\frac{n+1}{2}\right]}\right)$ 的同构因子 G_B^{rs}, $V_B^{rs} \cap B_s = \varnothing, r, s = 1, \cdots, q$, 以及 $K(A, B)$ 的同构因子 $K(A_r, B_s), r, s = 1, \cdots, q$, 下面令

$$G^{rs} = G_A^{rs} \cup G_B^{rs} \cup K(A_r, B_s), \quad r, s = 1, \cdots, q.$$

由于 V_A^{rs}, V_B^{rs}, $A_r \cup B_s$ 这三个顶点集彼此不相交, 故 $G^{rs}, r, s = 1, \cdots, q$ 的同构性显然.

因为 G^{rs} 与 $G^{r's'}$ 中顶点的同构对应是同属于 A 或 B 的具有相同上标的点集的顶点的 1-1 对应, 即有下面的对应关系:

$$A_r^i \leftrightarrow A_{r'}^i, \quad A_s^i \leftrightarrow A_{s'}^i,$$

其中 $i = 1, 2, \cdots, \left[\frac{n+1}{2}\right].$

$$B_r^j \leftrightarrow B_{r'}^j, \quad B_s^j \leftrightarrow B_{s'}^j,$$

其中 $j = 1, 2, \cdots, \left[\dfrac{n}{2}\right]$.

所以拟完备 n-部分图 $G(A^1, A^2, \cdots, A^n)$ 有 q^2 个同构因子为

$$\widetilde{G^{rs}} = G^{rs} \cap G(A^1, A^2, \cdots, A^n), \quad r, s = 1, \cdots, q.$$

定理 3.3.3   设 $G(A^1, A^2, \cdots, A^n)$ 为拟完备 n-部分图, 如果

$$q \| |A^i|, \quad i = 1, 2, \cdots, n, \quad \text{且} q \geqslant 2\left[\frac{n+2}{3}\right] - 1,$$

则 $q^2 | G(A^1, A^2, \cdots, A^n)$.

证明   记

$$A^{\left[\frac{n+2}{3}\right]+i} = B^i, \quad i = 1, 2, \cdots, \left[\frac{n+1}{3}\right],$$

$$A^{\left[\frac{n+2}{3}\right]+\left[\frac{n+1}{3}\right]+j} = C^j, \quad j = 1, 2, \cdots, \left[\frac{n}{3}\right],$$

显然有下面的结论成立:

$$n = \left[\frac{n+2}{3}\right] + \left[\frac{n+1}{3}\right] + \left[\frac{n}{3}\right].$$

令

$$
\begin{aligned}
K(A^1, A^2, \cdots, A^n) =& K\left(A^1, A^2, \cdots, A^{\left[\frac{n+2}{3}\right]}\right) \cup K\left(B^1, B^2, \cdots, B^{\left[\frac{n+1}{3}\right]}\right) \\
& \cup K\left(C^1, C^2, \cdots, C^{\left[\frac{n}{3}\right]}\right) \cup K(A, B, C),
\end{aligned}
$$

这里

$$A = \bigcup_{i=1}^{\left[\frac{n+2}{3}\right]} A^i, \quad B = \bigcup_{i=1}^{\left[\frac{n+1}{3}\right]} B^i, \quad C = \bigcup_{i=1}^{\left[\frac{n}{3}\right]} C^i.$$

与定理 3.3.2 一样等分 A^i, B^j, C^n 为

$$A_r^i, \quad B_r^j, \quad C_r^h,$$

这里

$$r = 1, \cdots, q, \quad i = 1, \cdots, \left[\frac{n+2}{3}\right], \quad j = 1, \cdots, \left[\frac{n+1}{3}\right], \quad h = 1, \cdots, \left[\frac{n}{3}\right].$$

令

$$A_r = \bigcup_{i=1}^{\left[\frac{n+2}{3}\right]} A_r^i, \quad B_r = \bigcup_{i=1}^{\left[\frac{n+1}{3}\right]} B_r^i, \quad C_r = \bigcup_{i=1}^{\left[\frac{n}{3}\right]} C_r^i,$$

这里 $r = 1, \cdots, q$, 由于

$$q \geqslant 2\left[\frac{n+2}{3}\right] - 1 \geqslant 2\left[\frac{n+1}{3}\right] - 1 \geqslant 2\left[\frac{n}{3}\right] - 1,$$

根据引理 3.3.3 得到 G_A^{rs}, G_B^{rs}, G_C^{rs} 以及 $K(A, B, C)$ 的同构因子 $K(A_r, B_s, C_{r+s})$, $r + s$ 取 $\mathrm{mod}\, q$, $r, s = 1, \cdots, q$. 令

$$G^{rs} = G_A^{rs} \cup G_B^{rs} \cup G_C^{r+s} \cup K(A_r, B_s, C_{r+s}),$$

$r + s$ 取 $\mathrm{mod}\, q$, $r, s = 1, \cdots, q$, 即得到 $K(A^1, A^2, \cdots, A^n)$ 的 q^2 个同构因子. 令

$$\widetilde{G^{rs}} = G^{rs} \cap G(A^1, A^2, \cdots, A^n), \quad r, s = 1, \cdots, q,$$

即得到 $G(A^1, A^2, \cdots, A^n)$ 的 q^2 个因子.

定理 3.3.4 设 $K_n(m) = K(A^1, A^2, \cdots, A^n)$ 为完备 n-部分图, 如果

$$q \mid m, \quad \text{且 } q \geqslant \left[\frac{n}{2}\right],$$

则 $q^2 \mid K_n(m)$.

证明 当 $q \geqslant n - 1$ 时, 由 $n \geqslant 2$ 有

$$q \geqslant n - 1 \geqslant 2\left[\frac{n+2}{3}\right] - 1,$$

根据定理 3.3.3 可知, $q^2 \mid K_n(m)$, 因此假设 $\left[\frac{n}{2}\right] \leqslant q < n - 1$. 下面分两种情况讨论.

情形 I 当 q 为奇数时, 令

$$K(A^1, A^2, \cdots, A^n) = K\left(A^1, A^2, \cdots, A^{\left[\frac{n-q+1}{2}\right]}\right) \cup K\left(B^1, B^2, \cdots, B^{\left[\frac{n-q}{2}\right]}\right)$$
$$\cup K(D^1, D^2, \cdots, D^q) \cup K(A, B, D),$$

这里

$$A = \bigcup_{i=1}^{\left[\frac{n-q+1}{2}\right]} A^i, \quad B = \bigcup_{i=1}^{\left[\frac{n-q}{2}\right]} B^i, \quad D = \bigcup_{i=1}^{q} D^i,$$

$A_r^i, A_r, B_r^i, B_r, D_r^i, D_r$ 按定理 3.3.3 的方法定义 $K(D^1, D^2, \cdots, D^q)$ 的同构因子为

$$G_D^{rs} = \bigcup_{i=1}^{\left[\frac{q-1}{2}\right]} (D_s^r, D_s^{r+i})r + i,$$

这里取 $\mathrm{mod}\, q$, $r, s = 1, \cdots, q$.

由于 $q \geqslant \left[\dfrac{n}{2}\right]$, 有

$$q \geqslant 2\left[\frac{n-q+1}{2}\right] - 1 \geqslant 2\left[\frac{n-q}{2}\right] - 1,$$

用引理 3.3.3 的方法得到

$$K\left(A^1, A^2, \cdots, A^{\left[\frac{n-q+1}{2}\right]}\right), \quad K\left(B^1, B^2, \cdots, B^{\left[\frac{n-q}{2}\right]}\right)$$

的同构因子为 G_A^{rs}, G_B^{rs}, $r, s = 1, \cdots, q$. 因为

$$K(A, B, D) = K(A, B) \cup K(A, D) \cup K(B, D),$$

下面令

$$K(A_r, B_s) \cup K(D_s^r, A) \cup K(D_s^r, B), \quad r, s = 1, \cdots, q$$

是 $K(A, B, D)$ 的同构因子. 令

$$G^{rs} = G_A^{rs} \cup G_B^{rs} \cup K(A_r, B_s) \cup K(D_s^r, A) \cup K(D_s^r, B) \cup G_D^{rs},$$

如果记

$$\widetilde{G^{rs}} = G_A^{rs} \cup G_B^{rs} \cup K(A_r, B_s),$$

由于 G_A^{rs}, G_B^{rs} 是按照引理 3.3.3 的方法构造的, 知 $\widetilde{G^{rs}}$, $r, s = 1, \cdots, q$ 彼此同构. 记

$$\begin{aligned}
\widetilde{H^{rs}} &= K(D_s^r, A) \cup K(D_s^r, B) \cup G_D^{rs} \\
&= K(D_s^r, A) \cup K(D_s^r, B) \cup \left(\bigcup_{i=1}^{\frac{q}{2}} K(D_s^r, D^{r+i})\right),
\end{aligned}$$

实际上 $\widetilde{H^{rs}}$ 是一个完备二部图 $D(D_s^r, \widetilde{V})$, 这里

$$\widetilde{V} = D^{r+1} \cup \cdots \cup D^{r+\frac{q-1}{2}} \cup A \cup B, \quad r, s = 1, \cdots, q,$$

显然彼此同构.

　　情形 II　当 q 为偶数时, 令

$$\begin{aligned}
K(A^1, A^2, \cdots, A^n) &= K\left(A^1, A^2, \cdots, A^{\left[\frac{n-q+1}{2}\right]}\right) \cup K\left(B^1, B^2, \cdots, B^{\left[\frac{n-q}{2}\right]}\right) \\
&\quad \cup K(D^1, D^2, \cdots, D^q) \cup K(A, B, D),
\end{aligned}$$

以及

$$K(D^1, D^2, \cdots, D^q) = K\left(D^1, D^2, \cdots, D^{\frac{q}{2}}\right) \cup K\left(D^{\frac{q}{2}+1}, \cdots, D^{\frac{q}{2}}\right) \cup K(\widetilde{D}, D^*),$$

这里的

$$\widetilde{D} = D^1 \cup D^2 \cup \cdots \cup D^{\frac{q}{2}}, \quad D^* = D^{\frac{q}{2}+1} \cup \cdots \cup D^{\frac{q}{2}},$$

并由定理 3.3.2 得到

$$G_D^{rs} = G_{\widetilde{D}}^{rs} \cup G_{D^*}^{r+s} \cup K\left(\widetilde{D}_r, D_{r+s}^*\right).$$

再令

$$G^{rs} = G_A^{rs} \cup G_B^{rs} \cup K(A_r, B_s) \cup G_{\widetilde{D}}^{rs} \cup G_{D^*}^{r+s}$$
$$\cup K(\widetilde{D}_r, D_{r+s}^*) \cup K(D_{g(s)}^s, A) \cup K(D_{g(s)}^s, B).$$

这里 G_A^{rs}, G_B^{rs} 如情形 I 中的方法构造,

$$g(s) = \begin{cases} r, & 1 \leqslant s \leqslant \dfrac{q}{2}, \\ r+s, & \dfrac{q}{2}+1 \leqslant s \leqslant q, \end{cases}$$

这里 $r, s = 1, \cdots, q$, 即得到 q^2 个同构因子. 因当 $1 \leqslant s \leqslant \dfrac{q}{2}$ 时,

$$D^s \cap D^* = \varnothing, \quad D_{r+s}^s \subset D_{r+s}^*, \quad D_{r+s}^* \cap V(G_{D^*}^{r+s,s}) = \varnothing \Rightarrow D_{r+s}^s \cap V(G_{D^*}^{r+s,s}) = \varnothing,$$

故 G^{rs} 中子图

$$G_D^{rs}, \quad G_{D^*}^{r+s,s}, \quad K(\widetilde{D}_r, D_{r+s}^*), \quad K(D_{g(s)}^s, A \cup B)$$

无公共顶点. 这里

$$K(D_{g(s)}^s, A \cup B) = K(D_{g(s)}^s, A) \cup K(D_{g(s)}^s, B),$$

由每个子图对应的子图同构, 有它们的并同构, 再并上 $G_A^{rs} \cup G_B^{rs} \cup K(A_r, B_s)$ 不难验证 G^{rs}, $r, s = 1, \cdots, q$ 彼此同构.

定理 3.3.5 令 $G = K(A^1, A^2, \cdots, A^n, C)$, 若

$$|A^i| = m, \quad i = 1, 2, \cdots, n, \quad q|m, \quad q||C|, \quad q \geqslant \left[\dfrac{n}{2}\right],$$

则 $q^2|G$.

证明 当 $q \geqslant n$ 时, 由

$$n \geqslant 2q \geqslant n \geqslant 2\left[\dfrac{(n+1)+2}{3}\right] - 1,$$

G 是 $n+1$-部图, 满足定理 3.3.3 的条件, 故有 $q^2|G$.

当 $\left[\dfrac{n}{2}\right] \leqslant q < n$, 如定理 3.3.4 证明可知, 令

$$K(A^1, A^2, \cdots, A^n) = K\left(A^1, A^2, \cdots, A^{\left[\frac{n-q+1}{2}\right]}\right) \cup K\left(B^1, B^2, \cdots, B^{\left[\frac{n-q}{2}\right]}\right)$$
$$\cup K(D^1, D^2, \cdots, D^q) \cup K(A, B, C),$$

这里 $C = D^1 \cup D^2 \cup \cdots \cup D^q$, 且 $|C_r| = \dfrac{1}{q}|C|$.

当 q 为奇数时, 有

$$G^{rs} = G_A^{rs} \cup G_B^{rs} \cup K(A_r, B_s, C_{r+s}) \cup G_D^{rs} \cup K(D_s^r, A \cup B \cup C),$$

当 q 为偶数时, 有

$$G^{rs} = G_A^{rs} \cup G_B^{rs} \cup K(A_r, B_s, C_{r+s}) \cup G_{D}^{rs} \cup G_{D^*}^{r+s,s}$$
$$\cup K(D_{g(s)}^s, B) \cup K(D_{g(s)}^r, A \cup B \cup C),$$

$r, s = 1, \cdots, q$ 彼此同构, 即得到 q^2 个同构因子.

定理 3.3.6　对于完备 n-部分图 $K_n(m)$, 若

$$q|m, \quad 1 < q < \left[\dfrac{n}{2}\right],$$

则 $q^2 | K_n(m)$.

证明　当 $q < \left[\dfrac{n}{2}\right]$, 记 $\left[\dfrac{n}{2q}\right] = \tau \geqslant 1$, 则 $n = 2\tau q + 1$, $0 \leqslant 1 \leqslant 2q$, 令

$$K(A^1, A^2, \cdots, A^n) = \begin{cases} K(A^1, A^2, \cdots, A^i) \cup K(D^1, D^2, \cdots, D^{2\tau q}) \cup K(A, D), & i \geqslant 2, \\ K(D^1, D^2, \cdots, D^{2\tau q}) \cup K(A^i, D), & i = 1, \\ K(D^1, D^2, \cdots, D^{2\tau q}), & i = 0, \end{cases}$$

这里

$$D^i = A^{1+i}, \quad i = 2\tau q, \quad A = \bigcup_{i=1}^{n} A^i, \quad D = \bigcup_{i=1}^{2\tau q} D^i.$$

下面只需讨论 $i \geqslant 2$ 的情形, 令

$$V^j = \bigcup_{i=1}^{\tau} D^{j+2(i-1)q}, \quad j = 1, 2, \cdots, 2q, \quad i = 1, \cdots, \tau.$$

下面分两种情况讨论.

当 $\tau = 1$ 时, 有

$$K(D^1, D^2, \cdots, D^{2\tau q}) = K(V^1, V^2, \cdots, V^{2q}).$$

当 $\tau > 1$ 时, 有

$$K(D^1, D^2, \cdots, D^{2\tau q}) = K(V^1, V^2, \cdots, V^{2q}) \cup \left(\bigcup_{j=1}^{2q} K(D^{j_1}, D^{j_2}, \cdots, D^{j\tau}) \right).$$

按图 3.3.2 所示的方法把 $K(V^1, V^2, \cdots, V^{2q})$ 分解成 q 个同构因子, 把 $1, \cdots, 2q$ 置于 0 为心的圆周上, 图中实现表图 G^1, G^1 绕 0 旋转依次得到 $G^2, \cdots, G^q$, 则

$$G^1 = P(V^2, V^{2q}, V^3, V^{2q-1}, \cdots, V^{q-1}, V^{q+3}, V^q, V^{q+2})$$
$$\cup K(V^{q-1}, V^q) \cup K(V^{2q-1}, V^{2q}),$$

记号 $P(V^1, V^2, \cdots, V^\tau)$ 为拟完备 r-部分图, 当把 V^i 视为顶点, (V^i, V^j) 视为边时, 它是一条 V^1-V^τ 路, G^r 由 G^1 中的点集的上标加 $r - 1 (\bmod 2q)$ 得到 $r = 1, \cdots, q$ 时, 得到 $K(V^1, V^2, \cdots, V^{2q})$ 的 q 个同构因子.

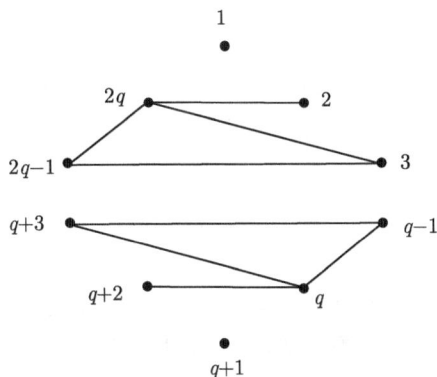

图 3.3.2 q 个同构因子

如果 $\tau > 1$, 则 $K(D^1, D^2, \cdots, D^{2\tau q})$ 的 q 个同构因子为

$$\widetilde{G^r} = G^r \cup K(D^{r+1,1}, \cdots, D^{r+1,\tau}) \cup K(D^{r+q+1,1}, \cdots, D^{r+q+\tau}).$$

$G^r, \widetilde{G^r}$ 为拟完备多部图, 且 $q||D^i|, q||V^j| = \tau|D^j|$, 故可用引理 3.3.2 的方法分 $G^r, \widetilde{G^r}$ 的 q 个同构因子, 从而得到 $K(D^1, D^2, \cdots, D^{2\tau q})$ 的 q^2 个同构因子 $G_D^{rs_1}, r, s = 1, 2, \cdots, q$, 由 $G^r, \widetilde{G^r}$ 的构造知,

$$V(G^r) \cap (V^r \cup V^{q+r}) = \varnothing,$$
$$V(\widetilde{G^r}) \cap (V^r \cup V^{q+r}) = \varnothing,$$

从而有

$$V(G^{rs}) \cap (V^r \cup V^{q+r}) = \varnothing,$$

由于 $1 < 2q$, 有 $q > 1$, 由定理 3.3.4 知 $K(A^1, A^2, \cdots, A^i)$ 有 q^2 个同构因子 G_D^{rs}, 令

$$V^r = \bigcup_{i=1}^{q} V_i^r, \quad |V^r| = \frac{1}{q}|V_i^r|,$$

则有下面结论成立

$$G^{rs} = G_A^{rs} \cup G_D^{rs} \cup K(V_s^r, A) \cup K(V_s^{q+r}, A),$$

$r, s = 1, \cdots, q$ 彼此同构, 即得到 q^2 个同构因子.

定理 3.3.7 $G = K(A^1, A^2, \cdots, A^n, C), |A^i| = m, i = 1, \cdots, n,$ 如果

$$q|m, \quad q||C|, \quad 1 < q < \left[\frac{n}{2}\right],$$

则 $q^2|G$.

证明 记 $\left[\dfrac{n}{2q}\right] = \tau \geqslant 1$, 则 $n = 2\tau q + 1, 0 \leqslant 1 \leqslant 2q$, 令

$$G = \begin{cases} K(A^1, A^2, \cdots, A^i, C) \cup K(D^1, D^2, \cdots, D^{2\tau q}) \cup K(D, A), & i \geqslant 1, \\ K(D^1, D^2, \cdots, D^{2\tau q}) \cup K(D, C), & i = 0, \end{cases}$$

这里

$$D^i = A^{1+i}, \quad i = 1, \cdots, 2\tau q, \quad A = \bigcup_{i=1}^{n} A^i \cup C,$$

于是下面只需讨论 $i \geqslant 1$ 的情形, 由定理 3.3.5 得到 $K(A^1, A^2, \cdots, A^i, C)$ 的 q^2 个同构因子, G_A^{rs} 由定理 3.1.8 的方法得到 $K(D^1, D^2, \cdots, D^{2\tau q})$ 的 q^2 个同构因子 $G_D^{rs}, r, s = 1, 2, \cdots, q,$ 令

$$G^{rs} = G_A^{rs} \cup G_D^{rs} \cup K(V_s^r, A) \cup K(V_s^{q+r}, A),$$

其中 $r, s = 1, \cdots, q$ 彼此同构, 即得到 q^2 个同构因子.

根据前面定理得到如下定理.

定理 3.3.8 对于 $K_n(m)$ 和 $K(A^1, A^2, \cdots, A^n, C), |A^i| = m, i = 1, \cdots, n,$ 如果 $q|m, q||C|,$ 则 $q^2|K_n(m), q^2|K(A^1, A^2, \cdots, A^n, C)$.

引理 3.3.4 对于完备图 K_n, 如果 $t\left|\dfrac{1}{2}n(n-1)\right.$, 则 $t|K_n$.

这里直接引用文献 [9] 的结果.

情形 I 完备图 K_n, 可以给它的边集依次标上 $\left\{1, 2, \cdots, \dfrac{1}{2}n(n-1)\right\}$ 中不同的值, 当 $r < \dfrac{1}{2}n(n-1)$时, 任意标写相邻的 r 条边在 K_n 中不邻接, 因而当 $t > n$

时, 有 $\dfrac{n(n-1)}{2t} > \dfrac{n-1}{2}$, 每个 t 分因子有 $r = \dfrac{n(n-1)}{2t}$ 条边的对集.

情形 II 当 $t > \left[\dfrac{n}{2}\right]$ 为偶数时, t 分因子如图 3.3.3 所示, 它是具有一个公共顶点的 r 个 K_3 和 s 个 K_2 的并集, 为一个三色图.

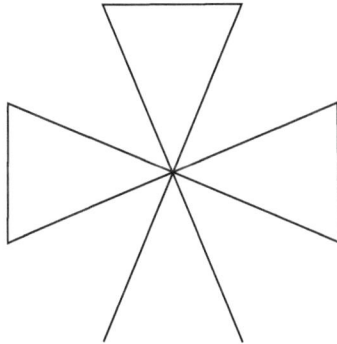

图 3.3.3 t 个同构因子

下面讨论其他两种情形.

情形 III 当 $t \leqslant n$ 为奇数时, 记 K_n 的顶点集为

$$V = \{1, \cdots, n\}, \quad \left[\dfrac{n}{t}\right] = 1, \quad n = tl + \tau, \quad 0 \leqslant \tau \leqslant t,$$

$$V^i = \bigcup \{(j-1)l + i\}, \quad j = 1, \cdots, t, \quad V^0 = \{tl + 1, \cdots, n\}.$$

于是把 V 分成了 $t + 1$ 个点集, 即

$$K_n = K(V^0) \cup K(V^1) \cup \cdots \cup K(V^t) \cup K(V^0, V^1, \cdots, V^t),$$

这里 $K(V^i)$ 是以 V^i 为顶点集的完备图. 由于

$$\frac{1}{2}n(n-1) = \frac{1}{2}\tau(\tau-1) + \frac{1}{2}tl(l-1) + \tau tl + \frac{1}{2}t(t-1)l^2,$$

以及

$$t\left|\frac{1}{2}n(n-1) \Leftrightarrow t\right|\frac{1}{2}\tau(\tau-1),$$

且有 $t > \tau$, 由情形 I 知, $t|K(V^0)$, $K(V^0)$ 的每个 t 分因子 $G_{V^0}^r$ 为 $\dfrac{1}{2}\tau(\tau-1)$ 条边的对集.

构造 $K(V^0, V^1, \cdots, V^t)$ 的 t 分因子为

$$\widetilde{G^r} = K(V^0, \cdots, V^r) \cup \bigcup_{j=1}^{\frac{t-1}{2}} K(V^{r+1}, \cdots, V^{r+j+1})$$

$$= K(V^0, V^r) \cup K\left(V^{r+1}, V^{r+2} \cup \cdots \cup V^{r+1+\frac{t-1}{2}}\right), \quad r = 1, \cdots, t,$$

上标加法取 $\mathrm{mod}\, t$. 令

$$G^r = G_{V^0}^r \cup K(V^{r+1}) \cup K(V^0, V^r) \cup K\left(V^{r+1}, V^{r+2} \cup \cdots \cup V^{r+1+\frac{t-1}{2}}\right),$$

其中 $r = 1, \cdots, t$, 得到 t 个同构因子.

当 $1 < t \leqslant \left[\frac{n}{2}\right]$ 为偶数时, 记 K_n 的顶点集为

$$V = \{1, \cdots, n\}, \quad \left[\frac{n}{t}\right] = l, \quad n = tl + \tau, \quad 0 \leqslant \tau \leqslant t,$$

$$V^i = \bigcup \{(j-1)l + i\}, \quad j = 1, \cdots, t, \quad V^0 = \{tl + 1, \cdots, n\},$$

于是把 V 分成了 $t+1$ 个点集, 即

$$K_n = K(V^0) \cup K(V^1) \cup \cdots \cup K(V^t) \cup K(V^0, V^1, \cdots, V^t),$$

这里的 $K(V^i)$ 是以 V^i 为顶点集的完备图. 由于

$$\frac{1}{2}n(n-1) = \frac{1}{2}\tau(\tau-1) + \frac{1}{2}tl(l-1) + \tau tl + \frac{1}{2}t(t-1)l^2,$$

以及

$$t\left|\frac{1}{2}n(n-1) \Leftrightarrow t\right|\frac{1}{2}\tau(\tau-1),$$

且有 $t > \tau$, 由情形 I 知, $t | K(V^0), K(V^0)$ 的每个 t 分因子 $G_{V^0}^r$ 为 $\frac{1}{2}\tau(\tau-1)$ 条边的对集.

构造 $K(V^0, V^1, \cdots, V^t)$ 的 t 分因子为

$$\widetilde{G^r} = K(V^0, \cdots, V^r) \cup \bigcup_{j=1}^{\frac{t-1}{2}} K(V^{r+1}, \cdots, V^{r+j+1})$$

$$= K(V^0, V^r) \cup K\left(V^{r+1}, V^{r+2} \cup \cdots \cup V^{r+1+\frac{t-1}{2}}\right),$$

其中 $r = 1, \cdots, t$, 上标加法取 $\mathrm{mod}\, t$. 令

$$G^r = G_{V^0}^r \cup K(V^{r+1}) \cup K(V^0, V^r) \cup K\left(V^{r+1}, V^{r+2} \cup \cdots \cup V^{r+1+\frac{t-1}{2}}\right),$$

其中 $r = 1, \cdots, t$, 得到 t 个同构因子.

情形 IV　当 $1 < t \leqslant \left[\frac{n}{2}\right]$ 为偶数时, 记 K_n 的顶点集为

$$V = \{1, \cdots, n\}, \quad \left[\frac{n}{2t}\right] = l, \quad n = 2tl + \tau, \quad 0 \leqslant \tau \leqslant 2t,$$

$$V^i = \{(j-1)l+1, \cdots, (j-1)l+l\}, \quad j = 1, \cdots, 2t,$$

$$V^0 = \{2tl+1, \cdots, n\}.$$

令

$$K_n = K(V^0) \cup K(V^1) \cup \cdots \cup K(V^{2t}),$$

由情形 I、情形 II 知, $K(V^0)$ 的 t 个因子为 $G_{V^0}^r$, $r = 1, \cdots, t$, $K(V^1, \cdots, V^{2t})$ 的 t 个因子为

$$\widetilde{G^r} = P(V^{r+1}, V^{2t+r-1}, V^{r+2}, V^{2t+r-2}, \cdots, V^{t+r-1}, V^{t+r+1})$$

$$\cup K(V^{t+r-2}, \cdots, V^{t+r-1}) \cup K(V^{2t+r-2}, \cdots, V^{2t+r-1}),$$

这里 $V(\widetilde{G^r}) \cap (V^r \cup V^{r+t}) = \varnothing$, 令

$$G^r = G_{V^0}^r \cup K(V^0, V^r \cup V^{r+t}) \cup \widetilde{G^r} \cup K(V^{r+1}) \cup K(V^{r+t}),$$

$r = 1, \cdots, t$, 得到 t 个同构因子.

定理 3.1.1′ 对于完备 n-部图 $K_n(m) = K(A^1, A^2, \cdots, A^n)$ 可分性条件 $\tau \left| \dfrac{1}{2} n(n-1)m^2 \right.$ 是 $t|K_n(m)$ 的充分条件.

证明 由 $\tau \left| \dfrac{1}{2} n(n-1)m^2 \right.$, 必有 $\tau = tpq^2$, 其中 $t \left| \dfrac{1}{2} n(n-1) \right.$, $pq|m$, $pq^2|m^2$, p, q 互质, 则有下面四种情况.

情形 I $t > n$, 根据引理 3.3.4, K_n 的每个 t 分因子为 $\dfrac{n(n-1)}{2t}$ 条边的对集, 对应的 $K_n(m)$ 的 t 分因子为 $\dfrac{n(n-1)}{2t}$ 个分离的完备二分图, 再把每个 t 分因子分成 pq^2 个因子, 即得到 $\tau = tpq^2$ 个同构因子.

情形 II $\left[\dfrac{n}{2} \right] \leqslant t \leqslant n$ 为偶数, 根据 $t = \left[\dfrac{n}{2} \right]$ 可分 K_n 为 t 条 Hamilton 圈 (或路), 当 $\left[\dfrac{n}{2} \right] \leqslant t \leqslant n$ 时, 由引理 3.3.4 情形 II 可知, K_n 的每个 t 分因子为公共顶点的若干 K_2 与 K_3 的并, 故当 $\left[\dfrac{n}{2} \right] \leqslant t \leqslant n$ 时, K_n 的 t 分因子为 3-色图, 对应的 $K_n(m)$ 的 t 分因子为抑完备三色图, 再根据引理 3.3.1 和引理 3.3.2, 把 $K_n(m)t$ 分因子分成 pq^2 个因子, 从而有 $\tau|K_n(m)$.

情形 III $1 < t \leqslant n$ 为奇数, 在引理 3.3.4 的情形 III 中 K_n 的 t 分因子为

$$G^r = G_{V^0}^r \cup K(V^{r+1}) \cup K(V^0, V^r) \cup K\left(V^{r+1}, V^{r+2} \cup \cdots \cup V^{r+1+\frac{t-1}{2}}\right),$$

这里

$$|V^r| = \left[\frac{n}{t} \right] = l, \quad r = 1, \cdots, t, \quad |V_0| = h = n - tl,$$

让 K_n 的顶点 j 对应于 $K_n(m)$ 的顶点集 A^j, 得到 $K_n(m)$ 的 t 分因子.

因为 $G_{V^0}^r$ 是一一对应的, 故 $G_{V^0}^r \cup K(V^0, V^r)$ 是三色图, 对应为三色拟完备图 $\widetilde{G^r}$, $K(V^{r+1})$ 对应于一个 $\frac{n}{t} = l$ 部完备图 $K(A^{i_1}, A^{i_2}, \cdots, A^{i_l})$, 故

$$K(V^{r+1}) \cup K\left(V^{r+1}, V^{r+2} \cup \cdots \cup V^{r+1+\frac{t-1}{2}}\right)$$

对应于一个完备多部图 $K(A^{i_1}, A^{i_2}, \cdots, A^{i_l}, C)$, 故可按引理 3.3.1, 引理 3.3.2 和定理 3.3.8 分别讨论, 得到 pq^2 个因子, 从而有 $\tau | K_n(m)$.

情形 IV　当 $t < \left[\frac{n}{2}\right]$ 为偶数时, 由引理 3.3.4 的情形 IV 的方法分 K_n 为 t 个同构因子 G^r, $r = 1, \cdots, t$, 令 K_n 的顶点 j 对应于 $K_n(m)$ 的顶点集 A^j 得到对应 t 个同构因子. 令

$$V^0 = \{2tl+1, \cdots, 2tl+h = n\} \leftrightarrow \{A^{2tl+1}, \cdots, A^n\},$$

$$V^j = \{(j-1)l+1, \cdots, j_l\} \leftrightarrow \{A^{j_1}, \cdots, A^{j_l}\},$$

$$j_l = (j-1)l+1, \cdots, j_1.$$

记

$$\{A^{2tl+1}, \cdots, A^n\} = \{B^1, \cdots, B^h\},$$

以及

$$\{A^{(r+1)_1}, \cdots, A^{(r+1)_l}\} = \{C^1, \cdots, C^l\},$$

$$\{A^{r_1} \cup \cdots \cup A^{r_l} \cup A^{(r+t)_1} \cup \cdots \cup A^{(r+t)_l}\} = B^0,$$

$$\{A^{(r+t+1)_1}, \cdots, A^{(r+t+1)_l}\} = \{D^1, \cdots, D^l\},$$

于是有下面的结论成立:

$$\widetilde{G^r}(m) = P(V_m^{r+1}, V_m^{2t+r-1}, V_m^{r+2}, V_m^{2t+r-2}, \cdots, V_m^{t+r-1}, V_m^{t+r+1})$$

$$\cup K(V_m^{t+r-2}, \cdots, V_m^{t+r-1}) \cup K(V_m^{2t+r-2}, \cdots, V_m^{2t+r-1}).$$

这里的 $V^j = \{A^{j_1}, \cdots, A^{j_l}\}$, 于是令

$$H^1 = G_{V^0}^r(m) \cup K(B^1 \cup B^2 \cup \cdots \cup B^h, B^0),$$

$$H^2 = \widetilde{G^r}(m) \cup K(C^1 \cup C^2 \cup \cdots \cup C^l) \cup K(D^1 \cup D^2 \cup \cdots \cup D^l).$$

由引理 3.1.18 情形 IV 知, $V(H^1) \cap V(H^2) = \varnothing$, 因而可分别讨论 H^1, H^2 的分解.

(1) H^1 如图 3.3.4 所示, 因为 $G_{V^0}^r(m)$ 是由一公共点集 B^1 的若干完备三分图与二分图的并, 故 $H^1 - (B^0, B^1)$ 是一个拟完备三色图, 且 B^0, B^1 必可染相同

色. 令 $H^1 - (B^0, B^1) = \widetilde{H^1}$, 按引理 3.3.1 的方法先得到 $\widetilde{H^1}$ 的 q^2 个同构因子 $\widetilde{H^1_{su}}, s, u = 1, \cdots, q$. 由于 B^0, B^1 必可染相同色, 所以 $\widetilde{H^1_{su}}, s, u = 1, \cdots, q$ 中的 B^0, B^1 的下标相同, 不妨设为 s, 当 $q \geqslant 3$ 时分 $K(B^0, B^1)$ 的 q^2 个同构因子为 $K(B^0_s, B^1_u), s, u = 1, \cdots, q$. 令

$$H^1_{su} = \widetilde{H^1_{su}} \cup K(B^0_{s+1}, B^1_{s+1}), \quad u = 1, \cdots, q, \ s = 1, \cdots, q,$$

$$H^1_{sq} = \widetilde{H^1_{sq}} \cup K(B^0_{s+2}, B^1_{s+1}), \quad s = 1, \cdots, q,$$

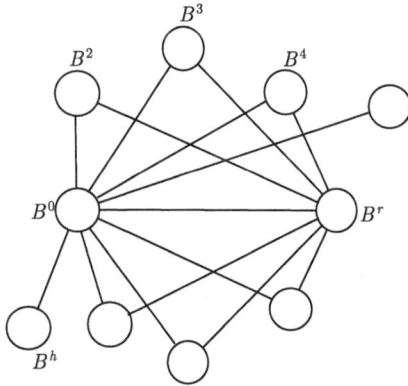

图 3.3.4　H^1_{21}

从而得到 q^2 个同构因子. 当 $q = 2$ 时, 由于 $|B^0| = 2lm, q|m$, 所以 $q^2 = 4, 4||B^0|$ 因子分 B^0_1, B^0_2 为 4 个子集

$$B^0_{11}, \quad B^0_{12}, \quad B^0_{21}, \quad B^0_{22},$$

$$B^0_{ij} = \frac{1}{4}|B^0|,$$

$$B^0_{11} \cup B^0_{12} = B^0_1, \quad B^0_{21} \cup B^0_{22} = B^0_2,$$

令

$$H^1_{11} = \widetilde{H^1_{11}} \cup K(B^0_{21}, B^1), \quad H^1_{12} = \widetilde{H^1_{12}} \cup K(B^0_{22}, B^1),$$

$$H^1_{21} = \widetilde{H^1_{21}} \cup K(B^0_{11}, B^1), \quad H^1_{22} = \widetilde{H^1_{22}} \cup K(B^0_{12}, B^1),$$

即得到 $q^2 = 4$ 个同构因子.

(2) $H^2 = \widetilde{G^r}(m) \cup K(C^1 \cup C^2 \cup \cdots \cup C^l) \cup K(D^1 \cup D^2 \cup \cdots \cup D^l)$, 如图 3.3.5 所示, 把 H^2 改为

$$H^2 = K(C^1 \cup C^2 \cup \cdots \cup C^l, V^{2t}_m) \cup K(D^1 \cup D^2 \cup \cdots \cup D^l, V^{t+2}_m)$$

$$\cup P(V^{2t}_m, V^3_m, V^{2t-1}_m, \cdots, V^{t-1}_m, V^{t+3}_m, V^{t+3}_m) \cup K(V^{2t}_m, V^{2t-1}_m) \cup K(V^{t-1}_m, V^t_m).$$

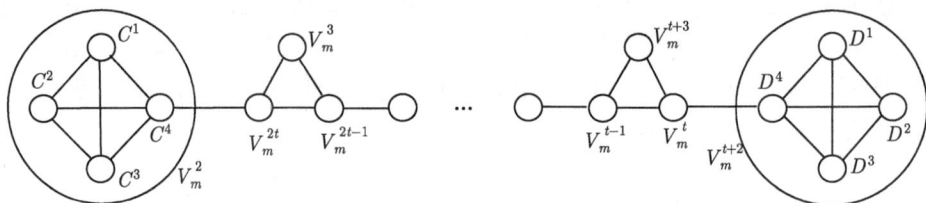

图 3.3.5　H^2

因为

$$|C^1| = |C^2| = \cdots = |C^l| = |D^1| = |D^2| = \cdots = |D^l| = m, \quad |V_m^j| = lm,$$

对任意的 j, 由定理 3.3.4 知,

$$q^2|K(C^1 \cup C^2 \cup \cdots \cup C^l, V_m^{2t}), \quad q^2|K(D^1 \cup D^2 \cup \cdots \cup D^l, V_m^{t+2}),$$

其因子分别为 H_{su}^C, H_{su}^D. 根据定理 3.3.5 和定理 3.3.7 的证明可知, V_m^{t+2}, V_m^{t+2} 子集的下标以 $s+t$ 的形式出现, 于是我们构造 H^2 的 q^2 个同构因子如下

$$H_{su}^2 = H_{su}^C \cup H_{su}^D \cup P(V_{m,s+u}^{2t}, V_{m,s}^3, V_{m,u}^{2t-1}, \cdots, V_{m,s}^{t-1}, V_{m,u}^{t+3}, V_{m,s+u}^{t+3})$$
$$\cup K(V_{m,s+t}^{2t}, V_u^{2t-1}) \cup K(V_{m,s}^{t-1}, V_{m,s+u}^t), \quad s, u = 1, \cdots, q.$$

$G^r(m)$ 的两个连通分支 H^1, H^2 的一对 q^2-分因子的并得到 $G^r(m)$ 的 q^2-分因子, 再按引理 3.3.2 每个因子为 p-分因子, 得到 $G^r(m)$ 的 pq^2 个因子, 从而证明了 $\tau = tpq^2$, 以及 $\tau|K_n(m)$ 成立.

综上所述, 证明了定理 3.1.1, 即证明了 Harary, Robinson, Wormald 等提出的关于完全多部图的同构因子分解的猜想的正确性.

3.4　本 章 小 结

本章主要介绍图的因子分解的相关知识, 主要从同构因子出发, 具体介绍了完全等部图的同构因子分解. 用两种方法证明 Harary, Robinson, Wormald 等提出的关于完全多部图的同构因子分解的猜想.

第4章 完备三分图的同构因子分解

4.1 完备三分图同构因子分解概述

Harary, Robinson 和 Wormald 在文献[9]中研究了完备三分图 $K(m,n,s)$, 当 $t = 2, 4$ 时证明了可分性条件 $t|(mn + ms + ns)$ 是 $t|K(m,n,s)$ 的充分条件. 并指出当 t 为奇数时, 可分性条件不一定是充分的. 例如, 当 $t > 1$ 为奇数, $m \geqslant t(t+1)$ 时, 由可分性条件 $t|2m + 1$ 不能得到 $t|K_{(1,1,m)}$, 他们猜测当 t 为偶数时, 如果 $t|(mn + ms + ns)$, 则 $t|K(m,n,s)$. 把猜想转化为下面定理, 如下所示.

定理 4.1.1 设 $G = K(m,n,s)$, 当 t 为偶数且 $t|mn + ms + ns$ 时, $t|K(m,n,s)$.

由文献 [9] 容易得到下面引理.

引理 4.1.1 设 t 为偶数, $t|(mn + ms + ns)$, 则 m, n, s 中至少有两个为偶数.

为了证明定理 4.1.1, 先介绍划分的概念.

设 A 是一个非空有限集, $|A|$ 表示 A 中元素的个数, 令

$$A = \bigcup_{i=1}^{t} A_i, \quad |A_i| = m_i, \quad A_i \cap A_j = \varnothing,$$

任意的 $i, j = 1, \cdots, t, i \neq j$, 即表示把 A 划分为子集系 $\{A_1, \cdots, A_t\}$.

引理 4.1.2 设 $G = K(m,n) = K(A,B)$, $|A| = m, |B| = n$ 是以 A, B 为独立集的完备二分图, $1 \leqslant q \leqslant \min\{m,n\}$, 则存在边集的一个环形序列 $e_1, e_2, \cdots, e_{mn}$, 使得序列中任意相继的 q 条边构成 G 的一个对集 (图 G 的一个一度正则子图叫做 G 的一个对集、匹配或边独立集), 即对任意的 p 的边集 $\{e_p, e_{p+1}, \cdots, e_{p+q-1}\}$(下标的加法取 $\mathrm{mod}mn$) 是 G 的一个 q 边独立集.

证明 记 $A = \{a_1, a_2, \cdots, a_m\}$, $B = \{b_1, b_2, \cdots, b_m\}$, 令边 $(a_i, b_j) = e_{i+(j-1)m}(b$ 的下标取 $\mathrm{mod}n)$, 显然当 $1 \leqslant q \leqslant \min\{m,n\}$ 时序列 $e_1, e_2, \cdots, e_{mn}$ 中任意相继的 q 条边, 彼此不邻接, 即为 q 边独立集.

本章主要证明 Harary, Robinson 和 Wormald 等提出的关于完备三分图的同构因子分解的猜想. 先证明当 $t = 6, t = 18$ 以及 $t = 2^k$ 时, 猜想成立, 最后用特殊置换和三色图的性质证明猜想成立.

4.2　完备三分图的 6-分因子

定理 4.2.1　假设 $G = K(A, B, C)$ 是完备的三分图, 当 $t = 6$ 时, 则 $t|G$, 即 G 可以分解为 6 个同构因子.

证明　不失一般性, 由引理 4.2.1 可令 $|A| = 2m$, $|B| = 2n$, $|C| = s$, 则有

$$6|(4mn + 2ms + 2ns),$$

即 $3|(2mn + ms + ns)$. 下面求 G 的 6 分因子, 因为 $2mn + ms + ns \equiv 0(\mathrm{mod}3)$, 令

$$n \equiv n_0(\mathrm{mod}3), \quad m \equiv m_0(\mathrm{mod}3), \quad s \equiv s_0(\mathrm{mod}3),$$

所以可以分下面三种情况讨论.

情形 I　当 $s_0 = 0, n_0 = 0, m_0 = 0$ 时, 不是一般性, 令 $m \geqslant n$, 令

$$A = A^1 \cup A^2, \quad A^1 = A_1^1 \cup A_2^1 \cup A_3^1, \quad A^2 = A_1^2 \cup A_2^2 \cup A_3^2,$$

$$B = B^1 \cup B^2, \quad B^1 = B_1^1, \quad B^2 = B_1^2,$$

$$C = C^1 \cup C^2 \cup C^3,$$

$$|A_i^1| = |A_i^2| = \frac{m}{3}, \quad i = 1, 2, 3, \quad |B_1^1| = |B_1^2| = n,$$

$$|C^1| = |C^2| = |C^3| = \frac{s}{3},$$

则 G 在情形 I 中的 6 个同构因子如下:

$$G_1 : A_1^1 - B_1^1 - A_1^2 \quad A^1 - C_1 - B^1,$$

$$G_2 : A_2^1 - B_1^1 - A_2^2 \quad A^1 - C_2 - B^1,$$

$$G_3 : A_3^1 - B_1^1 - A_3^2 \quad A^1 - C_3 - B^1,$$

$$G_4 : A_1^1 - B_1^2 - A_1^2 \quad A^2 - C_1 - B^2,$$

$$G_5 : A_2^1 - B_1^2 - A_2^2 \quad A^2 - C_2 - B^2,$$

$$G_6 : A_3^1 - B_1^2 - A_3^2 \quad A^2 - C_3 - B^2.$$

情形 II　当 $s_0 = 0$ 时, $m_0 = 2$ 或 $n_0 = 2$, 不失一般性, 令 $m \geqslant n$,

$$A = A^1 \cup A^2, \quad A^1 = A_1^1 \cup A_2^1 \cup A_3^1 \cup A_0^1, \quad A^2 = A_1^2 \cup A_2^2 \cup A_3^2 \cup A_0^2,$$

$$B = B^1 \cup B^2, \quad B^1 = B_1^1 \cup B_2^1 \cup B_3^1 \cup B_0^1, \quad B^2 = B_1^2 \cup B_2^2 \cup B_3^2 \cup B_0^2,$$

$$C = C^1 \cup C^2 \cup C^3 \cup C^0,$$

$$|A_i^1| = |A_i^2| = \frac{m}{3}, \quad |A_0^1| = |A_0^2| = 2, \quad i = 1, 2, 3,$$

$$|B_i^1| = |B_i^2| = \frac{n}{3}, \quad |B_0^1| = |B_0^2| = 2, \quad i = 1, 2, 3,$$

$$|C^1| = |C^2| = |C^3| = \frac{s}{3}.$$

记 $B_0^1 = \{b_1^1, b_2^1\}, B_0^2 = \{b_1^2, b_2^2\}$, 令

$$A_x^1 \subset A^1, \quad A_x^2 \subset A^2, \quad |A_x^1| = |A_x^2| = n,$$

$$\overline{A_x^1} = A^1 - A_x^1, \quad \overline{A_x^2} = A^2 - A_x^2.$$

因为 $m \equiv n \equiv 2 \pmod 3$, 有 $m - n \equiv 0 \pmod 3$, 所以

$$\overline{A_{x_i}^1} = A_x^1 \cap A_i^1, \quad \overline{A_{x_i}^2} = A_x^2 \cap A_i^2,$$

$$\left| \overline{A_{x_i}^1} \right| = \left| \overline{A_{x_i}^2} \right| = \frac{m - n}{3}, \quad i = 1, 2, 3.$$

则 G 在情形 II 的 6 个同构因子如下:

$G_1 : \{B^1 - B_1^1 - B_2^1 + B_1^2 + B_2^2\} - C_0 - A^1 \quad A_{x_1}^1 - b_2^2 \quad b_1^2 - A_{x_1}^2$
$\quad \{B^2 + B_1^1 + B_2^1 - B_1^2 - B_2^2\} - C_1 - A^1 - (B_1^1 \cup B_2^1),$

$G_2 : \{B^2 + B_1^1 + B_2^1 - B_1^2 + B_2^2\} - C_0 - A^2 \quad A_{x_1}^1 - b_2^1 \quad b_1^1 - A_{x_1}^2$
$\quad \{B^1 - B_1^1 + B_2^1 + B_1^2 + B_2^2\} - C_1 - A^2 - (B_1^2 \cup B_2^3),$

$G_3 : A_x^2 - b_1^1 - A_1 \quad A_{x_2} - b_2^2 \quad b_1^2 - \overline{A_x^2} \quad B^2 - C_2 - A^1 - (B_1^2 \cup B_3^2),$

$G_4 : A_x^2 - b_2^1 - A_2 \quad \overline{A_{x_3}^1} - b_2^2 \quad b_1^2 - \overline{A_{x_3}^2} \quad \{B^2 + B_2^1 - B_2^2\} - C_3 - A^2 - (B_2^1 \cup B_3^2),$

$G_5 : A_x^2 - b_1^2 - A_1 \quad \overline{A_{x_2}^1} - b_2^1 \quad b_1^1 - \overline{A_{x_2}^2} \quad \{B^1 - B_2^1 + B_2^2\} - C_3 - A^1 - (B_3^1 \cup B_2^2),$

$G_6 : A_{x_1} - b_2^2 - A_2 \quad \overline{A_{x_3}^1} - b_2^1 \quad b_1^1 - \overline{A_{x_3}^2} \quad B^1 - C_2 - A^2 - (B_1^1 \cup B_3^1).$

情形 III　当 $s_0 = 0$ 时, $m_0 = 1$ 或 $n_0 = 1$, 令

$$A = A^1 \cup A^2, \quad A^1 = A_1^1 \cup A_2^1 \cup A_3^1 \cup \{a^1\}, \quad A^2 = A_1^2 \cup A_2^2 \cup A_3^2 \cup \{a^2\},$$

$$B = B^1 \cup B^2, \quad B^1 = B_1^1 \cup B_2^1 \cup B_3^1 \cup b^1, \quad B^2 = B_1^2 \cup B_2^2 \cup B_3^2 \cup b^2,$$

$$C = C^1 \cup C^2 \cup C^3 \cup \{c_1, c_2\}.$$

则 G 在情形 III 的 6 个同构因子如下:

$G_1 : B^1 - C_1 - \{A^1 - a^1 + a^2\} - (B_1^1 \cup B_1^2) - c_1 \quad A_1^1 - \{b^1, c^1\} - A_1^2 \quad c^2 - a^1 - b^1,$

$$G_2 : B^2 - C_1 - \{A^2 + a^1 - a^2\} - (B_1^1 \cup B_1^2) - c_2 \quad A_1^1 - \{b^2, c^2\} - A_1^2 \quad c^1 - a^2 - b^2,$$

$$G_3 : B^1 - C_2 - A^1 - (B_2^1 \cup B_2^2) - c_1 \quad A_2^1 - \{b^1, c^1\} - A_2^2 \quad c^2 - a^2 - b^1,$$

$$G_4 : B^2 - C_2 - A^2 - (B_2^1 \cup B_2^2) - c_2 \quad A_2^1 - \{b^2, c^2\} - A_2^2 \quad c^1 - a^1 - b^2,$$

$$G_5 : B^1 - C_3 - A^1 - (B_3^1 \cup B_3^2) - c_1 \quad A_3^1 - \{b^1, c^1\} - A_3^2 \quad b^2 - a^2 - b^1,$$

$$G_6 : B^2 - C_3 - A^2 - (B_3^1 \cup B_3^2) - c_2 \quad A_3^1 - \{b^2, c^2\} - A_3^2 \quad b^2 - c^1 - b^1.$$

综上所述, 定理 4.2.1 得证.

4.3 完备三分图的 18-分因子

定理 4.3.1 假设 $G = K(A, B, C)$ 是完备的三分图, 当 $t = 18$ 时, $t|G$, 即 G 可以分解为 18 个同构因子.

证明 不失一般性, 由引理 4.1.1, 可令 $|A| = 2m$, $|B| = 2n$, $|C| = s$, 则有

$$18|(4mn + 2ms + 2ns),$$

即 $9|(2mn + ms + ns)$. 下面求 G 的 6 分因子, 由于 $2mn + ms + ns \equiv 0(\bmod 9)$, 令

$$n \equiv k(\bmod 9), \quad m \equiv h(\bmod 9), \quad s \equiv r(\bmod 9),$$

下面定义 A, B, C:

$$A = A^1 \cup A^2, \quad A^\tau = A_1^\tau \cup A_2^\tau \cup \cdots \cup A_9^\tau \cup A_0^\tau, \quad A_0^\tau = \{a_1^\tau, a_2^\tau, \cdots, a_h^\tau\},$$

$$B = B^1 \cup B^2, \quad B^\tau = B_1^\tau \cup B_2^\tau \cup \cdots \cup B_9^\tau \cup B_0^\tau, \quad B_0^\tau = \{b_1^\tau, b_2^\tau, \cdots, b_k^\tau\},$$

$$C = C_1 \cup C_2 \cup \cdots \cup C_9 \cup C_0, \quad C_0 = \{c_1, c_2, \cdots, c_9, c_r\},$$

$$|A_i^\tau| = \left[\frac{m}{9}\right] = \frac{m-n}{9}, \quad |B_i^\tau| = \left[\frac{n}{9}\right] = \frac{n-k}{9}, \quad |C_i| = \left[\frac{s}{9}\right] = \frac{s-r}{9}, \quad i = 1, \cdots, 9,$$

$$\tau = 1, 2.$$

因此可以分下面十三种情况讨论.

情形 I 当 $s_0 \equiv 0$, $n_0 \equiv 0$, $m \equiv m_0(\bmod 9)$, $0 \leqslant m_0 < 9$ 时, G 的 18 个同构因子如下:

$$F_i^1 : B^1 - C_i - A^1 - B_i^1 - A^2, \quad i = 1, 2, \cdots, 9,$$

$$F_i^2 : B^2 - C_i - A^2 - B_i^2 - A^1, \quad i = 1, 2, \cdots, 9.$$

情形 II 当 $s_0 \equiv 0 \pmod 9$, $m \equiv n \equiv 0 \pmod 9$ 时, 定义 A, B, C:

$$A = A^1 \cup A^2, \quad A^\tau = A_1^\tau \cup A_2^\tau \cup A_3^\tau, \quad |A_i^\tau| = \frac{m}{3}, \quad \tau = 1, 2; \ i = 1, 2, 3,$$

$$B = B^1 \cup B^2, \quad B^\tau = B_1^\tau \cup B_2^\tau \cup B_3^\tau, \quad |B_i^\tau| = \frac{m}{3}, \quad \tau = 1, 2; \ i = 1, 2, 3,$$

$$C = C_1 \cup C_2 \cup \cdots \cup C_9 \cup C_0, \quad C_0 = \{c_1, c_2, \cdots, c_9, c_r\}, \quad |C_i| = \frac{s}{9},$$

则 G 的 18 个同构因子如下:

$$F_{ij}^1 : A^1 - C_{i+3(j-1)} - B^1 \quad A_i^1 - B_j^1 - A_i^2 \quad i = 1, 2, 3; \ j = 1, 2, 3,$$

$$F_{ij}^2 : A^2 - C_{i+3(j-1)} - B^2 \quad A_i^2 - B_j^2 - A_i^1 \quad i = 1, 2, 3; \ j = 1, 2, 3.$$

情形 III 当 $s \equiv s_0 \pmod 9$, $0 \leqslant s_0 < 9$, $m \equiv n \equiv 0 \pmod 9$ 时, G 的 18 个同构因子如下:

$$F_j^1 : B^1 - A_j^1 - C - B_j^1 - A^2, \quad j = 1, 2, \cdots, 9,$$

$$F_j^2 : B^2 - A_j^2 - C - B_j^2 - A^1, \quad j = 1, 2, \cdots, 9.$$

情形 IV 当 $s \equiv s_0 \pmod 9$, $0 \leqslant s_0 < 9$, $n \equiv 3 \pmod 9$, $m \equiv 6 \pmod 9$ 时, G 的 18 个同构因子如下:

$$F_1^\tau : \{A_1^\tau + B_1^\tau + a_1^\tau\} - C_0 \quad \{a_5^1, a_6^1, a_5^2, a_6^2\} - b_2^\tau \quad B^{\tau+1} - C_1 - A^{\tau+1} - B_1^{12} \quad B_0^{\tau+1} - A_1^{12},$$

$$F_2^\tau : \{A_2^\tau + B_2^\tau + a_2^\tau\} - C_0 \quad \{a_5^1, a_6^1, a_5^2, a_6^2\} - b_3^\tau \quad B^{\tau+1} - C_2 - A^{\tau+1} - B_2^{12} \quad B_0^{\tau+1} - A_2^{12},$$

$$F_3^\tau : \{A_3^\tau + B_3^\tau + a_3^\tau\} - C_0 \quad \{a_5^1, a_6^1, a_5^2, a_6^2\} - b_1^\tau \quad B^{\tau+1} - C_3 - A^{\tau+1} - B_3^{12} \quad B_0^{\tau+1} - A_3^{12},$$

$$F_4^\tau : \{A_4^\tau + B_4^\tau + a_4^\tau\} - C_0 \quad \{a_1^1, a_2^1, a_1^2, a_2^2\} - b_2^\tau \quad B^{\tau+1} - C_4 - A^{\tau+1} - B_4^{12} \quad B_0^{\tau+1} - A_4^{12},$$

$$F_5^\tau : \{A_5^\tau + B_5^\tau + a_5^\tau\} - C_0 \quad \{a_1^1, a_2^1, a_1^2, a_2^2\} - b_3^\tau \quad B^{\tau+1} - C_5 - A^{\tau+1} - B_5^{12} \quad B_0^{\tau+1} - A_5^{12},$$

$$F_6^\tau : \{A_6^\tau + B_6^\tau + a_6^\tau\} - C_0 \quad \{a_1^1, a_2^1, a_1^2, a_2^2\} - b_1^\tau \quad B^{\tau+1} - C_6 - A^{\tau+1} - B_6^{12} \quad B_0^{\tau+1} - A_6^{12},$$

$$F_7^\tau : \{A_7^\tau + B_7^\tau + b_1^\tau\} - C_0 \quad \{a_3^1, a_4^1, a_3^2, a_4^2\} - b_2^\tau \quad B^{\tau+1} - C_7 - A^{\tau+1} - B_7^{12} \quad B_0^{\tau+1} - A_7^{12},$$

$$F_8^\tau : \{A_8^\tau + B_8^\tau + b_2^\tau\} - C_0 \quad \{a_3^1, a_4^1, a_3^2, a_4^2\} - b_3^\tau \quad B^{\tau+1} - C_8 - A^{\tau+1} - B_8^{12} \quad B_0^{\tau+1} - A_8^{12},$$

$$F_9^\tau : \{A_9^\tau + B_9^\tau + b_3^\tau\} - C_0 \quad \{a_3^1, a_4^1, a_3^2, a_4^2\} - b_1^\tau \quad B^{\tau+1} - C_9 - A^{\tau+1} - B_9^{12} \quad B_0^{\tau+1} - A_9^{12},$$

这里

$$A_i^{12} = A_i^1 \cup A_i^2, \quad B_i^{12} = B_i^1 \cup B_i^2, \quad \tau = 1, 2, \quad \tau + 1 = \begin{cases} 2, & \tau = 1, \\ 1, & \tau = 2. \end{cases}$$

情形 V　当 $s\equiv 1,\ n\equiv 2,\ m\equiv 5(\text{mod}9)$ 时, G 的 18 个同构因子如下:

$$F_1^1: b_1^2-c-A_{147}^1 \quad a_5^2-B_{147}^1 \quad A^1-C_1-B^1 \quad \{A^1-a_5^1\}-B_1^{12} \quad b_2^1-A_1^{12} \quad a_1^1-b_2^2-a_1^2,$$

$$F_2^1: b_2^2-c-A_{258}^1 \quad a_1^2-B_{258}^1 \quad A^1-C_2-B^1 \quad \{A^1-a_1^1\}-B_2^{12} \quad b_2^1-A_2^{12} \quad a_5^1-b_1^2-a_5^2,$$

$$F_3^1: a_5^2-c-A_{369}^1 \quad a_1^2-B_{369}^1 \quad A^1-C_3-B^1 \quad \{A^1-a_1^1\}-B_3^{12} \quad b_2^1-A_3^{12} \quad a_4^1-b_1^2-a_4^2,$$

$$F_4^1: a_1^2-b_1^1-A_{147}^1 \quad a_5^2-B_{147}^2 \quad A^1-C_4-B^2 \quad \{A^1-a_5^1\}-B_4^{12} \quad b_2^2-A_4^{12} \quad a_1^1-c-a_2^2,$$

$$F_5^1: a_2^2-b_1^1-A_{258}^1 \quad a_5^2-B_{258}^2 \quad A^1-C_5-B^2 \quad \{A^1-a_1^1\}-B_5^{12} \quad b_2^2-A_5^{12} \quad a_3^1-c-a_4^2,$$

$$F_6^1: a_3^2-b_1^1-A_{369}^1 \quad a_1^2-B_{369}^2 \quad A^1-C_6-B^2 \quad \{A^1-a_1^1\}-B_6^{12} \quad b_2^2-A_6^{12} \quad a_2^1-b_2^1-a_2^2,$$

$$F_7^1: a_1^1-b_1^1-A_{147}^2 \quad c-B_{147}^2 \quad A^2-C_7-B^2 \quad \{A^2-a_5^2\}-B_7^{12} \quad b_2^2-A_7^{12} \quad a_3^1-b_2^1-a_3^1,$$

$$F_8^1: a_2^1-b_1^1-A_{258}^2 \quad c-B_{258}^2 \quad A^2-C_8-B^2 \quad \{A^2-a_1^2\}-B_8^{12} \quad b_2^2-A_8^{12} \quad a_4^1-b_2^1-a_4^1,$$

$$F_9^1: a_3^1-b_1^1-A_{369}^2 \quad c-B_{369}^2 \quad A^2-C_9-B^2 \quad \{A^2-a_1^2\}-B_9^{12} \quad b_2^2-A_9^{12} \quad a_5^1-b_2^1-a_5^1,$$

这里

$$A_{ijk}^\tau = A_i^\tau \cup A_j^\tau \cup A_k^\tau, \quad B_{ijk}^\tau = B_i^\tau \cup B_j^\tau \cup B_k^\tau, \quad A_i^{12}=A_i^1\cup A_i^2, \quad B_i^{12}=B_i^1\cup B_i^2.$$

另外 9 个同构因子, 把上面的 F_i^1 改为 F_i^2 即可.

情形 VI　当 $s\equiv 2,\ n\equiv 1,\ m\equiv 4(\text{mod}9)$ 时, 则 G 的 18 个同构因子如下:

$$F_i^\tau: A^\tau-C_i-B^\tau-A_i^{12}-c_\tau-B_i^{12}-A_0^\tau \quad a_i^2-b_1^{\tau+1}-a_i^1, \quad i=1,2,3,4,$$

$$F_{4+j}^\tau: A^\tau-C_{4+j}-B^\tau-A_{4+j}^{12}-c_\tau-B_{4+j}^{12}-A_0^\tau \quad a_j^2-c_{\tau+1}-a_j^1, \quad j=1,2,3,$$

$$F_8^\tau: A^\tau-C_8-B^\tau-A_8^{12}-c_\tau-B_8^{12}-A_0^\tau \quad b_1^{\tau+1}-c_{\tau+1}-a_4^\tau,$$

$$F_9^\tau: A^\tau-C_9-B^\tau-A_9^{12}-c_\tau-B_9^{12}-A_0^\tau \quad b_1^{\tau+1}-c_\tau-a_4^\tau,$$

这里

$$A_i^{12}=A_i^1\cup A_i^2, \quad B_i^{12}=B_i^1\cup B_i^2,$$

$$\tau=1,2, \quad \tau+1=\begin{cases} 2, & \tau=1,\\ 1, & \tau=2. \end{cases}$$

情形 VII　当 $s\equiv 3,\ n\equiv 3,\ m\equiv m_0(\text{mod}9),\ 0\leqslant m_0<9$ 时, 则 G 的 18 个同构因子如下:

$$F_1^\tau: c_i-A^\tau-C_i-B^\tau \quad B_i^1-A^\tau-B_i^2 \quad b_1^\tau-c_{i+1}-\{B_1^\tau+B_2^\tau+B_3^\tau\},$$

$$F_{3+i}^{\tau}: b_i^{\tau} - A^{\tau} - C_{3+i} - B^{\tau} \quad B_{3+i}^1 - A^{\tau} - B_{3+i}^2 \quad b_2^{\tau+1} - c_i - \{B_4^{\tau+1} + B_5^{\tau+1} + B_6^{\tau+1}\},$$

$$F_{6+i}^{\tau}: b_i^{\tau+1} - A^{\tau} - C_{6+i} - B^{\tau} \quad B_{6+i}^1 - A^{\tau} - B_{6+i}^2 \quad b_3^{\tau} - c_i - \{B_7^{\tau+1} + B_8^{\tau+1} + B_9^{\tau+1}\},$$

这里

$$i = 1, 2, 3, \quad c_{3+1} = c_1, \quad \tau = 1, 2, \quad \tau + 1 = \begin{cases} 2, & \tau = 1, \\ 1, & \tau = 2. \end{cases}$$

情形VIII 当 $s \equiv 4$, $n \equiv 2$, $m \equiv 8 \pmod 9$ 时, G 的 18 个同构因子如情形VI中的 c_τ, b_1^τ, a_j^τ, 用 $\{c_\tau, c_{\tau+2}\}$, B_0^τ, $\{a_j^\tau, a_{4+j}^\tau\}$ 代替, 这里 $\tau = 1, 2, j = 1, 2, 3, 4$.

情形IX 当 $s \equiv 5$, $n \equiv 1$, $m \equiv 7 \pmod 9$ 时, G 的 18 个同构因子如下:

$$F_1^1: B_{11} - c_1 - A_{11} \quad A^1 - C_1 - B^1 - A_1^{12} - c_4 - B_1^{12} - A_0^1 \quad b_1^1 - a_1^2 \quad a_2^6 - c_5 - a_7^2,$$

$$F_2^1: B_{11} - c_2 - A_{11} \quad A^1 - C_2 - B^1 - A_2^{12} - c_4 - B_2^{12} - A_0^1 \quad b_1^1 - a_2^2 \quad a_2^4 - c_5 - a_5^2,$$

$$F_3^1: B_{11} - c_3 - A_{11} \quad A^1 - C_3 - B^1 - A_3^{12} - c_4 - B_3^{12} - A_0^1 \quad b_1^1 - a_4^2 \quad c_1 - a_1^2 - c_2,$$

$$F_4^1: B_{12} - c_4 - A_{12} \quad A^1 - C_4 - B^1 - A_4^{12} - c_1 - B_4^{12} - A_0^1 \quad b_1^1 - a_3^2 \quad a_4^2 - b_1^2 - c_5,$$

$$F_5^1: B_{12} - c_2 - A_{12} \quad A^1 - C_5 - B^1 - A_5^{12} - c_1 - B_5^{12} - A_0^1 \quad b_1^1 - a_5^2 \quad c_3 - a_7^2 - c_4,$$

$$F_6^1: B_{12} - c_3 - A_{12} \quad A^1 - C_6 - B^1 - A_6^{12} - c_1 - B_6^{12} - A_0^1 \quad b_1^1 - a_6^2 \quad a_2^2 - b_1^2 - a_3^2,$$

$$F_7^1: B_{13} - c_1 - A_{13} \quad A^1 - C_7 - B^1 - A_7^{12} - c_2 - B_7^{12} - A_0^1 \quad b_1^1 - a_7^2 \quad a_5^2 - b_1^2 - a_6^2,$$

$$F_8^1: B_{13} - c_4 - \widetilde{A_{13}} \quad A^1 - C_8 - B^1 - A_8^{12} - c_2 - B_8^{12} - A_0^1 \quad b_1^1 - c_5 \quad a_1^2 - b_1^2 - a_7^2,$$

$$F_9^1: B_{13} - c_5 - \widetilde{A_{13}} \quad A^1 - C_9 - B^1 - A_9^{12} - c_2 - B_9^{12} - A_0^1 \quad b_1^1 - c_4 \quad c_1 - b_1^2 - c_3,$$

$$F_1^2: B_{21} - c_1 - A_{21} \quad A^2 - C_1 - B^2 - A_1^{12} - c_5 - B_1^{12} - A_0^2 \quad b_1^2 - a_1^1 \quad a_5^1 - b_1^1 - a_6^1,$$

$$F_2^2: B_{21} - c_2 - A_{21} \quad A^2 - C_2 - B^2 - A_2^{12} - c_5 - B_2^{12} - A_0^2 \quad b_1^2 - a_2^1 \quad a_1^1 - b_1^1 - a_7^1,$$

$$F_3^2: B_{21} - c_3 - A_{21} \quad A^2 - C_3 - B^2 - A_3^{12} - c_5 - B_3^{12} - A_0^2 \quad b_1^2 - a_4^1 \quad c_1 - a_7^1 - c_2,$$

$$F_4^2: B_{22} - c_4 - A_{22} \quad A^2 - C_4 - B^2 - A_4^{12} - c_5 - B_4^{12} - A_0^2 \quad b_1^2 - a_3^1 \quad a_4^1 - b_1^1 - c_3,$$

$$F_5^2: B_{22} - c_2 - A_{22} \quad A^2 - C_5 - B^2 - A_5^{12} - c_5 - B_5^{12} - A_0^2 \quad b_1^2 - a_5^1 \quad c_3 - a_7^1 - c_4,$$

$$F_6^2: B_{22} - c_3 - A_{22} \quad A^2 - C_6 - B^2 - A_6^{12} - c_5 - B_6^{12} - A_0^2 \quad b_1^2 - a_6^1 \quad a_2^1 - b_1^1 - a_3^1,$$

$$F_7^2: B_{22} - c_1 - A_{22} \quad A^2 - C_7 - B^2 - A_7^{12} - c_5 - B_7^{12} - A_0^2 \quad b_1^2 - a_7^1 \quad a_4^1 - c_5 - a_5^1,$$

$$F_8^2: B_{23} - c_4 - \widetilde{A_{23}} \quad A^2 - C_8 - B^2 - A_8^{12} - c_3 - B_8^{12} - A_0^2 \quad b_1^2 - c_2 \quad a_6^1 - c_5 - a_7^1,$$

$$F_9^2: B_{23} - c_5 - \widetilde{A_{23}} \quad A^2 - C_9 - B^2 - A_9^{12} - c_3 - B_9^{12} - A_0^2 \quad b_1^2 - c_4 \quad c_1 - b_1^1 - c_2,$$

这里

$$B_{\tau 1} = B_1^\tau \cup B_2^\tau \cup B_3^\tau,$$

$$B_{\tau 2} = B_4^\tau \cup B_5^\tau \cup B_6^\tau,$$

$$B_{\tau 3} = B_7^\tau \cup B_8^\tau \cup B_9^\tau,$$

$$A_{\tau 1} = A_1^\tau \cup A_2^\tau \cup A_3^\tau \cup \{a_1^\tau, a_2^\tau, a_3^\tau\},$$

$$A_{\tau 2} = A_4^\tau \cup A_5^\tau \cup A_6^\tau \cup \{a_4^\tau, a_5^\tau, a_6^\tau\}, \quad \tau = 1, 2,$$

$$A_{\tau 3} = A_7^\tau \cup A_8^\tau \cup A_9^\tau \cup \{a_4^\tau, a_5^\tau, a_6^\tau\},$$

$$\widetilde{A_{\tau 3}} = A_7^\tau \cup A_8^\tau \cup A_9^\tau \cup \{a_1^\tau, a_2^\tau, a_3^\tau\}, \quad \tau = 1, 2,$$

$$A_i^{12} = A_i^1 \cup A_i^2, \quad B_i^{12} = B_i^1 \cup B_i^2.$$

情形 X   当 $s \equiv 6$, $n \equiv 6$, $m \equiv m_0 (\mathrm{mod}9)$, $0 \leqslant m_0 < 9$ 时, 则 G 的 18 个同构因子如情形Ⅶ中的 c_i, b_i^1, b_i^2, 用 $\{c_i, c_{i+3}\}$, $\{b_i^1, b_{i+3}^1\}$, $\{b_i^2, b_{i+3}^2\}$ 代替, 这里 $i = 1, 2, 3$.

情形 XI   当 $s \equiv 7, n \equiv 5, m \equiv 8(\mathrm{mod}9)$ 时, 则 G 的 18 个同构因子如下:

$F_1^1 : c_1 - \widetilde{A^1} - C_1 - B^1 \; a_1^1 - \{B^1 - b_1^1\} - A_1^{12} \; \widetilde{\{A_0^1 - a_1^1\}} - B_1^{12} \; b_3^2 - a_8^1 \; b_2^1 - a_2^{12} - b_2^2 \; a_4^{12} - b_3^1,$

$F_2^1 : c_2 - A^1 - C_2 - B^1 \; a_1^2 - \{B^1 - b_1^1\} - A_2^{12} \; \{A_0^1 - a_1^1\} - B_2^{12} \; b_1^1 - c_1 \; b_2^1 - a_3^{12} - b_3^2 \; a_5^{12} - b_3^1,$

$F_{3+i}^1 : c_i - A^1 - C_i - B^1 \; c_{i-2} - \{B^1 - b_1^1\} - A_i^{12} \; \{A_0^1 - a_1^1\} - B_i^{12} \; b_2^1 - c_{i-1} \; b_2^1 - a_{i+1}^{12} - b_2^2,$
$$a_{i+3}^{12} - b_3^1, \; i = 3, 4, 5,$$

$F_6^1 : c_6 - A^1 - C_6 - B^1 \; c_4 - \{B^1 - b_1^1\} - A_6^{12} \; \{A_0^1 - a_1^1\} - B_6^{12} \; b_1^1 - c_5 \; b_2^1 - a_7^{12} - b_2^2 \; a_4^{12} - b_5^1,$

$F_7^1 : c_7 - A^1 - C_7 - B^1 \; c_5 - \{B^1 - b_1^1\} - A_7^{12} \; \{A_0^1 - a_1^1\} - B_7^{12} \; b_1^1 - c_6 \; b_2^1 - a_8^{12} - b_2^2 \; a_5^{12} - b_5^1,$

$F_8^1 : b_1^1 - A^1 - C_8 - \widetilde{B^1} \; c_6 - \{B^1 - b_1^1\} - A_8^{12} \; \{A_0^1 - a_1^1\} - B_8^{12} \; b_1^1 - c_7 \; b_3^1 - a_2^{12} - b_3^2 \; a_6^{12} - b_5^1,$

$F_9^1 : b_1^2 - A^1 - C_9 - B^1 \; c_7 - \{B^1 - b_1^1\} - A_9^{12} \; \{A_0^1 - a_1^1\} - B_9^{12} \; b_3^2 - a_8^2 \; b_3^1 - a_3^{12} - b_2^2 \; a_7^{12} - b_5^1,$

$F_1^2 : c_1 - \widetilde{A^2} - C_1 - B^2 \; a_1^2 - \{B^2 - b_1^2\} - A_1^{12} \; \widetilde{\{A_0^2 - a_1^2\}} - B_1^{12} \; b_5^1 - a_8^2 \; b_4^1 - a_2^{12} - b_4^2 \; a_4^{12} - b_5^2,$

$F_2^2 : c_2 - A^2 - C_2 - B^2 \; a_1^1 - \{B^2 - b_1^2\} - A_2^{12} \; \{A_0^2 - a_1^2\} - B_2^{12} \; b_1^1 - c_1 \; b_5^1 - a_3^{12} - b_4^2 \; a_5^{12} - b_5^2,$

$F_{3+i}^2 : c_i - A^2 - C_i - B^2 \; c_{i-2} - \{B^2 - b_1^2\} - A_i^{12} \; \{A_0^2 - a_1^2\} - B_i^{12} \; b_1^1 - c_{i-1} \; b_4^1 - a_{i+1}^{12} - b_4^2,$
$$a_{i+3}^{12} - b_5^2, \; i = 3, 4, 5,$$

$F_6^2 : c_6 - A^2 - C_6 - B^2 \; c_4 - \{B^2 - b_1^2\} - A_6^{12} \; \{A_0^1 - a_1^2\} - B_6^{12} \; b_1^1 - c_5 \; b_4^1 - a_7^{12} - b_4^2 \; a_4^{12} - b_3^2,$

$$F_7^1 : c_7 - A^2 - C_7 - B^2 \quad c_5 - \{B^2 - b_1^2\} - A_7^{12} \quad \{A_0^2 - a_1^2\} - B_7^{12} \quad b_1^1 - c_6 \quad b_4^1 - a_8^{12} - b_4^2 \quad a_5^{12} - b_3^2,$$

$$F_8^1 : b_1^2 - A^2 - C_8 - \widetilde{B^2} \quad c_6 - \{B^2 - b_1^2\} - A_8^{12} \quad \{A_0^1 - a_1^2\} - B_8^{12} \quad b_1^1 - c_7 \quad b_5^1 - a_2^{12} - b_5^2 \quad a_6^{12} - b_3^2,$$

$$F_9^2 : b_1^1 - A^2 - C_9 - B^2 \quad c_7 - \{B^2 - b_1^2\} - A_9^{12} \quad \{A_0^2 - a_1^2\} - B_9^{12} \quad b_5^1 - a_8^1 \quad b_4^1 - a_3^{12} - b_5^2 \quad a_7^{12} - b_3^2,$$

这里

$$B_{\tau 1} = B_1^\tau \cup B_2^\tau \cup B_3^\tau,$$

$$B_{\tau 2} = B_4^\tau \cup B_5^\tau \cup B_6^\tau,$$

$$B_{\tau 3} = B_7^\tau \cup B_8^\tau \cup B_9^\tau,$$

$$\widetilde{A^1} = \{A^1 - a_1^1 - a_8^1 + a_1^2 + a_8^2\},$$

$$\widetilde{A_0^1} = \{A_0^1 - a_8^1 + a_8^2\},$$

$$\widetilde{A^2} = \{A^2 - a_1^2 - a_8^2 + a_1^1 + a_8^1\},$$

$$\widetilde{A_0^2} = \{A_0^2 - a_8^2 + a_8^1\},$$

$$\widetilde{B^1} = \{B^2 - b_1^1 + b_1^2\}, \quad \widetilde{B^2} = \{B^2 - b_1^2 + b_1^1\},$$

$$A_i^{12} = A_i^1 \cup A_i^2, \quad B_i^{12} = B_i^1 \cup B_i^2, \quad a_i^{12} = \{a_i^1, a_i^2\}.$$

情形 XII 当 $s \equiv 8$, $n \equiv 4$, $m \equiv 7 \pmod 9$ 时, 令

$$E_1^1 : c_{34}^1 - a_1^{12} - b_{12}^1 \quad b_3^2 - c_{12}^1 \quad a_{56}^2 - c_3^2 \quad a_7^2 - b_{34}^1 \quad b_{12}^2 - c_4^2,$$

$$E_2^1 : c_{34}^1 - a_2^{12} - b_{12}^1 \quad b_4^2 - c_{12}^1 \quad a_{56}^2 - c_4^2 \quad a_3^2 - b_{34}^1 \quad b_{12}^2 - c_3^2,$$

$$E_3^1 : c_{12}^1 - a_3^{12} - b_{12}^1 \quad a_5^2 - c_{34}^1 \quad c_{34}^2 - a_4^2 \quad a_6^2 - b_{34}^1 \quad b_{34}^2 - a_7^2,$$

$$E_4^1 : c_{12}^1 - a_4^{12} - b_{12}^1 \quad a_7^2 - c_{34}^1 \quad c_{34}^2 - a_3^2 \quad a_5^2 - b_{34}^1 \quad b_{34}^2 - c_1^2,$$

$$E_5^1 : c_{12}^1 - a_5^{12} - b_{12}^1 \quad a_6^2 - c_{34}^1 \quad c_{34}^2 - a_7^2 \quad a_4^2 - b_{34}^1 \quad b_{34}^2 - c_2^2,$$

$$E_6^1 : c_{12}^1 - a_6^{12} - b_{12}^1 \quad b_1^2 - c_{34}^1 \quad b_2^2 - c_{12}^2 \quad c_3^2 - b_{34}^1 \quad a_{34}^2 - b_3^2,$$

$$E_7^1 : c_{12}^1 - a_7^{12} - b_{12}^1 \quad b_2^2 - c_{34}^1 \quad b_1^2 - c_{12}^2 \quad c_4^2 - b_{34}^1 \quad a_{34}^2 - b_4^2,$$

$$E_8^1 : c_{12}^1 - a_1^{12} - b_{34}^1 \quad a_3^2 - c_{34}^1 \quad b_3^2 - c_{34}^2 \quad c_1^2 - b_{12}^1 \quad a_{56}^2 - b_4^2,$$

$$E_9^1 : c_{12}^1 - a_2^{12} - b_{34}^1 \quad a_4^2 - c_{34}^1 \quad b_4^2 - c_{34}^2 \quad c_2^2 - b_{12}^1 \quad a_{56}^2 - b_3^2,$$

E_i^2 则是把上标 1 换为 2 即可. 令

$$H_i^\tau : A^\tau - C_i - B^\tau - A_i^{12} - C_0^\tau - B_i^{12} - A_0^\tau, \quad \tau = 1, 2, \quad i = 1, 2, \cdots, 9.$$

这里

$$C_0 = \{c_1, \cdots, c_8\} = C_0^1 \cup C_0^2, \quad C_0^\tau = \{c_1^\tau, c_2^\tau, c_3^\tau, c_4^\tau\}, \quad \tau = 1, 2,$$

$$c_i^\tau = C_{4(\tau-1)+i}^\tau, \quad A_i^{12} = A_i^1 \cup A_i^2, \quad B_i^{12} = B_i^1 \cup B_i^2.$$

所以 G 的 18 个同构因子为 $F_i^\tau = H_i^\tau \cup E_i^\tau, \tau = 1, 2, i = 1, 2, \cdots, 9.$

情形 XIII　当 $s \equiv i, n \equiv m \equiv 9 - i (\mathrm{mod}9), i = 1, 2, \cdots, 8$ 时, G 的 18 个同构因子如下:

$$F_1^1 : c_1 - A^1 - C_1 - \{B^1 - b_1^1 + b_1^2\} \quad a_1^2 - \{B^1 - b_1^1\} \quad B_0^2 - A_1^1 - B^{1^*} - A_1^2 \quad A_0^1 - B_1^1 \quad a_7^2 - b_7^1,$$

$$F_2^1 : c_2 - A^1 - C_2 - \{B^1 - b_2^1 + b_2^2\} \quad a_2^2 - \{B^1 - b_2^1\} \quad B_0^2 - A_2^1 - B^{1^*} - A_2^2 \quad A_0^1 - B_2^1 \quad c_1 - b_1^1,$$

$$F_3^1 : b_1^1 - A^1 - C_3 - \{B^1 - b_1^1 + b_1^2\} \quad c_1 - \{B^1 - b_1^1\} \quad B_0^2 - A_3^1 - B^{1^*} - A_3^2 \quad A_0^1 - B_3^1 \quad c_2 - b_2^1,$$

$$F_4^1 : b_2^1 - A^1 - C_4 - \{B^1 - b_2^1 + b_2^2\} \quad c_2 - \{B^1 - b_2^1\} \quad B_0^2 - A_4^1 - B^{1^*} - A_4^2 \quad A_0^1 - B_4^1 \quad a_1^2 - b_1^1,$$

$$F_{2+i}^1 : b_i^1 - A^1 - C_{2+i} - \{B^1 - b_i^1 + b_i^2\} \quad a_i^2 - \{B^1 - b_i^1\} \quad B_0^2 - A_{2+i}^1 - B^{1^*} - A_{2+i}^2 \quad A_0^1 - B_{2+i}^1,$$

$$a_{i-1}^2 - b_{i-1}^1, \quad i = 3, 4, 5, 6, 7,$$

$$F_1^2 : c_1 - A^2 - C_1 - \{B^2 - b_1^2 + b_1^1\} \quad a_1^1 - \{B^2 - b_1^2\} \quad B_0^1 - A_1^1 - B^{2^*} - A_1^1 \quad A_0^2 - B_1^2 \quad a_7^1 - b_7^2,$$

$$F_2^2 : c_2 - A^2 - C_2 - \{B^2 - b_2^2 + b_2^1\} \quad a_2^1 - \{B^2 - b_2^2\} \quad B_0^1 - A_2^1 - B^{2^*} - A_2^1 \quad A_0^2 - B_2^2 \quad c_1 - b_1^2,$$

$$F_3^2 : b_1^2 - A^2 - C_3 - \{B^2 - b_1^2 + b_1^1\} \quad c_1 - \{B^2 - b_1^2\} \quad B_0^1 - A_3^2 - B^{2^*} - A_3^1 \quad A_0^2 - B_3^2 \quad c_2 - b_2^2,$$

$$F_4^2 : b_2^2 - A^2 - C_4 - \{B^2 - b_2^2 + b_2^1\} \quad c_2 - \{B^2 - b_2^2\} \quad B_0^1 - A_4^2 - B^{2^*} - A_4^1 \quad A_0^2 - B_4^2 \quad a_1^1 - b_1^2,$$

$$F_{2+i}^2 : b_i^2 - A^2 - C_{2+i} - \{B^2 - b_i^2 + b_i^1\} \quad a_i^1 - \{B^2 - b_i^2\} \quad B_0^1 - A_{2+i}^2 - B^{2^*} - A_{2+i}^1 \quad A_0^2 - B_{2+i}^2,$$

$$a_{i-1}^1 - b_{i-1}^2, \quad i = 3, 4, 5, 6, 7,$$

这里 $B^{1^*} = B^1 - B_0^1, B^{2^*} = B^2 - B_0^2.$

综上所述, 定理 4.3.1 得证.

4.4　完备三分图的 2^t-分因子

定理 4.4.1　假设 $G = K(A, B, C)$ 是完备的三分图, 当 $t = 2^k(k \geqslant 1)$ 时, 如果 t 满足可分性条件, 则 $t|G.$

为了证明此定理, 先举例说明.

例 4.4.1　$K(\widetilde{A}, \widetilde{B}, \widetilde{C})$ 是以点集 $\widetilde{A}, \widetilde{B}, \widetilde{C}$ 为独立点集的完备三分图, 其中

$$\widetilde{A} = \{a_1, a_2, a_3, a_4\}, \quad \widetilde{B} = \{b_1, \cdots, b_{20}\}, \quad \widetilde{C} = \{c_1, \cdots, c_6\},$$

其边数为 $q = 2, 5, 7$, 下面构造出 $K(\widetilde{A}, \widetilde{B}, \widetilde{C})$ 的 2^k 个同构因子, $k = 1, 2, 3, 4, 5$.

下面令

$$\widetilde{A} = \widetilde{A_1} \cup \widetilde{A_2}, \quad \widetilde{A_1} = \{a_1, a_2\}, \quad \widetilde{A_2} = \{a_3, a_4\},$$

$$\widetilde{B} = \widetilde{B_1} \cup \widetilde{B_2}, \quad \widetilde{B_1} = \{b_1, \cdots, b_{10}\}, \quad \widetilde{B_2} = \{b_{11}, \cdots, b_{20}\},$$

$$\widetilde{C} = \widetilde{C_1} \cup \widetilde{C_2}, \quad \widetilde{C_1} = \{c_1, c_2, c_3\}, \quad \widetilde{C_2} = \{c_4, c_5, c_6\}.$$

$K(\widetilde{A}, \widetilde{B}, \widetilde{C})$ 的 2 个同构因子是

$$H_1 = K(\widetilde{A_1}, \widetilde{B}) \cup K(\widetilde{A_1}, \widetilde{C}) \cup K(\widetilde{B_1}, C),$$

$$H_2 = K(\widetilde{A_2}, \widetilde{B}) \cup K(\widetilde{A_2}, \widetilde{C}) \cup K(\widetilde{B_1}, C).$$

$K(\widetilde{A}, \widetilde{B}, \widetilde{C})$ 的 4 个同构因子是

$$H^{rs} = K(\widetilde{A_r}, \widetilde{B_s}, \widetilde{C_{r+s}}), \quad r = 1, 2, \quad s = 1, 2, \quad r + s \equiv 1, 2 (\text{mod} 2),$$

每个 4-分因子都是完备三分图, 下面对每个 4-分因子进行分解, 为此记 $\widetilde{A_1}$ 为 A、$\widetilde{B_1}$ 为 B、$\widetilde{C_2}$ 为 C、$K(\widetilde{A_1}, \widetilde{B_1}, \widetilde{C_2})$ 为 $K(A, B, C)$. 下面令

$$A = A^1 \cup A^2, \quad A^1 = \{a_1\}, \quad A^2 = \{a_2\},$$

$$B = B^1 \cup B^2, \quad B^1 = \{b_1, \cdots, b_5\}, \quad B^2 = \{b_1, \cdots, b_{10}\}.$$

$K(A, B, C)$ 的两个 2-分因子如图 4.4.1 所示.

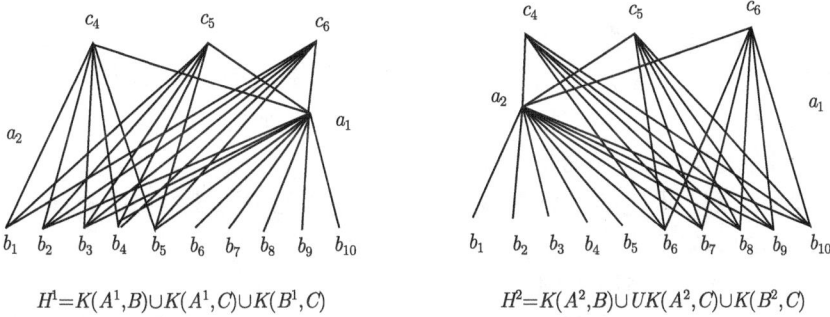

$$H^1 = K(A^1, B) \cup K(A^1, C) \cup K(B^1, C) \qquad H^2 = K(A^2, B) \cup \cup K(A^2, C) \cup K(B^2, C)$$

图 4.4.1 $K(A, B, C)$ 的两个 2-分因子

为了找到 $K(A, B, C)$ 的 4 个同构因子, 令

$$D^{11} = \{b_6, b_7, b_8\} \subset B^2, \quad D^{12} = \{b_9, b_{10}, a_1\} \subset B^2 \cup A^1,$$

$$D^{21} = \{b_4, b_5, a_2\} \subset B^1 \cup A^2, \quad D^{22} = \{b_1, b_2, b_3\} \subset B^1,$$

$K(A, B, C)$ 的 4 个同构因子为分因子, 如图 4.4.2 所示.

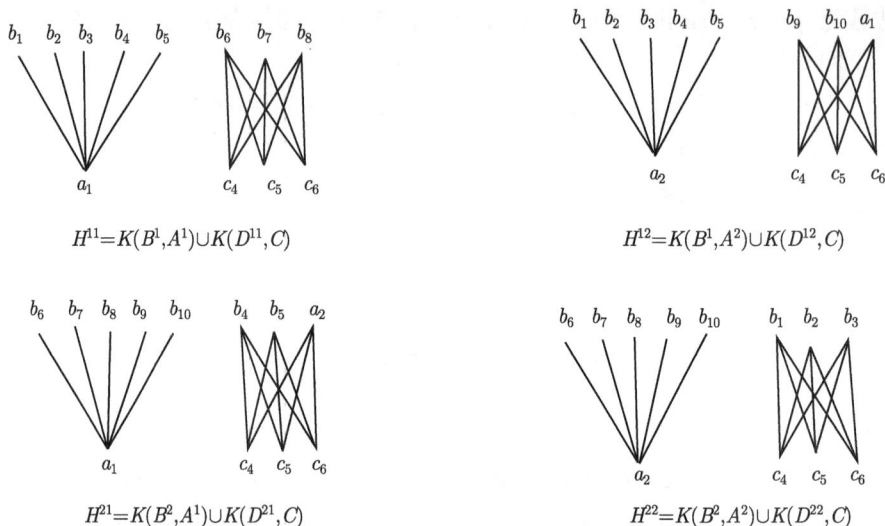

$$H^{11}=K(B^1,A^1)\cup K(D^{11},C)$$

$$H^{12}=K(B^1,A^2)\cup K(D^{12},C)$$

$$H^{21}=K(B^2,A^1)\cup K(D^{21},C)$$

$$H^{22}=K(B^2,A^2)\cup K(D^{22},C)$$

图 4.4.2　$K(A,B,C)$ 的四个 2-分因子

为了构造 $K(A,B,C)$ 的 8 个同构因子, 令

$$C = \{c_4\} \cup \{c_5\} \cup \{c_6\},$$

$$B^1 = \{b_3\} \cup B^1_1 \cup B^1_2, \quad B^1_1 = \{b_1,b_2\}, \quad B^1_2 = \{b_3,b_4\},$$

$$B^2 = \{b_8\} \cup B^2_1 \cup B^2_2, \quad B^2_1 = \{b_6,b_7\}, \quad B^2_2 = \{b_9,b_{10}\},$$

图 4.4.3 是 $K(A,B,C)$ 的 8 个同构因子.

同样, 我们可以由 $K(\widetilde{A},\widetilde{B},\widetilde{C})$ 的其余三个 4-分因子一次得到它们的 2-分因子、4-分因子、8-分因子, 从而得到 $K(\widetilde{A},\widetilde{B},\widetilde{C})$ 的 2^k 个同构因子, $k = 3,4,5$.

为了证明定理 4.4.1, 下面给出相关引理.

引理 4.4.1　设完备三分图 $K(A,B,C)$, 每个独立点集的点数分别为 $|A| = m, |B| = n, |C| = s$.

(i) 如果 $t|m, t|n$, 则 $t|K(A,B,C)$;

(ii) 如果 $t|m, t|n, t|s$, 则 $t^2|K(A,B,C)$, 且每个 t^2-分因子仍为完备三分图.

证明　(i) 令

$$A = \bigcup_{i=1}^{t} A^i, \quad |A^i| = \frac{|A|}{t}; \quad B = \bigcup_{j=1}^{t} B^j, \quad |B^j| = \frac{|B|}{t},$$

即把点集 A 分成 t 个子集 A^i, $i = 1,\cdots,t$, 使得 $A_i \cap A_j = \varnothing$, $\forall i \neq j$, $i,j = 1,\cdots,t$, 且每个 A_i 有相同的点数 $\dfrac{|A|}{t} = \dfrac{m}{t}$(由 (i) 得到保证),$B$ 亦然.

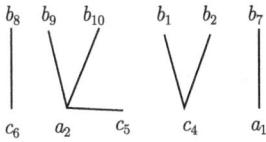

$H^1=(a_1,c_5)\cup(b_8,c_4)\cup K(B_2^1,a_1)$
$\cup K(B_1^2,c_6)\cup(b_1,a_2)$

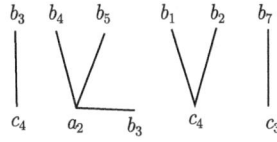

$H^2=(a_1,b_8)\cup(b_3,c_6)\cup K(B_2^2,a_1)$
$\cup K(B_1^2,c_4)\cup(b_2,c_3)$

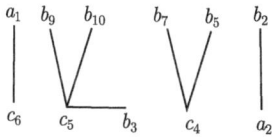

$H^3=(c_5,b_3)\cup(a_2,c_6)\cup K(B_2^1,c_5)$
$\cup K(B_2^2,c_4)\cup(b_6,a_1)$

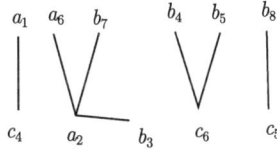

$H^4=(a_1,b_3)\cup(a_2,c_4)\cup K(B_1^1,a_1)$
$\cup K(B_2^2,c_6)\cup(b_6,c_5)$

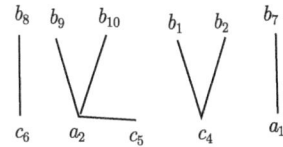

$H^5=(a_2,c_5)\cup(b_8,c_6)\cup K(B_2^2,a_2)$
$\cup K(B_1^1,c_4)\cup(b_7,a_1)$

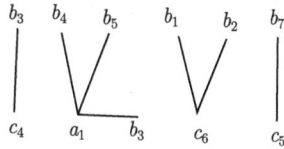

$H^6=(a_2,b_3)\cup(b_3,c_4)\cup K(B_1^1,a_1)$
$\cup K(B_1^1,c_4)\cup(b_7,c_5)$

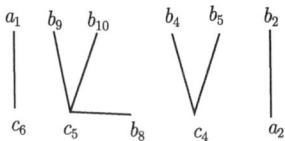

$H^7=(c_5,b_8)\cup(a_1,c_6)\cup K(B_2^2,c_5)$
$\cup K(B_2^1,c_4)\cup(b_2,a_2)$

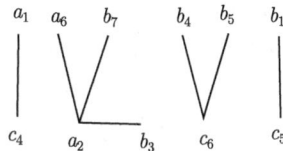

$H^8=(a_2,b_3)\cup(a_1,c_4)\cup K(B_1^1,a_2)$
$\cup K(B_2^1,c_4)\cup(b_1,c_5)$

图 4.4.3　$K(A,B,C)$ 的 8 个 2-分因子

注　本书中凡是把一个点集表示成它的子集的并集, 即令 $A=\bigcup\limits_{i=1}^{t}A^i$ 且 $|A^i|=\dfrac{|A|}{t}$ 都是把一点数能被 t 整除的点集等分成 t 个彼此不相交且各有 $\dfrac{|A|}{t}$ 个点的子集 $A^i,i=1,\cdots,t$.

令子图

$$H^j=K(B^j,A)\cup K(B^j,C)\cup K(A^j,C),\quad j=1,\cdots,t$$

取遍时, 就得到 t 个同构因子, 图 4.4.4 是 $K(A, B, C)$ 的 t-分因子 H^2. 图 4.4.4 中圆点代表点集, 线段代表一个完备二分图 (如 $K(B^2, A^1)$) 的边集.

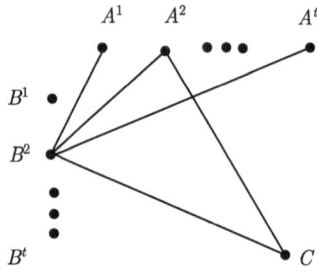

$$H^2 = K(B^t, A) \cup K(B^t, c) \cup K(A^t, c)$$

图 4.4.4　$K(A, B, C)$ 的 t-分因子 H^2

(ii) 由条件 $t|s$, 再令

$$C = \bigcup_{i=1}^{t} C^i, \quad |C^i| = \frac{|C|}{t} = \frac{s}{t},$$

令子图 $H^{ij} = K(A^i, B^j, C^{i+j})$ 角标加法取 $\mod t$, 显然当 $i, j = 1, \cdots, t$ 取遍时就得到 t^2 个同构因子, 且每个因子是完备三分图.

推论 4.4.1　对于完备三分图 $K_3(m) = K(A^1, A^2, A^3)$, 可分性条件是 $t|K_3(m)$ 的充分条件.

证明　因为 $K_3(m)$ 的边数为 $3m^2$, 由可分性条件 $t|3m^2$ 必有 $t = hpq^2$, $h|3$, $pq|m$. 如果 $h = 3$ 先分 $K_3(m)$ 为三个同构因子 $K(A^1, A^2)$, $K(A^1, A^3)$, $K(A^2, A^3)$, 由 $pq^2|m^2$ 再把每个完备二分图分成 pq^2 个同构因子. 如果 $h = 1$, 按引理 4.4.1 中在 (ii) 得到 q^2 个同构因子, 再把每个 q^2 分因子按引理 4.4.1 中 (i) 分成 p 个因子, 从而得到 t 个同构因子.

对于一般的完备三分图 $K(A, B, C)$, 总假定

$$|A| = 2^\alpha m, \quad |B| = 2^\beta n, \quad |C| = 2^\lambda s,$$

这里 $\alpha \geqslant \beta \geqslant \lambda$, m, n, s 为奇数. 因为 $\lambda \geqslant 1$ 时, 有

$$2^\lambda \big| |A|, \quad 2^\lambda \big| |B|, \quad 2^\lambda \big| |C|,$$

根据引理 4.4.1, 有 $2^{2\lambda}|K(A, B, C)$. 它的每个因子 $H^{ij} = K(A^i, B^j, C^{i+j})$ 为完备三分图, 每个独立点集的点数分别为

$$|A^i| = 2^{(\alpha-\lambda)}m, \quad |B^j| = 2^{(\beta-\lambda)}n, \quad |C^{i+j}| = s,$$

所以我们下面主要讨论 $|C| = s$ 为奇数的情形.

引理 4.4.2 A, B, C 为完备三分图 $K(A, B, C)$ 的独立点集, 每个点集的点数为

$$|A| = 2^\alpha m, \quad |B| = 2^\beta n, \quad |C| = s,$$

这里 m, n, s 为奇数, $\alpha \geqslant \beta, t = 2^k$ 满足可分性条件

$$2^k | 2^{\alpha+\beta}mn + 2^\alpha ms + 2^\beta ns,$$

如果还满足下列条件之一:

(1) $\alpha \neq \beta$;

(2) $\alpha = \beta, m + n = 2^\gamma d, d$ 为奇数, $\gamma \neq \alpha$ 则 $2^k | K(A, B, C)$.

证明 (1) 由于 $\alpha \neq \beta$, 不妨假设 $\alpha > \beta$, 有

$$2^{\alpha+\beta}mn + 2^\alpha ms + 2^\beta ns = 2^\beta(2^\alpha mn + 2^{\alpha-\beta}ms + ns),$$

这里括号内为奇数, 由可分性条件, 必有 $k \leqslant \beta$, 于是有 $2^k \| |A|, 2^k | |B|$, 根据引理 4.4.1 知 $2^k | K(A, B, C)$.

(2) 当 $\alpha = \beta$, $m + n = 2^\gamma d$, d 为奇数 $\gamma \neq \alpha$ 时, 有

$$2^{\alpha+\beta}mn + 2^\alpha ms + 2^\beta ns = 2^\alpha(2^\alpha mn + 2^\gamma ds).$$

可使 $\bigcup\limits_{\substack{i \in I \\ j \in J}} D_{ij}^{22} \subset B^1$. 然后可以令

$$\left(B^2 - \bigcup\limits_{\substack{i \in I \\ j \in J}} D_{ij}^{11}\right) \bigcup A^1 = \bigcup\limits_{\substack{i \in I \\ j \in J}} D_{ij}^{12} \left(B^1 - \bigcup\limits_{\substack{i \in I \\ j \in J}} D_{ij}^{22}\right) \cup A^2 = \bigcup\limits_{\substack{i \in I \\ j \in J}} D_{ij}^{21},$$

显然有如下性质:

(i) $D_{ij}^{11} \cap B^1 = \varnothing, D_{ij}^{11} \cap A = \varnothing, D_{ij}^{22} \cap B^2 = \varnothing, D_{ij}^{22} \cap A = \varnothing,$

(ii) $D_{ij}^{12} \cap B^1 = \varnothing, D_{ij}^{12} \cap A^2 = \varnothing, D_{ij}^{21} \cap B^2 = \varnothing, D_{ij}^{21} \cap A^1 = \varnothing, \forall i \in I, j \in J,$

令

$$H_{ij}^{11} = K(B_i^1, A_j^1) \cup K(D_{ij}^{11}, C), \quad H_{ij}^{12} = K(B_i^1, A_j^2) \cup K(D_{ij}^{12}, C),$$

$$H_{ij}^{21} = K(B_i^2, A_j^1) \cup K(D_{ij}^{21}, C), \quad H_{ij}^{22} = K(B_i^2, A_j^2) \cup K(D_{ij}^{22}, C).$$

根据性质 (i),(ii) 上面的每个子图是两个分离的完备二分图的并, 当 $i \in I, j \in J$ 取遍时, 就得到 2^k 个同构因子.

引理 4.4.3 A, B, C 为完备三分图 $K(A, B, C)$ 的独立点集, 如果

$$|A| = 2^\alpha m, \quad |B| = 2^\alpha n, \quad |C| = s, \quad m + n = 2^\alpha d,$$

m, n, s, d 为奇数, $t = 2^k, k \leqslant 2\alpha + 1$, 则有 $2^k | K(A, B, C)$.

证明   当 $k \leqslant 2\alpha$ 时用引理 4.4.2 的方法得证. 当 $k = 2\alpha + 1$ 时, 分 $\alpha = 1$ 和 $\alpha > 1$ 两种情形讨论.

情形 I   当 $\alpha = 1, k = 2\alpha + 1 = 3, t = 8$ 时, 有

$$|A| = 2m, \quad |B| = 2n, \quad |C| = s, \quad m + n = 2d,$$

m, n, s, d 为奇数, 可分性条件为 $8|4(mn + ds)$, 不妨假定 $m \leqslant n$, 从而有 $m \leqslant d \leqslant n$. 以下分三种情况讨论.

(1) 如果 $s \leqslant m$. 下面令

$$A = A^1 \cup A^2, \quad \left|A^1\right| = \left|A^2\right| = m;$$

$$B = B^1 \cup B^2, \quad \left|B^1\right| = \left|B^2\right| = n.$$

再令 $A \cup B = \bigcup_{i,j=1,2} D^{ij}$, 使得 $\left|D^{ij}\right| = d$, 且

$$D^{11} \subset B^2, \quad D^{12} \subset B^2 \cup A^1, \quad D^{21} \subset B^1 \cup A^2, \quad D^{22} \subset B^1,$$

上面式子可以由条件 $m \leqslant d \leqslant n$ 得到保证, 因为 $n - d$ 为偶数, 再令

$$(B^1 - D^{22}) = B_{2-1}^{1,n-d} \cup B_{2-2}^{1,n-d}, \quad (B^2 - D^{11}) = B_{2-1}^{2,n-d} \cup B_{2-2}^{2,n-d},$$

使得

$$\left|B_{2-j}^{i,n-d}\right| = \frac{1}{2}(n - d), \quad i, j = 1, 2.$$

因为 $s \leqslant m$, 再令

$$A^i = A^{j-t} \cup A_{2-1}^{i,m-s} \cup A_{2-2}^{j,m-s},$$

使得

$$\left|A^{j-t}\right| = s, \quad \left|A_{2-i}^{i,m-s}\right| = \frac{1}{2}(m - s), \quad i, j = 1, 2.$$

于是 $K(A, B, C)$ 的每个 4-分因子

$$H^{ij} = K(B^i, A^j) \cup K(D^{ij}, C), \quad i, j = 1, 2,$$

可分为 3 对子图, 每一对的两个子图同构. 例如, H^{11} 如图 4.4.5 所示. 图 4.4.5 中有下面关系

$$K(D^{11}, C) \cong K(D^{22}, A^{1,t})(\cong \text{表示同构}),$$

$$K(B^1, A_{2-1}^{1,m-t}) \cong K(B^1, A_{2-2}^{1,m-t}), \quad K(B_{2-1}^{1,n-d}, A^{1,t}) \cong K(B_{2-2}^{1,n-d}, A^{1,s}).$$

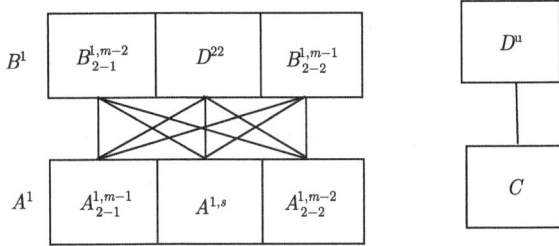

图 4.4.5 H^{11}

我们把每个 4-分因子都按 H^{11} 那样分解, 从而把 $K(A,B,C)$ 分成了 24 个边不重子图, 把它们分成 3 组, 每组的 8 个子图同构, 经过适当组合得到如下 8 个同构因子.

$$H^{11-1} = K(D^{11}, C) \cup K(B^1, A_{2-1}^{1,m-s}) \cup K(B_{2-1}^{1,n-d}, A^{1,s}),$$

$$H^{11-2} = K(D^{22}, A^{1,s}) \cup K(B^2, A_{2-2}^{2,m-s}) \cup K(B_{2-2}^{2,n-d}, A^{2,s}),$$

$$H^{12-1} = K(D^{12}, C) \cup K(B^1, A_{2-1}^{2,m-s}) \cup K(B_{2-1}^{2,n-d}, A^{2,s}),$$

$$H^{12-2} = K(D^{22}, A^{2,s}) \cup K(B^2, A_{2-2}^{1,m-s}) \cup K(B_{2-2}^{2,n-d}, A^{1,s}),$$

$$H^{21-1} = K(D^{21}, C) \cup K(B^2, A_{2-1}^{1,m-s}) \cup K(B_{2-1}^{2,n-d}, A^{1,s}),$$

$$H^{21-2} = K(D^{11}, A^{1,s}) \cup K(B^1, A_{2-2}^{2,m-s}) \cup K(B_{2-2}^{2,n-d}, A^{2,s}),$$

$$H^{22-1} = K(D^{22}, C) \cup K(B^2, A_{2-1}^{2,m-s}) \cup K(B_{2-1}^{2,n-d}, A^{2,s}),$$

$$H^{22-2} = K(D^{11}, A^{2,s}) \cup K(B^1, A_{2-2}^{1,m-s}) \cup K(B_{2-2}^{1,n-d}, A^{1,s}).$$

(2) 当 $s > m, m = n$ 时, 有 $d = m$, 且有

$$D^{11} = B^2, \quad D^{22} = B^1, \quad D^{12} = A^1, \quad D^{21} = A^2.$$

令

$$C = C^m \cup C_{2-1}^{s-m} \cup C_{2-2}^{s-m} \quad |C^m| = m, \quad \left|C_{2-1}^{s-m}\right| = \left|C_{2-2}^{s-m}\right| = \frac{1}{2}(s-m),$$

这时的 4-分因子, 如图 4.4.6 所示. 从图 4.4.6 可知,

$$D^{11} = B^2, \quad K(B^1, A^1) \cup K(D^{11}, C_{2-1}^{s-m}) \cup K(D^{11}, C_{2-2}^{s-m}),$$

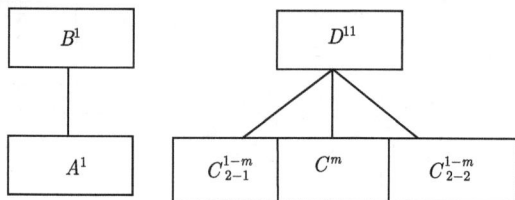

图 4.4.6　4-分因子

于是很容易由 4-分因子得到如下 8-分因子.

$$H^{11-1} = K(B^1, A^1) \cup K(B^2, C_{2-1}^{s-m}), \quad H^{11-2} = K(B^2, C^m) \cup K(A^1, C_{2-2}^{s-m}),$$

$$H^{21-1} = K(B^1, A^2) \cup K(A^1, C_{2-1}^{s-m}), \quad H^{12-2} = K(A^1, C^m) \cup K(B^2, C_{2-2}^{s-m}),$$

$$H^{21-1} = K(B^2, A^1) \cup K(A^2, C_{2-1}^{s-m}), \quad H^{21-2} = K(A^2, C^m) \cup K(B^1, C_{2-2}^{s-m}),$$

$$H^{22-1} = K(B^2, A^2) \cup K(B^1, C_{2-1}^{s-m}), \quad H^{22-2} = K(B^1, C^m) \cup K(A^2, C_{2-2}^{s-m}).$$

(3) 当 $s > m, m < n$ 时, 因 $m + n = 2d$, $m < n$, m, n, d 为奇数, 故 $n - m = 2(d - m)$. 由于 $d - m$ 为偶数, 故 $4 | n - m$, 所以可以令

$$B^1 = B^{1,m} \cup \left(\bigcup_{j-1}^{4} B_{4-j}^{1,n-m} \right),$$

使得

$$\left| B^{1,m} \right| = m, \quad \left| B_{4-j}^{1,n-m} \right| = \frac{1}{4}(n - m).$$

同样令

$$B^2 = B^{2,m} \cup \left(\bigcup_{j-1}^{4} B_{4-j}^{2,n-m} \right),$$

使得

$$\left| B^{2,m} \right| = m, \quad \left| B_{4-j}^{2,n-m} \right| = \frac{1}{4}(n - m).$$

因为 $s > m$, 所以可令

$$C = C^m \cup C_{2-1}^{s-m} \cup C_{2-2}^{s-m},$$

使得

$$|C^m| = m, \quad \left| C_{2-1}^{s-m} \right| = \left| C_{2-2}^{s-m} \right| = \frac{s - m}{2}.$$

这时 2-分因子 $H^1 = K(B^1, A) \cup K(B^1, C) \cup K(A^1, C)$, 如图 4.4.7 所示.
对于

$$H^2 = K(B^2, A) \cup K(B^2, C) \cup K(A^2, C),$$

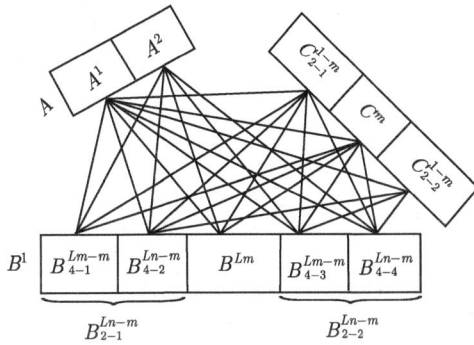

图 4.4.7 2-分因子

同样具有图 4.4.7 所示的形式. 令

$$B_{2-1}^{i,n-m} = B_{4-2}^{i,n-m} \cup B_{4-2}^{i,n-m}, \quad B_{2-2}^{i,n-m} = B_{4-3}^{i,n-m} \cup B_{4-1}^{i,n-m}, \quad i = 1, 2.$$

$K(A, B, C)$ 的每个 2-分因子含有五组边不重子图, 每一组内有四个边不重同构子图. 这样我们可以构造如下的 8 个因子.

$$
\begin{aligned}
H^1 =& K(A^1, C^m) \cup K(B^{2,m}, C_{2-1}^{s-m}) \cup K(B_{2-2}^{1,n-m}, A^1) \\
& \cup K(B_{2-1}^{2,n-m}, C_{2-2}^{s-m}) \cup K(B_{4-1}^{1,n-m}, A^2), \\
H^2 =& K(A^1, B^{2m}) \cup K(B^1, C_{2-2}^{s-m}) \cup K(B_{2-2}^{2,n-m}, A^1) \\
& \cup K(B_{2-1}^{2,n-m}, C_{2-1}^{s-m}) \cup K(B_{4-2}^{1,n-m}, C^m), \\
H^3 =& K(C^m, B^{1,m}) \cup K(A^2, C_{2-2}^{s-m}) \cup K(B_{j-2}^{1,n-m}, C^m) \\
& \cup K(B_{2-2}^{2,n-m}, C_{2-1}^{s-m}) \cup K(B_{4-1}^{2,n-m}, A^1), \\
H^4 =& K(A^1, B^{1,m}) \cup K(A^2, C_{2-1}^{s-m}) \cup K(B_{2-1}^{1,n-m}, A^1) \\
& \cup K(B_{2-2}^{2,n-m}, C_{2-2}^{s-m}) \cup K(B_{4,n-1}^{2,n-m}, C^m), \\
H^5 =& K(A^2, C^m) \cup K(B^{2,m}, C_{2-2}^{s-m}) \cup K(B_{2-2}^{2,n-m}, A^2) \\
& \cup K(B_{2-1}^{1,n-m}, C_{2-1}^{s-m}) \cup K(B_{4-2}^{2,n-m}, A^1), \\
H^6 =& K(A^2, B^{2,m}) \cup K(B^{1,m}, C_{2-1}^{s-m}) \cup K(B_{2-2}^{1,n-m}, A^2) \\
& \cup K(B_{2-1}^{1,n-m}, C_{2-1}^{s-m}) \cup K(B_{4-2}^{2,n-m}, C^m), \\
H^7 =& K(A^m, B^{2,m}) \cup K(A^1, C_{2-2}^{s-m}) \cup K(B_{2-2}^{2,n-m}, A^2) \\
& \cup K(B_{2-2}^{1,n-m}, C_{2-2}^{s-m}) \cup K(B_{4-2}^{1,n-m}, A^2), \\
H^8 =& K(A^2, B^{1,m}) \cup K(A^1, C_{2-2}^{s-m}) \cup K(B_{2-1}^{2,n-m}, A^2)
\end{aligned}
$$

$$\cup K(B^{1,n-m}_{2-2}, C^{s-m}_{2-2}) \cup K(B^{1,n-m}_{4-1}, C^m),$$

其中在例 4.4.1 中分 $K(A,B,C)$ $(|A|=2, |B|=2, |C|=3)$ 为 8 个同构因子, 属于这种类型.

情形 II　当 $\alpha > 1$ 时, 即有

$$t = 2^{2\alpha+1}, \quad |A| = 2^\alpha m, \quad |B| = 2^\alpha n, \quad |C| = s, \quad m + n = 2^\alpha d,$$

这里 m, n, s, d 为奇数, 可分性条件为 $2^{2\alpha+1} | 2^{2\alpha}(mn + ds)$. 下面不妨假定 $m \leqslant n$, 并令

$$A = A^1 \cup A^2, \quad A^\tau = \bigcup_{j \in J} A^\tau_i, \quad \tau = 1, 2, \quad J = \{1, \cdots, 2^{\alpha-1}\},$$

因为 $|A \cup B| = |A| + |B| = 2^\alpha(m + n) = 2^{2\alpha}d$, 以及 $m \leqslant n$, 所以 $n \geqslant 2^{\alpha-1}d$. 故可以令

$$|A \cup B| = \bigcup_{\substack{\tau, \gamma = 1, 2 \\ i \in I, j \in J}} D^{\tau\gamma}_{ij},$$

使得

$$D^{11}_{ij} \subset B^2_i, \quad \forall j \in J, \quad D^{12}_{ij} \subset B^2_i \cup A^1_i, \quad \forall j \in J,$$

$$D^{21}_{ij} \subset B^2_i \cup A^2_i, \quad \forall j \in J, \quad D^{22}_{ij} \subset B^1_i, \quad \forall j \in J,$$

$$\left| D^{\tau\gamma}_{ij} \right| = d, \quad \tau, \gamma = 1, 2; \quad i \in I, j \in J.$$

$K(A, B, C)$ 的 $2^{2\alpha}$-分因子是

$$H^{\tau\gamma}_{ij} = K(B^\tau_i, A^\gamma_j) \cup K(D^{\tau\gamma}_{ij}, C), \quad \tau, \gamma = 1, 2, \quad i \in I, j \in J.$$

由构造知 $D^{\tau\gamma}_{ij} \cap (B^\tau \cup A^\gamma) = \varnothing$, 故 $H^{\tau\gamma}_{ij}$ 是由两个分离的完备二分图构成的. 以下分两种情形讨论.

(1) 当 $s \leqslant m, i, j$ 固定时, 前面的 4 个子图 $H^{\tau\gamma}_{ij}, \tau, \gamma = 1, 2$, 可仿照 $\alpha = 1, s \leqslant m$ 的情形得到 8 个同构子图, 当 $i \in I, j \in J$ 取遍时得到 $2^{2\alpha+1}$ 个同构因子.

(2) 当 $s > m$ 时, 可令

$$C = C^m \cup C^{s-m}_{2-1} \cup C^{s-m}_{2-2} |C^m| = m \left| C^{s-m}_{2-j} \right| = \frac{1}{2}(s - m), \quad r = 1, 2,$$

于是有

$$K(A, B, C) = K(A, B, C^m) \cup K(A, C^{s-m}_{2-1}) \cup K(A, C^{s-m}_{2-2})$$
$$\cup K(B, C^{s-m}_{2-1}) \cup K(B, C^{s-m}_{2-2}),$$

由点集 $D_{ij}^{\tau\gamma}$ 的构造知 $D_{ij}^{\tau\gamma} \subset B_i^2$, $D_{ii}^{22} \subset B_i^1$, 因而令

$$B_i^1 = D_{ii}^{22} \cup B_{i,2-1}^{1,n-d} \cup B_{i,2-2}^{1,n-d},$$

$$B_i^2 = D_{ii}^{11} \cup B_{i,2-1}^{2,n-d} \cup B_{i,2-2}^{2,n-d}, \quad \left| B_{i,2-\gamma}^{\tau,n-d} \right| = \frac{1}{2}(n-d), \quad \tau,\gamma = 1,2,$$

所以 $K(A,B,C^m)$ 的 $2^{2\alpha}$ 个因子为

$$\widetilde{H}_{ij}^{\tau\gamma} = K(B_i^\tau, A_j^\gamma) \cup K(D_{ij}^{\tau\gamma}, C^m), K(B_i^\tau, A_j^\gamma)$$
$$= K(D_{ij}^{\tau+1,\tau+1}, A_j^\tau) \cup K(B_{i,2-1}^{\tau,n-d}, A_j^\tau) \cup K(B_{i,2-2}^{\tau,n-d}, A_i^\gamma),$$

这里 $\tau+1 = 1,2(\mathrm{mod}2)$, 由此得到 $K(A,B,C^m)$ 的 $2^{2\alpha+1}$ 个因子如下:

$$\widetilde{H}_{ij}^{11-1} = K(D_{ij}^{11}, C^m) \cup K(B_{i,2-1}^{1,n-d}, A_j^1), \quad \widetilde{H}_{ij}^{11-2} = K(D_{ij}^{11}, A_j^2) \cup K(B_{i,2-2}^{1,n-d}, A_j^1),$$

$$\widetilde{H}_{ij}^{12-1} = K(D_{ij}^{12}, C^m) \cup K(B_{i,2-1}^{1,n-d}, A_j^2), \quad \widetilde{H}_{ij}^{12-2} = K(D_{ii}^{11}, A_j^1) \cup K(B_{i,2-2}^{1,n-d}, A_j^2),$$

$$\widetilde{H}_{ij}^{21-1} = K(D_{ij}^{21}, C^m) \cup K(B_{i,2-1}^{2,n-d}, A_j^1), \quad \widetilde{H}_{ij}^{21-2} = K(D_{ij}^{22}, A_j^2) \cup K(B_{i,2-2}^{2,n-d}, A_j^1),$$

$$\widetilde{H}_{ij}^{22-1} = K(D_{ij}^{22}, C^m) \cup K(B_{i,2-1}^{2,n-d}, A_j^2), \quad \widetilde{H}_{ij}^{22-2} = K(D_{ij}^{11}, A_j^1) \cup K(B_{i,2-2}^{2,n-d}, A_j^2),$$

因为

$$K(A, C_{2-\gamma}^{s-m}) \cup K(B, C_{2-\gamma}^{s-m}) = \bigcup_{\substack{\tau,l=1,2 \\ i\in I, j\in J}} K(D_{ij}^{\tau l}, C_{2-\gamma}^{s-m}), \quad \gamma = 1,2.$$

所以, 可以令

$$H_{ij}^{\tau\gamma-1} = \widetilde{H}_{ij}^{\tau\gamma-1} \cup K(D_{i+1,j+1}^{\tau\gamma}, C_{2-1}^{s-m}) \bmod 2^{\alpha-1}.$$

因 $\alpha > 1, 2^{\alpha-1} > 1$, 故 $i+1 \neq i, j+1 \neq j$. 于是由 $D_{ij}^{\tau\gamma}$ 的构造知 $H_{ij}^{\tau\gamma-1}$ 是三个不相交的完备二分图的并, $\tau,\gamma,l = 1,2$, $i\in I, j\in J$ 取遍时, 就得到 $2^{2\alpha+1}$ 个同构因子.

引理 4.4.4　$K(A,B,C)$ 为完备三分图, $|A| = 2^\alpha m, |B| = 2^\alpha n, |C| = 2^\alpha d; m, n, s, d$ 为奇数, 若 $2^k | 2^{2\alpha}(mm+ds)$, 则 $2^k | K(A,B,C)$.

证明　当 $k \leqslant 2\alpha+1$ 时, 由引理 4.4.1—引理 4.4.3 得证.

当 $k \geqslant 2\alpha+2$ 时, 先令 $\alpha = 2^\alpha + 2 = 4$, 在引理 4.4.3 的情形 I, 即 $\alpha = 1$ 时, 分三种情形讨论.

情形 I　$s \leqslant m$, 每个 8-分因子由三个完备二分图构成, 其边数

$$ds + \frac{1}{2}n(m-s) + \frac{1}{2}(n-d)s$$

被 2 整除, 因而必有下列两种情况之一出现.

(1) $\dfrac{m-s}{2}$ 为偶数, $\dfrac{n-d}{2}$ 为奇数.

由 $\dfrac{m-s}{2}$ 为偶数, 令

$$A_{2-\gamma}^{\tau,m-s} = A_{4-(2\gamma-1)}^{\tau,m-s} \cup A_{4-2\gamma}^{\tau,m-s}; \quad \tau,\gamma = 1,2,$$

其中

$$\left|A_{4-j}^{\tau,m-s}\right| = \frac{1}{4}(m-s); \quad j = 1,2,3,4; \quad \tau = 1,2,$$

因为 $d = \dfrac{1}{2}(n+m) > \dfrac{1}{2}(n-d) = g$ 为奇数, 所以令

$$D^{\tau\gamma} = D^{\tau\gamma,g} \cup D_{2-1}^{\tau\gamma,d-g} \cup D_{2-2}^{\tau\gamma,d-g}; \quad \tau,\gamma = 1,2,$$

$$\left|D^{\tau\gamma,g}\right| = g = \frac{1}{2}(n-d)\left|D_{2-2}^{\tau\gamma,d-g}\right| = \frac{1}{2}(d-g) = \frac{1}{2}(m+d); \quad \tau,\gamma,l = 1,2.$$

于是有

$$H^{11-1} = K(D^{11},C) \cup K(B^1, A_{2-1}^{1,m-s}) \cup K(B_{2-1}^{1,n-d}, A^{1,s}),$$

$$H^{11-2} = K(D^{22}, A^{1,s}) \cup K(B^2, A_{2-2}^{2,m-s}) \cup K(B_{2-2}^{2,n-d}, A^{2,s}),$$

形状如图 4.4.8 所示.

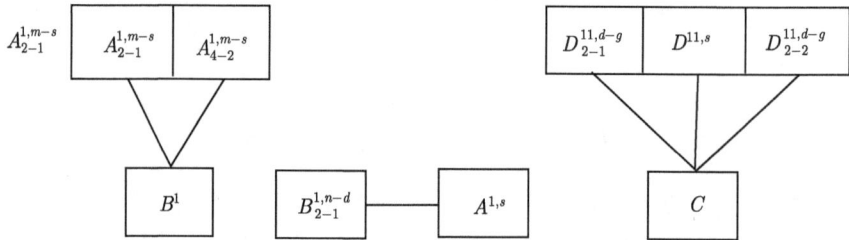

图 4.4.8 H^{11-1}

因为 $g = \dfrac{1}{2}(n-d) = \left|B_{2-1}^{1,n-d}\right|$, $\left|A^{1,s}\right| = |C| = S$, 故在 H^{11-1} 中 $K(B_{2-1}^{1,n-d}, A^{1,s}) \cong K(D^{11,g}, C)$, H^{11-1} 分成了三对子图. 每一对的两个子图同构. 因而可由两个 8-分因子 H^{11-1}, H^{11-2} 得到四个 16-分因子如下:

$$H^{11-11} = K(A_{4-1}^{1,m-s}, B^1) \cup K(B_{2-1}^{1,n-d}, A^{1,s}) \cup K(D_{2-1}^{11,d-g}, C),$$

$$H^{11-12} = K(A_{4-2}^{1,m-s}, B^1) \cup K(D^{22,g}, A^{1,s}) \cup K(D_{2-2}^{11,d-g}, C),$$

$$H^{11-21} = K(A_{4-3}^{2,m-s}, B^2) \cup K(B_{2-2}^{2,n-d}, A^{2,s}) \cup K(D_{2-1}^{22,d-g}, A^{1s}),$$

$$H^{11-22} = K(A_{4-4}^{2,m-s}, B^2) \cup K(D^{11,g}, C) \cup K(D_{2-1}^{22,d-g}, A^{1s}),$$

这 4 个 16-分因子, 每个因子含有三个子图, 显然对应子图彼此同构. 每个因子的三个子图的六个点集中只有 $B_{2-1}^{1,n-d} \subset B^1$, $D^{22,g} \subset B^1$, $B_{22}^{2,n-d} \subset B^2$, $D^{11,g} \subset B^2$. 不难验证这些因子彼此同构. 同样的方法可由其余 6 个 8-分因子导出 12 个 16-分因子, 从而得到全部 16-分因子.

(2) 当 $\frac{m-s}{2}$ 为奇数, $\frac{n-d}{2}$ 为偶数时, 如果 $s > \frac{1}{2}(m-s) = g$, 可以令

$$C = C^g \cup C_{2-1}^{s-g} \cup C_{2-2}^{s-g}, \quad |C^g| = g = \frac{1}{2}(m-s), \quad \left|C_{2-l}^{s-g}\right| = \frac{1}{2}(s-g), \quad l = 1, 2,$$

$$A^{1,s} = A^{1,sg} \cup A_{2-1}^{1,s-g} \cup A_{2-2}^{1,s-g}, \quad \left|A^{1,sg}\right| = g, \quad \left|A_{2-l}^{1,s-g}\right| = \frac{1}{2}(s-g), \quad l = 1, 2,$$

$$B^1 = D^{22} \cup B_{2-1}^{1,n-d} \cup B_{2-2}^{1,n-d}, \quad B^2 = D^{11} \cup B_{2-1}^{2,n-d} \cup B_{2-2}^{2,n-d},$$

$$B_{2-\gamma}^{\tau,n-d} = B_{4-(2\gamma-1)}^{\tau,n-d} \cup B_{4-2\gamma}^{\tau,n-d}, \quad \tau, \gamma = 1, 2; \quad \left|B_{4-j}^{\tau,n-d}\right| = \frac{1}{4}(n-d), \quad j = 1, 2, 3, 4.$$

每个子图被分成成对的 4 对子图, 由 H^{11-1}, H^{11-2} 可得知如下 4 个 16-分因子

$$H^{11-11} = K(D^{11}, C^g) \cup K(D^{22}, A_{2-2}^{1,s-g}) \cup K(B_{2-1}^{2,n-d}, A_{2-2}^{2,m-s}) \cup K(B_{4-1}^{1,n-d}, A^{1,s}),$$

$$H^{11-12} = K(D^{22}, A_{2-1}^{1,s-g}) \cup K(D^{11}, A_{2-1}^{1,s-g}) \cup K(B_{2-2}^{2,n-d}, A_{2-2}^{2,m-s}) \cup K(B_{4-2}^{1,n-d}, A^{1,s}),$$

$$H^{11-21} = K(D^{11}, A_{2-2}^{2,s-g}) \cup K(D^{22}, A_{2-1}^{1,s-g}) \cup K(B_{2-1}^{1,n-d}, A_{2-1}^{1,m-s}) \cup K(B_{4-4}^{2,n-d}, A^{2,s}),$$

$$H^{11-22} = K(D^{22}, A^{1,sg}) \cup K(D^{11}, A_{2-2}^{s-g}) \cup K(B_{2-2}^{1,n-d}, A_{2-1}^{1,m-s}) \cup K(B_{4-4}^{2,n-d}, A^{2,s}).$$

由其余 6 个 8-分因子可同样得到 12 个 16-分因子, 于是得到 16 个同构因子.

如果 $s < \frac{1}{2}(m-s) = g$, 令

$$A_{2-l}^{\tau m-s} = A_l^{\tau g} = A_l^{\tau,gs} \cup A_{l,2-1}^{\tau,g-s} \cup A_{l,2-2}^{\tau,g-s},$$

$$\left|A_l^{\tau,gs}\right| = s \left|A_{l,2-\gamma}^{\tau,g-s}\right| = \frac{1}{2}(g-s); \quad \tau, l, \gamma = 1, 2.$$

这时 H^{11-1}, H^{11-2} 如图 4.4.9 所示.

每个 8-分因子由 4 对成对同构的完备二分图构成, 由 H^{11-1}, H^{11-2} 得到如下 4 个 16-分因子.

$$H^{11-11} = K(D^{11}, C) \cup K(D^{22}, A_{1,2-1}^{1,g-s}) \cup K(B_{2-1}^{1,n-d}, A_{2-1}^{1,m-s}) \cup K(B_{4-3}^{2,n-d}, A^{2,s}),$$

$$H^{11-12} = K(D^{22}, A_1^{1,gs}) \cup K(D^{11}, A_{2,2-1}^{2,g-s}) \cup K(B_{2-2}^{2,n-d}, A_{2-2}^{2,m-s}) \cup K(B_{4-1}^{1,n-d}, A^{1,s}),$$

$$H^{11-21} = K(D^{22}, A^{1s}) \cup K(D^{11}, A_{2,2-2}^{2,g-s}) \cup K(B_{2-1}^{2,n-d}, A_{2-2}^{2,m-s}) \cup K(B_{4-4}^{2,n-d}, A^{2,s}),$$

$$H^{11-22} = K(D^{11}, A_2^{2,gs}) \cup K(D^{22}, A_{1,2-2}^{1,s-g}) \cup K(B_{2-2}^{1,n-d}, A_{2-1}^{2,m-s}) \cup K(B_{4-2}^{1,n-d}, A^{1,s}).$$

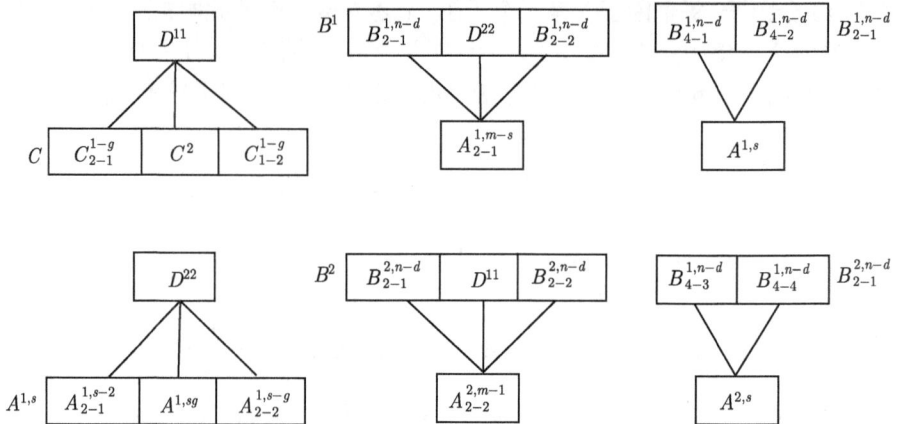

图 4.4.9　H^{11-1}, H^{11-2}

同样可由余下的 6 个 8-分因子得到 12 个 16-分因子.

情形 II　$s > m, m = n$, 此种情况每个 8-分因子有两个不相交的完备二分图, 易于按前面的方法得到 16 个同构因子.

情形 III　当 $s > m, m < n$ 时, 此种情况每个 8-分因子由 5 个完备二分图构成, 已知其中两个边数为偶, 另一个边数为奇, 余下的两个边数一个为奇, 一个为偶, 即 $\frac{1}{2}(s - m)$ 和 $\frac{1}{4}(n - m)$ 中必有一个为奇, 一个为偶.

(1) 如果 $\frac{1}{4}(n - m)$ 为偶数, $\frac{1}{2}(s - m)$ 为奇数, 所以有

当 $\frac{1}{2}(s - m) = g \geqslant m$ 时, 则可令

$$C_{2-\tau}^{s-m} = C_\tau^g = C_\tau^{g,m} \cup C_{\tau,2-1}^{g-m} \cup C_{\tau,2-2}^{g-m},$$

$$|C_\tau^{g,m}| = m, \quad \left|C_{\tau,2-\gamma}^{g-m}\right| = \frac{1}{2}(g - m); \quad \tau, \gamma = 1, 2,$$

$$B_{4-\tau}^{\tau,s-m} = B_{8-(2\gamma-1)}^{\tau,n-m} \cup B_{8-2\gamma}^{\tau,n-m}; \quad \left|B_{8-j}^{\tau,n-m}\right| = \frac{1}{8}(n - m), \quad \tau, \gamma = 1, 2, j = 1, \cdots, 4.$$

相应地, 8-分因子 H^{11-1}, H^{11-2} 如图 4.4.10 所示.

在 H^{11-1} 中

$$K(B_{2-2}^{1,n-m}, A^1) \cong K(B_{2-1}^{2,n-m}, C_2^{g,m}); \quad K(A^1, C^m) \cong K(B^{2,m}, C_1^{g,m}),$$

其余三对是

$$K(B^{2,m}, C_{1,2-\tau}^{g-m}); \quad K(B_{2-1}^{2,n-m}, C_{2,2-\tau}^{g-m}); \quad K(A^2, B_{g-\tau}^{1,n-m}); \quad \tau = 1, 2,$$

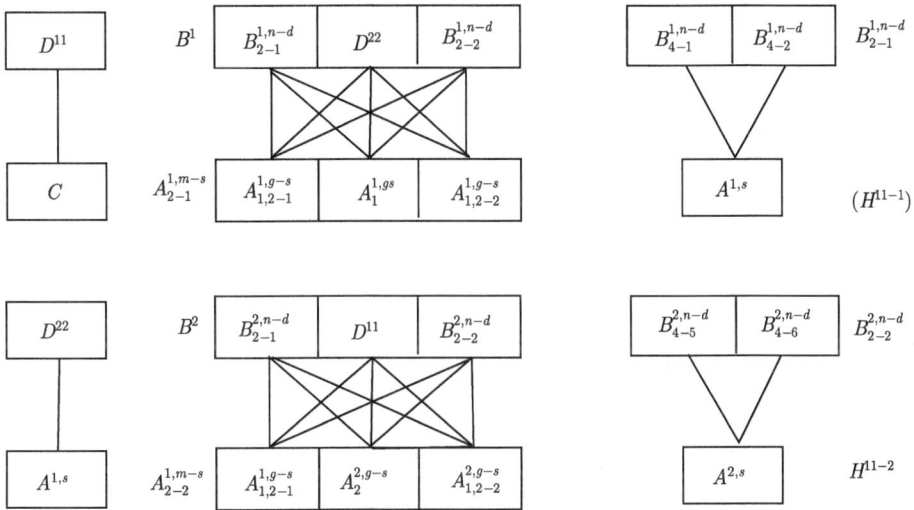

图 4.4.10 H^{11-1}, H^{11-2}

对每个 8-分因子按 H^{11-1} 那样分解. 每个 8-分因子都有成对同构的五对子图. 把每个 8-分因子分成两个子图, 使同构的两个子图分属不同的子图, 并作适当交换, 可得到 16 个同构因子, 下面把其中 4 个 16-分因子列出

$$H^1 = K(A^1, C^m) \cup K(B^{2,m}, C^{g-m}_{1,2-1}) \cup K(C^{gm}_1, B^{2,n-m}_{2-2})$$
$$\cup K(B^{2,n-m}_{2-1}, C^{g-m}_{1,2-2}) \cup K(A^2, B^{1,n-m}_{8-1}),$$
$$H^2 = K(B^{2,m}, C^{gm}_1) \cup K(A^2, C^{g-m}_{1,2-1}) \cup K(A^1, B^{2,n-m}_{2-2})$$
$$\cup K(B^{2,n-m}_{2-1}, C^{g-m}_{2,2-1}) \cup K(C^m, B^{1,n-m}_{8-1}),$$
$$H^3 = K(A^1, B^{2,m}) \cup K(A^2, C^{g-m}_{2,2-1}) \cup K(C^{g,m}_2, B^{2,n-m}_{2-2})$$
$$\cup K(B^{2,n-m}_{2-1}, C^{g-m}_{2,2-2}) \cup K(C^m, B^{1,n-m}_{8-2}),$$
$$H^4 = K(B^{1,m}, C^{gm}_2) \cup K(A^2, C^{g-m}_{2,2-2}) \cup K(A^1, B^{1,n-m}_{2-1})$$
$$\cup K(B^{2,n-m}_{2-2}, C^{g-m}_{1,2-1}) \cup K(C^m, B^{2,n-m}_{8-1}).$$

每个 16-分因子由 5 个分离的完备二分图构成.

当 $s = \frac{1}{2}(s-m) = g < m$ 时, 可令

$$A^\tau = A^{\tau,g} \cup A^{\tau,m-g}_{2-1} \cup A^{\tau,m-g}_{2-2}, \quad |A^{\tau,g}| = g,$$

$$\left|A^{\tau,m-g}_{2-\gamma}\right| = \frac{1}{2}(m-g), \quad \tau, \gamma = 1, 2,$$

$$C^m = C^{m,g} \cup C^{m-g}_{2-1} \cup C^{m-g}_{2-2}, \quad |C^{m,g}| = g,$$

$$\left|C_{2-\gamma}^{m-g}\right| = \frac{1}{2}(m-g), \quad \gamma = 1, 2.$$

所以可以从相应 4-分因子出发来构造 16-分因子. 因

$$8|n-m, \quad n-m = n-(n+m)+n = 2n-2d = 2(n-d),$$

故 $4|n-d$. 令

$$B^1 = D^{22} \cup B_{2-1}^{1,n-d} \cup B_{2-2}^{1,n-d}, \quad B^2 = D^{11} \cup B_{2-1}^{2,n-d} \cup B_{2-2}^{2,n-d},$$

$$B_{2-\gamma}^{\tau,n-d} = B_{4-(2\gamma-1)}^{\tau,n-d} \cup B_{4-2\gamma}^{\tau,n-d}, \quad \left|B_{4-j}^{\tau,n-d}\right| = \frac{1}{4}(n-d), \quad \tau, \gamma = 1, 2; \quad j = 1, 2, 3, 4,$$

于是相应的 4-分因子 $H^{11} = K(B^1, A^1) \cup K(D^{11}, C)$ 有如图 4.4.11 所示的形状. 在 H^{11} 中有 4 组子图, 每组子图内 4 个子图同构, 因为

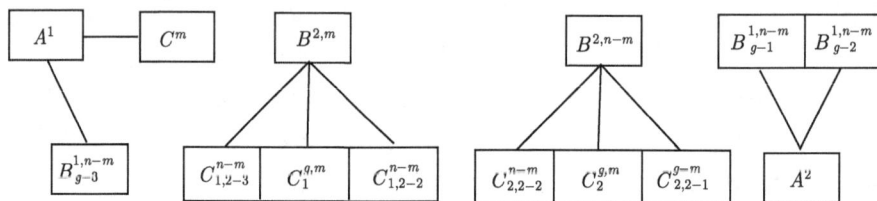

图 4.4.11　H^{11}

$$\left|C_{2-1}^{s-m}\right| = \left|C_{2-2}^{s-m}\right| = \left|C^{m,g}\right| = \frac{1}{2}(s-m) = g,$$

并记 $C_{2-\gamma}^{s-m} = C_\gamma^g, \gamma = 1, 2; C^{m,g} = C_3^g,$ 于是

$$K(D^{22}, A^{1,g}) \cong K(D^{11}, C_\gamma^g), \quad \gamma = 1, 2, 3,$$

$$K(D^{11}, C_{2-\gamma}^{m-g}) \cong K(D^{22}, A_{2-l}^{1,m-g}), \quad l, \gamma = 1, 2,$$

所以有 $K(B_{2-\tau}^{1,n-d}, A_{2-\tau}^{1,m-g}), \tau, \gamma = 1, 2, 3$ 彼此同构. $K(A^{1,g}, A_{4-j}^{1,n-g}), j = 1, 2, 3, 4$ 彼此同构. 把 H^{12}, H^{21}, H^{22} 都按那样分解, 总计得到 4 组子图, 每组内 16 个子图彼此同构, 从每组内取出一个子图构成一个 16-分因子, 使每个因子内子图互不相交, 从而得到 16 个同构因子. 下面是其中 4 个 16-分因子,

$$H^1 = K(A^{1,g}, D^{22}) \cup K(C_{2-1}^{g-m}, D^{11}) \cup K(A^{2,g}, B_{4-1}^{1,n-d}) \cup K(A_{2-1}^{2,m-g}, B_{2-1}^{2,n-d}),$$

$$H^2 = K(C^{1,g}, D^{11}) \cup K(C_{2-1}^{m-g}, D^{21}) \cup K(A^{1,g}, B_{4-2}^{1,n-d}) \cup K(B_{2-1}^{1,m-g}, C_{2-1}^{2,n-d}),$$

$$H^3 = K(C^{2,g}, D^{11}) \cup K(C_{2-2}^{1,m-g}, D^{22}) \cup K(A^{1,g}, B_{4-3}^{1,n-d}) \cup K(B_{2-1}^{1,m-g}, C_{2-2}^{2,n-d}),$$

$$H^4 = K(C^{3,g}, D^{11}) \cup K(C_{2-2}^{m-g}, D^{21}) \cup K(A^{3,g}, B_{4-4}^{1,n-d}) \cup K(B_{2-2}^{1,m-g}, C_{2-1}^{2,n-d}).$$

(2) 当 $\frac{1}{2}(s-m)$ 为偶数, $\frac{1}{4}(n-m) = g < m$ 时, 令

$$C_{2-\gamma}^{s-m} = C_{4-(2\gamma-1)}^{s-m} \cup C_{4-2\gamma}^{s-m}, \quad \left|C_{4-j}^{s-m}\right| = \frac{1}{4}(s-m), \ \gamma = 1, 2; \ j = 1, 2, 3, 4,$$

$$A^\tau = A^{\tau,g} \cup A_{2-1}^{\tau,m-g} \cup A_{2-2}^{\tau,m-g}, \quad |A^{\tau,g}| = g, \quad \left|A_{2-\gamma}^{\tau,s-m}\right| = \frac{1}{2}(s-m), \ \tau, \gamma = 1, 2,$$

$$B^{\tau m} = B^{\tau,g} \cup B_{2-1}^{\tau,m-g} \cup B_{2-2}^{\tau,m-g}, \quad |B^{\tau,g}| = g, \quad \left|B_{2-\gamma}^{\tau,m-g}\right| = \frac{1}{2}(m-g), \ \tau, \gamma = 1, 2.$$

按照前面的方法把每个 8-分因子分成成对同构的 5 组子图, 经过适当组合即可得到其 16 个同构因子.

上面我们证明了当 $\alpha = 1, k = 2\alpha + 2 = 4$ 时可分性条件是充分的. 当 $\alpha \geqslant 2$ 时, 注意到 $K(A, B, C)$ 的 $2^{2\alpha+1}$ 个因子被分成含有 8 个同构子图的子图组集合 $\hbar_{ij} = \{H_{ij}^{\tau\gamma-l}, \tau, \gamma, l = 1, 2\}$, 每一组中的 8 个子图按 $\alpha = 1$ 的情形处理, 即可得 $2^{2\alpha+2}$ 个同构因子.

由于 $K(A, B, C)$ 的 $2^{2\alpha+2}$ 个同构因子的构成与 $2^{2\alpha+1}$ 个因子的构成情况相同, 所以我们可用同样的方法讨论 $k > 2\alpha + 2$ 的情形, 从而证明了引理 4.4.4.

定理 4.4.1 的证明 由引理 4.4.1—引理 4.4.4, 得证.

4.5 完备三分图同构因子分解猜想的证明

为了证明定理 4.1.1 结论, 下面采用数论中剩余类的知识作为注.

注 记 $\mathbf{Z} = \{0, \pm 1, \pm 2, \cdots\}$ 为整数集, $\mathbf{Z}_m = \{\overline{0}, \overline{1}, \overline{2}, \cdots, \overline{m-1}\}$ 是关于模 m 的剩余类, 即当 $1 \leqslant r \leqslant m-1$ 时, $\overline{r} = \{n | n = km + r, k \in \mathbf{Z}\}$. 如果 $n \in \overline{r}$, 记 $n = \overline{r}(\text{mod} m)$, 如果 $n_1, n_2 \in \overline{r}$, 称 n_1, n_2 关于模 m 同余, 记为 $\overline{n_1} \equiv \overline{n_2}(\text{mod} m)$, Z_m 中的加法定义为

$$\overline{n_1} + \overline{n_2} = \overline{n_1 + n_2}(\text{mod} m).$$

引理 4.5.1 设

$$A = \{1, 2, \cdots, pt\} \subset \mathbf{Z},$$

$$B = \{1, 2, \cdots, qt\} \subset \mathbf{Z},$$

$$p \geqslant q \geqslant 1, \quad 2p + 2q - 1 \leqslant m \leqslant \frac{t}{2},$$

则存在 A, B 的一个划分和一个 t 阶置换

$$\sigma : \begin{pmatrix} 1 & \cdots & t \\ \sigma_1 & \cdots & \sigma_t \end{pmatrix},$$

使得

(1) $A = \bigcup_{i=1}^{t} A_i$, $|A_i| = p$, $B = \bigcup_{i=1}^{t} B_i$, $|B_i| = q$;

(2) $\overline{A_i} \cap \overline{B_{\sigma_i}} = \varnothing$, $\overline{A_i} \cup \overline{B_{\sigma_i}} = p + q$, $i = 1, \cdots, t$.

这里若

$$A_i = \{a_{i_1}, a_{i_2}, \cdots, a_{i_p}\}, \quad B_i = \{b_{i_1}, b_{i_2}, \cdots, b_{i_p}\},$$

$$\overline{A_i} = \{\overline{a_{i_1}}, \overline{a_{i_2}}, \cdots, \overline{a_{i_p}}\}, \quad \overline{B_i} = \{\overline{b_{i_1}}, \overline{b_{i_2}}, \cdots, \overline{b_{i_p}}\},$$

$$\overline{a_{ij}}, \overline{b_{ij}} \in \mathbf{Z}_m = \{\overline{0}, \overline{1}, \overline{2}, \cdots, \overline{m-1}\}.$$

证明　记

$$A_i = \{(i-1)p + 1, \cdots, ip\}, \quad B_i = \{(i-1)q + 1, \cdots, iq\}, \qquad (4.5.1)$$

构造二分图 $G_2(t, t) = G(A, B, E)$ 如下, 令

$$A_i = \{A_1, A_2, \cdots, A_t\}, \quad B_i = \{B_1, B_2, \cdots, B_t\}$$

为 $G_2(t, t)$ 的两个独立点集, A_i, B_j 邻接, 当且仅当 $\overline{A_i} \cap \overline{B_j} = \varnothing$, 如图 4.5.1 所示, 记这样的二分图为 $G = \mathbf{Z}_m - G_2(t, t)$.

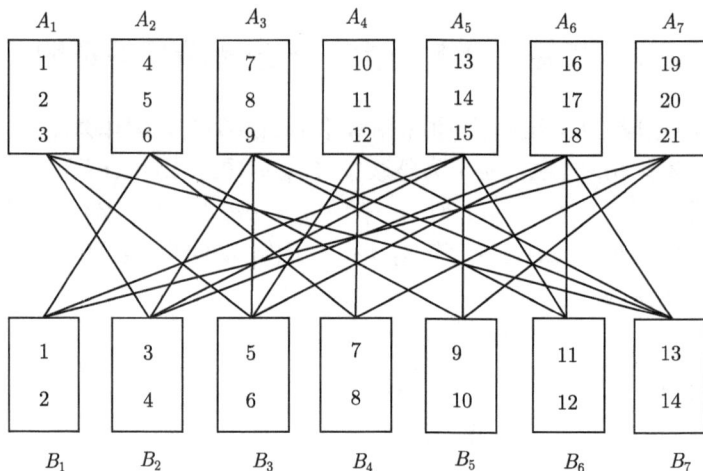

图 4.5.1　$\mathbf{Z}_8 - G_2(7, 7)$

例如, 在 $\mathbf{Z}_8 - G_2(7, 7)$ 中,

$$A_7 = \{19, 20, 21\}, \quad B_5 = \{9, 10\},$$

$$\overline{A_7} = \{\overline{19}, \overline{20}, \overline{21}\} = \{\overline{3}, \overline{4}, \overline{5}\} \subset \mathbf{Z}_m,$$

而 $\overline{A_7} \cap \overline{B_5} = \varnothing$, A_7 与 B_5 邻接. 上述问题就转化为证明 $G = \mathbf{Z}_m - G_2(t,t)$ 中存在一个完美对集 $M = \{A_i, B_{\sigma_i} | i = 1, \cdots, t\}$.

文献 [44] 中 Hall 定理指出, 若 $G_2(m,n)$ 是以 U, V 为独立点集的二分图, 如果 $|\Gamma(S)| \geqslant |S|$, 任意的 $S \subset U$ 成立, 则 $G_2(m,n)$ 有 m-对集, 这里有

$$\Gamma(S) = \{v \in V | u, v \text{ 邻接, } u \in S\},$$

为此只需证明 $G = \mathbf{Z}_m - G_2(t,t)$ 满足 Hall 定理的条件即可.

因为当 $p = q$ 时, 由于

$$B_i = A_i = \{(i-1)p+1, \cdots, ip\}, \quad 2p + 2q - 1 \leqslant m,$$

即有 $4p - 1 \leqslant m$, 从而显然有

$$\overline{A_i} \cap \overline{B_{i+1}} = \varnothing, \quad \overline{A_i} \cap \overline{B_{i-1}} = \varnothing,$$

这里 A_i 与 B_{i+1} 邻接, A_i 与 B_{i-1} 邻接.

当 t 为偶数时, 有

$$M = \{(A_1, B_2)(A_2, B_1) \cdots (A_{2r-1}, B_{2r})(A_{2r}, B_{2r-1}) \cdots (A_{t-1}, B_t)(A_t, B_{t-1})\}$$

是完美对集.

当 t 为奇数时, 由于

$$A_1 = \{1, \cdots, p\}, \quad B_3 = \{2p+1, \cdots, 3p\},$$

$$\overline{A_1} = \{\overline{1}, \cdots, \overline{p}\}, \quad \overline{B_3} = \{\overline{2p+1}, \cdots, \overline{3p}\} \, (\text{mod} \, m)$$

$$\overline{A_1} \cap \overline{B_3} = \varnothing, \quad \text{且} A_1 \text{ 与} B_3 \text{ 邻接,}$$

所以

$$M = \{(A_1, B_3)(A_2, B_1)(A_3, B_2)(A_4, B_5)(A_5, B_4) \cdots$$
$$(A_{2r}, B_{2r+1})(A_{2r+1}, B_{2r}) \cdots (A_{t-1}, B_t)(A_t, B_{t-1})\}$$

是 $G = \mathbf{Z}_m - G_2(t,t)$ 的一个完美对集.

下面讨论 $p \neq q$, 分五个步骤进行.

第一步　讨论 $d_G(A_i)$, 当 $p \neq q$ 时, 由对称性, 不妨设 $p > q \geqslant 1$.

(1.1) 若 $q = 1$, 此时有 $B_i = \{i\}$, 因 $2p + 2q - 1 = 2p + 1 \leqslant m$, 故对任意的 A_i, 如果

$$\overline{A_i} = \overline{B_j} \cup \cdots \cup \overline{B_{j+p-1}} = \{\overline{j}, \cdots, \overline{j+p-1}\} \subset \mathbf{Z}_m,$$

则

$$\{\overline{j-1}, \cdots, \overline{j-p}, \overline{j-p-1}\} \cap \overline{A_i} = \varnothing,$$

$$\{\overline{j+p}, \cdots, \overline{j+2p}\} \cap \overline{A_i} = \varnothing,$$

即在 B 中任意相继的 $2p+1$ 个点中, A_i 与其中至多 p 个点不邻接, 至少与 $p+1$ 个点邻接.

令

$$t = k(2p+1) + p + l,$$

或

$$k = t(2p+1) + p + l, \quad 0 \leqslant l \leqslant p,$$

则有

$$
\begin{aligned}
\frac{d_G(A_i)}{t} &\geqslant \frac{k(p+1)+l}{k(2p+1)+p+l} \\
&\geqslant \frac{k(p+1)}{k(2p+1)+p} = \frac{1}{1 + \dfrac{p}{p+1} + \dfrac{p}{k(p+1)}} \\
&> \frac{2}{5}.
\end{aligned}
$$

因为 $2p+1 \leqslant m \leqslant \dfrac{1}{2}t$, 所以 $k \geqslant 2$, 从而 $d_G(A_i) > \dfrac{2}{5}t$.

(1.2) 若 $q \geqslant 2, p > q$, 设

$$p = (r-1)q + s, \quad 1 \leqslant s \leqslant q, \quad r \geqslant 2,$$

由于

$$
\begin{aligned}
2p + 2q - 1 &= p + (r-1)q + s + 2q - 1 \\
&= p - (r+1)q + s - 1 \leqslant m,
\end{aligned}
$$

故在相继的 $2r+1$ 个 B_j 中, A_i 与其中至多 $r+1$ 个点不邻接, 与其中至少 r 个点邻接, 因为

$$\overline{A_i} \cap \overline{B_j} \neq \varnothing, \quad j = 1, \cdots, r+1.$$

于是 $|\overline{A_i} \cap \overline{B_1}| \leqslant s - 1, \overline{A_i} \cap \overline{B_1} = \{\overline{q-s+2}, \cdots, \overline{q}\}$, 以及

$$
\begin{aligned}
(2r+1)q - (q-s+1) &= 2rq + s - 1 \\
&= p + (r+1)q - 1 < m.
\end{aligned}
$$

故有

$$\left|\{\overline{q-s+2},\cdots,\overline{q}\}\cup\overline{B_2}\cup\cdots\cup\overline{B_{r+1}}\cup\cdots\cup\overline{B_{2r+1}}\right|=p+(r+1)q-1.$$

所以

$$\overline{A_i}\subset\overline{B_1}\cup\cdots\cup\overline{B_{r+1}},\quad \overline{A_i}\cap\left(\overline{B_{r+2}}\cup\cdots\cup\overline{B_{2r+1}}\right)=\varnothing,$$

其中 A_i 与 $B_{r+2}\cup\cdots\cup B_{2r+1}$ 邻接.

记

$$t=k(2r+1)+(r+1)+l,$$

或

$$t=k(2r+1)+l,\quad 0\leqslant l\leqslant p,$$

由于

$$\begin{aligned}
t\geqslant &2m\geqslant 2(2p+2q-1)\\
=&2(2(r-1)q+2q+2s-1)\\
=&2(2rq+2s-1)\\
\geqslant &4rq+2\\
\geqslant &8r+2\\
>&3(2r+1),
\end{aligned}$$

所以 $k\geqslant 3$, 从而

$$\begin{aligned}
\frac{d_G(A_i)}{t}\geqslant &\frac{kr+l}{k(2r+1)+(r+1)+l}\\
\geqslant &\frac{kr}{k(2r+1)+(r+1)}\\
=&\frac{1}{2+\dfrac{1}{r}+\dfrac{1}{k}+\dfrac{1}{kr}}\\
\geqslant &\frac{1}{2+\dfrac{1}{2}+\dfrac{1}{3}+\dfrac{1}{6}}=\frac{1}{3}.
\end{aligned}$$

所以 $d_G(A_i)\geqslant\dfrac{1}{3}t$.

第二步 证明 $|\overline{A_i}\cap\overline{A_j}|\leqslant\dfrac{p}{2}$ 时, 有 $|\Gamma(A_i,A_j)|>\dfrac{t}{2}$, 其中

$$|\Gamma(A_i,A_j)|=\{B_s\in B|B_s\text{ 与 }A_i\text{ 或 }A_j\text{ 邻接}\}.$$

设

$$p = (r-1)q + s, \quad 1 \leqslant s \leqslant q, r \geqslant 2,$$

由于 $p \leqslant rp, \dfrac{p}{2} \leqslant \dfrac{rp}{2}$, 所以 B 中至多有相继的 $\dfrac{r}{2}+1$ 个点与 A_i, A_j 都不相邻. 于是在 B 中相继的 $2r+1$ 个点中, 至少有 $\dfrac{3}{2}r$ 个点与 A_i, A_j 中某个点邻接, 从而有

$$
\begin{aligned}
\frac{\Gamma(A_i, A_j)}{t} &\geqslant \frac{k\left(r+\dfrac{r}{2}\right)}{k(2r+1)+r} \\
&= \frac{3}{2}\frac{kr}{k(2r+1)+r} \\
&\geqslant \frac{3}{2}\frac{1}{2+\dfrac{1}{r}+\dfrac{1}{k}} > \frac{1}{2},
\end{aligned}
$$

故有 $|\Gamma(A_i, A_j)| > \dfrac{t}{2}$.

第三步　计算 $|\Gamma(A_i, A_j)|$.

(3.1) 当 $p > q = 1$ 时, 由于对任意的 $B_r = \{r\}$, 如果 $\overline{B_r} \cap \overline{A_i} \neq \varnothing$, 有 $\overline{B_r} \subset \overline{A_i}$, $\overline{B_r} \cap \overline{A_{i+1}} = \varnothing$, 所以 B_r 与 A_{i+1} 邻接, 从而

$$\Gamma(A_i, A_j) = B, \quad |\Gamma(A_i, A_j)| = t.$$

(3.2) 当 $p > q \geqslant 2$ 时, 令

$$p = (r-1)q + s, \quad 1 \leqslant s \leqslant q,$$

在 (1.2) 中, 任意相继的 $2r+1$ 个 B_i 至多有一个点与 A_i, A_{i+1} 都不邻接, 从而

$$t = k(2r+1) + l, \quad 0 \leqslant l \leqslant 2r,$$

则

$$
\begin{aligned}
\frac{\Gamma(A_i, A_j)}{t} &\geqslant \frac{2kr+l-1}{k(2r+1)+l} \\
&\geqslant \frac{2kr}{k(2r+1)+1} \\
&= \frac{1}{1+\dfrac{1}{2r}+\dfrac{1}{2kr}} \\
&\geqslant \frac{1}{1+\dfrac{1}{4}+\dfrac{1}{12}} = \frac{4}{5},
\end{aligned}
$$

故有 $|\Gamma(A_i, A_j)| \geqslant \dfrac{4t}{5}$.

第四步 证明 $|\Gamma(A_i, A_{i+1}, A_{i+2})| = t$, 因为 $2p + 2q - 1 \leqslant m, q < p$, 如果

$$\overline{B_s} \cap \overline{A_i} \neq \varnothing, \quad \overline{B_s} \cap \overline{A_{i+1}} \neq \varnothing,$$

则必有

$$\overline{B_s} \subset \overline{A_i} \cup \overline{A_{i+1}}, \quad \overline{B_s} \cap \overline{A_{i+2}} = \varnothing,$$

这里 B_s 与 A_{i+2} 邻接, B_s 必与 A_i, A_{i+1}, A_{i+2} 中至少一点邻接, 故有

$$|\Gamma(A_i, A_{i+1}, A_{i+2})| = t.$$

第五步 设 $S = \{A_{i_1}, \cdots, A_{i_s}\}$, 证明 $|\Gamma(S)| \geqslant s$.

(5.1) 当 $s \leqslant \dfrac{t}{3}$ 时, 由于 $d_G(A_i) \geqslant \dfrac{1}{3}t$, 所以结论成立.

(5.2) 当 $s \geqslant \dfrac{2t}{3} + 1$ 时, 必有某个 i, 使得 $A_i, A_{i+1}, A_{i+2} \in S$, 于是由第四步有 $|\Gamma(S)| = t$, 结论成立.

(5.3) 当 $\dfrac{1}{2}t + 1 \leqslant s \leqslant \dfrac{2}{3}t$ 时, 必有某个 i, 使得 $A_i, A_{i+1} \in S$, 于是由第三步有 $|\Gamma(A_i, A_j)| \geqslant \dfrac{4t}{5}$, 结论成立. 否则有某个 i 使得 $A_i, A_{i+2} \in S$, 则有下面四种情形.

情形 I 当 $\left|\overline{A_i} \cap \overline{A_{i+2}}\right| \leqslant \dfrac{p}{2}$ 时, 根据第二步有 $|\Gamma(A_i, A_{i+2})| \geqslant \dfrac{t}{2}$, 结论成立.

情形 II 当 $\left|\overline{A_i} \cap \overline{A_{i+2}}\right| > \dfrac{p}{2}$ 时, 设 $2p + l = m, 2p - 1 \leqslant l < \dfrac{p}{2}$. 若存在 α, 使得 $\alpha l \geqslant \dfrac{p}{2}$, 即 $(\alpha - 1)l < \dfrac{p}{2}$, 所以只需证明 $\left|\overline{A_i} \cap \overline{A_{i+2\alpha}}\right| \leqslant \dfrac{p}{2}$. 因为

$$\begin{aligned}
2(\alpha + 1)p &= \alpha(2p) + p \\
&= 2(\alpha p) + \alpha l + (p - \alpha l) \\
&= 2(\alpha p + l) + p - \alpha l \\
&= \alpha m + (p - \alpha l),
\end{aligned}$$

所以

$$\left|\overline{A_i} \cap \overline{A_{i+2\alpha}}\right| = p - \alpha l \leqslant \dfrac{p}{2}.$$

情形 III 当 $\left|\overline{A_i} \cap \overline{A_j}\right| > \dfrac{p}{2}$ 时, 有

$$\left|\overline{A_i} \cap \overline{A_{j\pm 1}}\right| \leqslant \dfrac{p}{2}.$$

因为 $|\overline{A_j} \cap \overline{A_{j\pm1}}| = \varnothing$, 所以

$$
\begin{aligned}
|\overline{A_i} \cap \overline{A_{j\pm1}}| &= |(\overline{A_i} - \overline{A_j}) \cap \overline{A_{j\pm1}}| \\
&\leqslant |\overline{A_i} - \overline{A_j}| \\
&= |\overline{A_i} \cap (\overline{A_i} \cap \overline{A_j})| \\
&\leqslant p - \frac{p}{2} = \frac{p}{2}.
\end{aligned}
$$

又由于

$$
\frac{t}{2} \geqslant |S| = s \geqslant \frac{1}{3}t + 1,
$$

当 $|\overline{A_i} \cap \overline{A_{i+2h}}| > \dfrac{p}{2}$ 时, $1 \leqslant h < \alpha$, α 满足情形 II, 若对 $A_i, A_{i+2h\pm1} \in S$, 则

$$
|\overline{A_i} \cap \overline{A_{i+2h\pm1}}| < \frac{p}{2},
$$

由第二步有 $|\Gamma(S)| \geqslant \dfrac{t}{2}$. 如果没有 $A_i, A_{i+2h\pm1} \in S$, 则必有 α 满足情形 II, $|\overline{A_i} \cap \overline{A_{i+2\alpha}}| < \dfrac{p}{2}$, 从而也有 $|\Gamma(S)| \geqslant \dfrac{t}{2}$.

综合上述情况, 证明了 $|\Gamma(S)| \geqslant s$, 故 $G = Z_m - G_2(t,t)$ 中有 t-对集, 即完美对集

$$
M = \{(A_i, B_{\sigma_i}) | i = 1, 2, \cdots, t\}.
$$

引理 4.5.2　假设 $G = K(A, B, C)$ 是完备三分图, $|A| = 2m, |B| = 2n, |C| = 2s$, $2t|4(mn + ms + ns)$, 且 $m, n, s < \dfrac{t}{2}$, 则 $2t|G$.

证明　不妨设 $m \geqslant n \geqslant s$, 令

$$
A = A^1 \cup A^2, \quad A^\tau = \{a_1^\tau, a_2^\tau, \cdots, a_m^\tau\},
$$

$$
B = B^1 \cup B^2, \quad B^\tau = \{b_1^\tau, b_2^\tau, \cdots, b_n^\tau\},
$$

$$
C = C_1 \cup C_2, \quad C^\tau = \{c_1^\tau, c_2^\tau, \cdots, c_n^\tau\},
$$

$$
A_B^\tau = \{a_1^\tau, a_2^\tau, \cdots, a_n^\tau\}, \quad A_{\overline{B}}^\tau = \{a_{n+1}^\tau, a_{n+2}^\tau, \cdots, a_m^\tau\},
$$

$$
A_C^\tau = \{a_1^\tau, a_2^\tau, \cdots, a_s^\tau\}, \quad A_{\overline{C}}^\tau = \{a_{s+1}^\tau, a_{s+2}^\tau, \cdots, a_m^\tau\}, \quad t = 1, 2.
$$

这时 G 可记为

$$
\begin{aligned}
K(A, B, C) =& K(B, A_C^1) \cup K(B, C^1) \cup K(C, A_B^1) \cup K(B, A_{\overline{C}}^1) \cup K(C, A_{\overline{B}}^1) \\
& \cup K(B, A_C^2) \cup K(B, C^2) \cup K(C, A_B^2) \cup K(B, A_{\overline{C}}^1) \cup K(C, A_{\overline{B}}^2).
\end{aligned}
$$

构造 $K(B, A_C') \cup K(B, C') \cup K(C, A_B^2)$ 的 t 个子图, 令

$$(b_i^\tau, c_{i+j-1}^1) = e_{i+(j-1)n}^{B^t C^1}, \quad (b_i^\tau, a_{i+j-1}^1) = e_{i+(j-1)n}^{B^t A_C^1}, \quad (c_i^\tau, a_i^2) = e_{i+(j-1)n}^{C^\tau A_B^2},$$

这里 $\tau = 1, 2;\ i = 1, \cdots, n;\ j = 1, \cdots, s,\ i+j-1$ 取 $\mathbf{Z}_s$ 中的加法.

设 $\left[\dfrac{ns}{t}\right] = p$, 即 $ns = pt + t_1, 0 \leqslant t_1 < t$. 令

$$E_\mu^1 = \bigcup_{\tau=1}^{2} \bigcup_{\nu=(\mu-1)p+1}^{p\mu} \left\{ e_\nu^{B^t C^1}, e_\nu^{B^t A_C^1}, e_\nu^{C^t A_B^2} \right\}, \quad \mu = 1, \cdots, t,$$

同理可以构造 $K(B, A_C^2) \cup K(B, C^2) \cup K(C, A_B^1)$ 的 t 个子图, 令

$$E_\mu^2 = \bigcup_{t=1}^{2} \bigcup_{\nu=(\mu-1)p+1}^{p\mu} \left\{ e_\nu^{B^t C^2}, e_\nu^{B^t A_C^2}, e_\nu^{C^t A_B^1} \right\}, \quad \mu = 1, \cdots, t,$$

注 边集 E_μ^τ 导出的子图也记为 E_μ^τ, 下同.

下面构造 $K\left(B, A_{\frac{1}{C}}\right) \cup K\left(C, A_{\frac{2}{B}}\right)$ 的 t 个子图, 令

$$(b_i^\tau, a_{s+i+j-1}^1) = e_{i+(j-1)n}^{B^\tau A_{\frac{1}{C}}},$$

$$\tau = 1, 2; \quad j \equiv 1, \cdots, m-n, i+j-1 (\mathrm{mod}(m-n)),$$

$i+j-1$ 取 $\mathbf{Z}_s$ 中的加法, 下同.

$$(c_i^\tau, a_{n+i+j-1}^2) = e_{i+(j-1)n}^{C^\tau A_{\frac{2}{B}}},$$

$$i = 1, \cdots, s, \quad j = 1, \cdots, m-n, i+j-1 (\mathrm{mod}(m-n)),$$

若

$$\left[\frac{n(m-s)}{t}\right] = q_1,$$

即 $n(m-s) = q_1 t + t_2, 0 \leqslant t_2 < t$. 若

$$\left[\frac{s(m-n)}{t}\right] = q_2,$$

即 $s(m-n) = q_2 t + t_3, 0 \leqslant t_3 < t$.

令

$$\widetilde{E_\mu^1} = \bigcup_{\tau=1}^{2} \left\{ e_{(\mu-1)q_1+1 \to \mu q_1}^{B^\tau A_{\frac{1}{C}}}, e_{(\mu-1)q_2+1 \to \mu q_2}^{C^\tau A_{\frac{2}{B}}} \right\},$$

$$e_{i \to j} = \{ e_i, e_{i+1}, \cdots, e_{i+j-1}, e_j \}, \quad i < j.$$

同理得到 $K\left(B, A_{\overline{C}}^2\right) \cup K\left(C, A_{\overline{B}}^1\right)$ 的 t 个子图,

$$\widetilde{E_\mu^2} = \bigcup_{\tau=1}^{2} \left\{ e_{(\mu-1)q_1+1 \to \mu q_1}^{B^\tau A_{\overline{C}}^2}, e_{(\mu-1)q_2+1 \to \mu q_2}^{C^\tau A_{\overline{B}}^1} \right\},$$

$$e_{i \to j} = \{e_i, e_{i+1}, \cdots, e_{i+j-1}, e_j\}, \quad i < j.$$

由于 $m, n, s < \dfrac{t}{2}$, 有

$$\left[\frac{ns}{t}\right] + \left[\frac{n(m-s)}{t}\right] \leqslant \left[\frac{nm}{t}\right] < \frac{nm}{t} < \frac{t}{2}\frac{n}{t} = \frac{n}{2}.$$

故当 $t_1 + t_2 < t$ 时, 由于 $\left[\dfrac{ns}{t}\right] = p$, 即有

$$ns = pt + t_1, \quad 0 \leqslant t_1 < t,$$

以及 $\left[\dfrac{n(m-s)}{t}\right] = q_1$, 即有

$$n(m-s) = q_1 t + t_2, \quad 0 \leqslant t_2 < t,$$

以及

$$p + q_1 + 1 = \left[\frac{nm}{t}\right] < \frac{n}{2}.$$

同理, 当 $t_1 + t_2 < t$ 时, 有

$$p + q_2 < \frac{s}{2}.$$

当 $t_1 + t_3 > t$ 时, 有

$$p + q_2 + 1 < \frac{s}{2}.$$

设同一置换 $\sigma: \begin{pmatrix} 1 & \cdots & t \\ \sigma_1 & \cdots & \sigma_t \end{pmatrix}$, 使得下面结论成立,

$$(V(E_\mu^\tau) \cap B) \cap (V(\widetilde{E_{\sigma_\mu}^\tau}) \cap B) = \varnothing, \quad \tau = 1, 2,$$

$$(V(E_\mu^\tau) \cap C) \cap (V(\widetilde{E_{\sigma_\mu}^\tau}) \cap C) = \varnothing, \quad \tau = 1, 2.$$

记

$$E^{1*} = \bigcup_{\tau=1}^{2} \left\{ e_{pt+1 \to ns}^{B^\tau C^1}, e_{pt+1 \to ns}^{B^\tau A_C^1}, e_{pt+1 \to ns}^{C^\tau A_{\overline{B}}^2}, e_{q_1 t+1 \to n(m-s)}^{B^\tau A_{\overline{C}}^1}, e_{q_2 t+1 \to s(m-n)}^{C^\tau A_{\overline{B}}^2} \right\}$$

$$= (B, A^1) \cup (B, C^1) \cup (C, A^2) - \bigcup_{\mu=1}^{t} (E_\mu^1, \widetilde{E_\mu^1}),$$

这里的 (B, A^1) 表示 $K(B, A^1)$ 边集, 下同.

根据引理的条件知, $t||E^{1^*}|, E^{1^*} = 6t_1 + 2t_2 + 3t_3$. 若 $|E^{1^*}| = p_1 t$, 把 E^{1^*} 分成 t 个子图 $E_\mu^{1^*}, \mu = 1, \cdots, t$, 使得 $E_\mu^{1^*}$ 是 P_1-边独立集, 且

$$|E_\mu^{1^*} \cap (B^\tau, C^1)| \leqslant 1, \quad |E_\mu^{1^*} \cap (B^\tau, A_C^1)| \leqslant 1,$$

$$|E_\mu^{1^*} \cap (C^\tau, A_B^2)| \leqslant 1, \quad |E_\mu^{1^*} \cap (B^\tau, A_{\overline{C}}^1)| \leqslant 1,$$

$$|E_\mu^{1^*} \cap (C^\tau, A_{\overline{B}}^2)| \leqslant 1.$$

根据引理 4.5.2 以及前面的结论, 当 $t_1 + t_2 < t$ 时, 则有

$$p + q_1 + 1 = \left[\frac{nm}{t}\right] < \frac{n}{2},$$

当 $t_1 + t_2 < t$ 时, 有

$$p + q_2 < \frac{s}{2},$$

并经过适当的调整, 有

$$V(E_\mu^{1^*}) \cap V(E_\mu^1 \cup \widetilde{E_{\sigma_\mu}^\tau}) = \varnothing.$$

对 $E_\mu^{2^*}$ 也作同样的分解得到 $E_\mu^{2^*}$, 令

$$G_\mu^{*\tau} = E_\mu^\tau \cup \widetilde{E_{\sigma_\mu}^\tau} \cup E_\mu^{\tau^*},$$

这里 $\tau = 1, 2; \mu = 1, \cdots, t$, 即得到 $G = K(A, B, C)$ 的 $2t$ 个同构因子.

$$G_1^{*1} = E_1^1 \cup \widetilde{E_\sigma^\tau} \cup E_1^{1^*}.$$

如图 4.5.2 所示.

引理 4.5.3　假设 $G = K(A, B, C)$ 是完备三分图,

$$|A| = 2m, \quad |B| = 2n, \quad |C| = 2s,$$

$$2t|4(mn + ms + ns),$$

且 $m, n < t, s < \dfrac{t}{2}$, 则 $2t|G$.

证明　当 $m, n < \dfrac{t}{2}$ 时, 由引理 3.3.3 知, 结论成立. 下面主要讨论 $m, n \geqslant \dfrac{t}{2}$ 时, 结论成立. 先讨论 t 为奇数时的情形, 令 $r = \dfrac{t+1}{2}$, 记

$$A = A^1 \cup A^2, \quad A^\tau = \{a_1^\tau, a_2^\tau, \cdots, a_{r-1}^\tau, a_r^\tau, \cdots, a_m^\tau\},$$

$$B = B^1 \cup B^2, \quad B^\tau = \{b_1^\tau, b_2^\tau, \cdots, b_{r-1}^\tau, b_r^\tau, \cdots, b_n^\tau\},$$

$$C = C_1 \cup C_2, \quad C^\tau = \{c_1^\tau, c_2^\tau, \cdots, c_s^\tau\},$$

$$A_0^\tau = \{a_{r+1}^\tau, \cdots, a_m^\tau\}, \quad A_0^1 \cup A_0^2 = A_0,$$

$$B_0^\tau = \{b_{r+1}^\tau, \cdots, b_n^\tau\}, \quad B_0^1 \cup B_0^2 = B_0, \quad \tau = 1, 2.$$

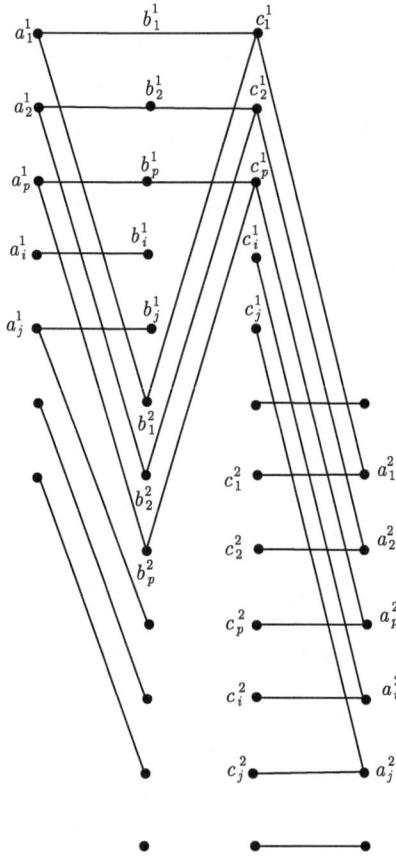

图 4.5.2　G_1^{*1}

这时 G 可记为

$$K(A, B, C) = \bigcup_{\tau=1}^{2} \bigcup_{\mu=1}^{r} [K(C, a_\mu^\tau) \cup K(C, b_\mu^\tau) \cup K(B, a_\mu^\tau)$$
$$\cup K(A_0, b_\mu^\tau) \cup K(A_0, B_0, C)].$$

记

$$G_1 = \bigcup_{\tau=1}^{2} \bigcup_{\mu=1}^{r} [K(C, a_\mu^\tau) \cup K(C, b_\mu^\tau) \cup K(B, a_\mu^\tau) \cup K(A_0, b_\mu^\tau)].$$

先从 G_1 中分出如下 $2t$ 个因子.

$$H_1^1 : (B^1 - b_1^1 + b_1^2) - a_1^1 - C^1 - b_1^1 - A_0^1,$$
$$H_2^1 : (B^1 - b_2^1 + b_2^2) - a_2^1 - C^1 - b_2^1 - A_0^1,$$
$$\vdots$$
$$H_{r-1}^1 : (B^1 - b_{r-1}^1 + b_{r-1}^2) - a_{r-1}^1 - C^1 - b_{r-1}^1 - A_0^1,$$
$$H_r^1 : B^1 - a_1^2 - C^1 - b_1^2 - A_0^1,$$
$$H_{r+1}^1 : B^1 - a_2^2 - C^1 - b_2^2 - A_0^1,$$
$$\vdots$$
$$H_{2r-2}^1 : B^1 - a_{r-1}^2 - C^1 - b_{r-1}^2 - A_0^1,$$
$$H_{2r-1}^1 : B^1 - a_r^2 - C^1 - b_r^2 - A_0^1,$$
$$H_1^2 : B^2 - a_1^2 - C^2 - b_1^1 - A_0^2,$$
$$H_2^2 : B^2 - a_2^2 - C^2 - b_2^1 - A_0^2,$$
$$\vdots$$
$$H_{r-1}^2 : B^2 - a_{r-1}^2 - C^2 - b_{r-1}^1 - A_0^2,$$
$$H_r^2 : (B^2 - b_1^2 + b_1^1) - a_1^1 - C^2 - b_1^1 - A_0^2,$$
$$H_{r+1}^2 : (B^2 - b_2^2 + b_2^1) - a_2^1 - C^2 - b_2^2 - A_0^2,$$
$$\vdots$$
$$H_{2r-2}^2 : (B^2 - b_{r-1}^2 + b_{r-1}^1) - a_{r-1}^1 - C^2 - b_{r-1}^2 - A_0^2,$$
$$H_{2r-1}^2 : B^2 - a_r^1 - C^2 - b_r^2 - A_0^2,$$

这里记号 $A_i - B_j$ 表示 A_i 中的点与 B_j 的点邻接.

$$H_\mu^\tau, \quad \tau = 1, 2, \quad \mu = 1, \cdots, t = 2r - 1,$$

显然彼此同构.

记

$$
\begin{aligned}
E^0 =& E(G_1) - \bigcup_{\tau=1}^{2} \bigcup_{\mu=1}^{t} E(H_\mu^\tau) \\
=& (a_r^1, B^1) \cup (a_r^1, C^1) \cup (a_r^2, B^2) \cup (a_r^2, C^2) \\
& \cup (b_r^1, C^1) \cup (b_r^1, A_0^1) \cup (b_r^2, C^2) \cup (b_r^2, A_0^2).
\end{aligned}
$$

如果 $|E^0| \geqslant 2t$, 可把 E^0(边集 $E' \subset E(G)$ 导出的子图也记为 E') 分出 $2t$ 个彼此同构的子图 $E_\mu^{0\tau}$, 使得

$$V(E_\mu^{0\tau}) \cap V(H_\mu^\tau) = \varnothing,$$

且

$$\left| E^0 - \bigcup E_\mu^{0\tau} \right| < 2t.$$

最后把 $K(A_0, B_0, C)$ 按引理 4.5.3 的方法, 先分出 E_μ^τ, $\widetilde{E_\mu^\tau}$, $\tau = 1, 2$, $\mu = 1, \cdots, r, 2r-1$, 引理 4.5.3 的 E^* 与 $E^0 - \cup E_\mu^{0\tau}$ 的并 $E^* \cup (E^0 - \cup E_\mu^{0\tau})$, 再按引理 4.5.3 的要求分出

$$E_\mu^{\tau^*}, \quad \tau = 1, 2, \quad \mu = 1, \cdots, t = 2r - 1,$$

经过适当组合可得

$$\widetilde{G_\mu^\tau} = H_\mu^\tau \cup E_\mu^{0\tau} \cup E_\mu^\tau \cup E_{\sigma_\mu}^\tau \cup E_\mu^{\tau^*},$$

这里 $\tau = 1, 2$, $\mu = 1, \cdots, t = 2r-1$, 为 $G = K(A, B, C)$ 的 $2t$ 个同构因子. 当 t 为偶数时, 类似地讨论.

引理 4.5.4　假设 $G = K(A, B, C)$ 是完备的三分图,

$$|A| = 2m, \quad |B| = 2n, \quad |C| = 2s,$$

$$2t | 4mn + 2ms + 2ns,$$

且 $t|s$ 或 $t|m$, 则 $2t|G$.

证明　由已知 $t|2mn + ms + ns$, 若 $t|s$, 则有 $t|2mn$. 当 t 为偶数时, 有

$$t = 2t_1 t_2, \quad t_1|m, \quad t_2|n.$$

当 t 为奇数时, 有 $t = t_1 t_2$, $t_1|m$, $t_2|n$, 则令

$$A = A^1 \cup A^2, \quad A^\tau = = \bigcup_{i=1}^{t_1} A_i^\tau, \quad |A_i^\tau| = \frac{m}{t_1}, \quad \tau = 1, 2,$$

$$B = B^1 \cup B^2, \quad B^\tau = = \bigcup_{j=1}^{t_2} B_j^\tau, \quad |B_j^\tau| = \frac{n}{t_2}, \quad \tau = 1, 2,$$

$$C = C_1 \cup C_2 \cup \cdots \cup C_t, \quad |C_1| = |C_2| = \cdots = |C_t| = \frac{s}{t}.$$

当 t 为偶数时, 有 $t = 2t_1 t_2$, 则得到 G 的 t 个同构因子如下:

$$G_{i+(j-1)t_1}^{11} : A_i^1 - B_j^1 \quad A^1 - C_{i+(j-1)t_1} - B^2,$$

$$G^{12}_{i+(j-1)t_1} : A^1_i - B^2_j \quad A^1 - C_{\frac{t}{2}+i+(j-1)t_1} - B^1,$$

$$G^{21}_{i+(j-1)t_1} : A^2_i - B^1_j \quad A^2 - C_{\frac{t}{2}+i+(j-1)t_1} - B^2,$$

$$G^{22}_{i+(j-1)t_1} : A^2_i - B^2_j \quad A^2 - C_{i+(j-1)t_1} - B^1,$$

这里 $i = 1, \cdots, t_1, j = 1, 2, \cdots, t_2$.

当 t 为奇数时, 有 $t = 2t_1 t_2$, 则得到 G 的 t 个同构因子如下:

$$G^1_{i+(j-1)t_1} : A^1_i - B^1_j - A^2_i \quad A^1 - C_{i+(j-1)t_1} - B^1,$$

$$G^2_{i+(j-1)t_1} : A^1_i - B^2_j - A^2_i \quad A^2 - C_{i+(j-1)t_1} - B^2,$$

这里 $i = 1, \cdots, t_1, j = 1, 2, \cdots, t_2$.

当 $t|m$ 时, 有 $t|ns$, 若 $t|s$ 按前面的方法分解; 若 t 不整除 s, 有 $t = t_1 t_2, t_1|n$, $t_1|s$ 且 $t_1 \neq 1$, 令

$$A = A^1 \cup A^2, \quad A^\tau == \bigcup_{i=1}^{t_1} A^\tau_i, \quad A^\tau_i == \bigcup_{j=1}^{t_2} A^\tau_{ij}, \quad |A^\tau_{ij}| = \frac{m}{t_1}, \quad \tau = 1, 2,$$

$$B = B^1 \cup B^2, \quad B^\tau == \bigcup_{i=1}^{t_2} B^\tau_i, \quad |B^\tau_i| = \frac{n}{t_1}, \quad \tau = 1, 2,$$

$$C = C_1 \cup C_2 \cup \cdots \cup C_{t_2}, \quad |C_1| = |C_2| = \cdots = |C_{t_2}| = \frac{s}{t_2}.$$

G 的 $2t$ 个同构因子如下:

$$G^1_{i+(j-1)t_1} : A^1_{ij} - B^1 - A^2_{ij} \quad A^1_{i+1} - C_j - B^2_i,$$

$$G^2_{i+(j-1)t_1} : A^1_{ij} - B^2 - A^2_{ij} \quad A^2_{i+1} - C_j - B^1_i,$$

这里 $i = 1, \cdots, t_1, j = 1, 2, \cdots, t_2$. $i+1$ 取 $\bmod t_1$.

定理 4.5.1 假设 $G = K(A, B, C)$ 是完备的三分图, $|A| = 2m$, $|B| = 2n$, $|C| = 2s$, $t \geqslant 4$, $2t|E(G)$, 则 $2t|G$.

证明 不妨设 $m \geqslant n$, 令

$$m \equiv m_0 (\bmod t), \quad n \equiv n_0 (\bmod t), \quad s \equiv s_0 (\bmod t),$$

$m_0, n_0, s_0 < t$, 下面讨论 $m_0, n_0, s_0 \neq 0$, s_0 为奇数, t 为奇数时的情形. 记 $\frac{t+1}{2} = r$, 令

$$A = A^1 \cup A^2, \quad A^\tau = \bigcup_{i=0}^{t} A^\tau_i, \quad A^1_0 \cup A^2_0 = A_0,$$

$$\tau = 1, 2, \quad |A_\mu^\tau| = \left[\frac{m}{t}\right], \quad A_0^\tau = m_0,$$

再令

$$A_1^1 \cup A_2^1 \cup \cdots \cup A_t^1 \cup A_0^1 = A_{11} \cup A_{12} \cup \cdots \cup A_{1r} \cup A_{10},$$

$$A_1^2 \cup A_2^2 \cup \cdots \cup A_t^2 \cup A_0^2 = A_{21} \cup A_{22} \cup \cdots \cup A_{2r} \cup A_{20},$$

满足 $|A_{\tau i}| = \left[\dfrac{m}{r}\right]$, 若 $m = r\left[\dfrac{m}{r}\right] + m^*$, 则

$$|A_{10}| = |A_{20}| = m^*,$$

$$A_{11} \subset A_1^1 \cup A_2^1 \cup A_0^1,$$

$$A_{21} \subset A_1^2 \cup A_2^2 \cup A_0^2,$$

$$A_{1i} \subset A_{2i-2}^1 \cup A_{2i-1}^1 \cup A_{2i}^1 \cup A_0^1,$$

$$A_{2i} \subset A_{2i-2}^2 \cup A_{2i-1}^2 \cup A_{2i}^2 \cup A_0^2, \quad 2 \leqslant i \leqslant r - 1,$$

$$A_{1r} \subset A_{t-1}^1 \cup A_t^1 \cup A_0^1,$$

$$A_{2r} \subset A_{t-1}^2 \cup A_t^2 \cup A_0^2.$$

令

$$B = B^1 \cup B^2, \quad B^\tau = \bigcup_{i=0}^{t} B_i^\tau \cup \{b_t\},$$

$$B_0^1 \cup B_0^2 = B_0,$$

$$|B_i^\tau| = \left[\frac{n}{t}\right], \quad \tau = 1, 2,$$

$$|B_0^1| = |B_0^2| = n_0 - 1,$$

再令

$$B_1^1 \cup B_2^1 \cup \cdots \cup B_t^1 \cup B_0^1 = B_{11} \cup B_{12} \cup \cdots \cup B_{1r} \cup B_{10},$$

$$B_1^2 \cup B_2^2 \cup \cdots \cup B_t^2 \cup B_0^2 = B_{21} \cup B_{22} \cup \cdots \cup B_{2r} \cup B_{20},$$

满足 $|A_{\tau i}| = \left[\dfrac{n}{r}\right]$, 若 $n = r\left[\dfrac{n}{r}\right] + n^*$, 则

$$|B_{10}| = |B_{20}| = n^*,$$

$$B_{11} \subset B_1^1 \cup B_2^1 \cup B_0^1 \cup \{b_1\}, \quad b_1 \in B_{11},$$

$$B_{21} \subset B_1^2 \cup B_2^2 \cup B_0^2 \cup \{b_2\}, \quad b_2 \in B_{21},$$

$$B_{1i} \subset B_{2i-2}^1 \cup B_{2i-1}^1 \cup B_{2i}^1 \cup B_0^1,$$

$$B_{2i} \subset B_{2i-2}^2 \cup B_{2i-1}^2 \cup B_{2i}^2 \cup B_0^2, \quad 2 \leqslant i \leqslant r-1,$$

$$B_{1r} \subset B_{t-1}^1 \cup B_t^1 \cup B_0^1,$$

$$B_{2r} \subset B_{t-1}^2 \cup B_t^2 \cup B_0^2.$$

令

$$C = C_1 \cup \cdots \cup C_t \cup C_0^*, \quad C_0^* = \{c\} \cup C_0^1 \cup C_0^2, \quad C_0^1 \cup C_0^2 = C_0,$$

$$|C_i| = \left[\frac{s}{t}\right], \quad i = 1, \cdots, t,$$

$$|C_0^*| = s_0 = s - t\left[\frac{s}{t}\right],$$

$$|C_0^1| = |C_0^2| = \frac{s-1}{2},$$

于是可把 G 分解成若干个子图的并, 即

$$G = \bigcup_{\tau=1}^{2} \bigcup_{\mu=1}^{t} [K(A, B_\mu^\tau) \cup K(B_0, A_\mu^\tau) \cup K(A \cup B, C_\mu) \cup K(A_\mu^\tau \cup B_\mu^\tau, C_0)$$
$$\cup (C, A \cup B) \cup (b_\tau, A)] \cup K(A_0, B_0, C_0),$$

(A, B) 既表示 $K(A, B)$ 也表示 $E(K(A, B))$.

下面构造 G 的同构因子, 假定 G_μ^τ, $\tau = 1, 2, \mu = 1, \cdots, t$ 是 $2t$ 个洞, 我们依次把 G 的子图分批地分解成 $2t$ 个彼此同构的子图, 分别置入这 $2t$ 个洞中. 当置入第 k 批 $(k \geqslant 2)$ 时, 每个洞中的 k 个子图的并是否同构, 并作适当调整使之彼此同构, 直至分解完毕, 先设

$$G^* = \bigcup_{\tau=1}^{2} \bigcup_{\mu=1}^{t} [K(A, B_\mu^\tau) \cup K(B_0, A_\mu^\tau) \cup K(A \cup B, C_\mu) \cup K(A_\mu^\tau \cup B_\mu^\tau, C_0)$$
$$\cup (C, A \cup B) \cup (b_\tau, A)],$$

具体分解如下:

$$G_1^{1*} : B_{11} - c - A_{11} \quad B_3^1 - C_0^2 - B_3^2 \quad A_3^1 - C_0^2 - A_3^2 \quad B^2 - C_1 - A^1$$
$$B_{11} - c - A_{11} \quad B_3^1 - A^1 - B_3^2 \quad A_3^1 - B_0^2 - A_3^2 \quad B^2 - C_1 - A^1,$$

$$G_2^{1*} : B_{12} - c - A_{12} \quad B_5^1 - A^1 - B_5^2 \quad A_5^1 - B_0^2 - A_5^2 \quad B^2 - C_2 - A^1$$
$$B_{12} - c - A_{12} \quad B_5^1 - C_0^2 - B_5^2 \quad A_5^1 - C_0^2 - A_5^2 \quad B^2 - C_2 - A^1,$$

$$\vdots$$

$$G_{r-1}^{1*} : B_{1r-1} - c - A_{1r-1} \quad B_t^1 - A^1 - B_t^2 \quad A_t^1 - B_0^2 - A_t^2 \quad B^2 - C_{r-1} - A^1$$

$$
\begin{aligned}
&\phantom{G_r^{1^*}:}B_{1r-1}-c-A_{1r-1}\quad B_t^1-C_0^2-B_t^2\quad A_t^1-C_0^2-A_t^2\quad B^2-C_{r-1}-A^1,\\
&G_r^{1^*}:B_{1r}-c-A_{1r}\quad B_2^1-A^1-B_2^2\quad A_2^1-B_0^2-A_2^2\quad B^2-C_r-A^1\\
&\phantom{G_r^{1^*}:}B_{1r}-c-A_{1r}\quad B_2^1-C_0^2-B_2^2\quad A_2^1-C_0^2-A_2^2\quad B^2-C_r-A^1,\\
&G_{r+1}^{1^*}:A_{21}^B-b_1-A_{11}\quad B_4^1-A^1-B_4^2\quad A_4^1-B_0^2-A_4^2\quad B^2-C_{r+1}-A^1\\
&\phantom{G_{r+1}^{1^*}:}A_{21}^B-b_1-A_{11}\quad B_4^1-C_0^2-B_4^2\quad A_4^1-C_0^2-A_4^2\quad B^2-C_{r+1}-A^1,\\
&\phantom{G_{r+1}^{1^*}:}\qquad\qquad\qquad\qquad\vdots\\
&G_{t-1}^{1^*}:A_{2,r-2}^B-b_1-A_{1,r-2}\quad B_{t-1}^1-A^1-B_{t-1}^2\quad A_{t-1}^1-B_0^2-A_{t-1}^2\quad B^2-C_{t-1}-A^1\\
&\phantom{G_{t-1}^{1^*}:}A_{2,r-2}^B-b_1-A_{1,r-2}\quad B_{t-1}^1-C_0^2-B_{t-1}^2\quad A_{t-1}^1-C_0^2-A_{t-1}^2\quad B^2-C_{t-1}-A^1,\\
&G_t^{1^*}:A_{2r}^B-b_1-A_{1r}\quad B_1^1-A^1-B_1^2\quad A_1^1-B_0^2-A_1^2\quad B^2-C_t-A^1\\
&\phantom{G_t^{1^*}:}A_{2r}^B-b_1-A_{1r}\quad B_1^1-C_0^2-B_1^2\quad A_1^1-C_0^2-A_1^2\quad B^2-C_t-A^1,\\
&G_1^{2^*}:B_{21}-c-A_{21}\quad B_3^1-A^2-B_3^2\quad A_3^1-B_0^1-A_3^2\quad B^1-C_1-A^2\\
&\phantom{G_1^{2^*}:}B_{21}-c-A_{21}\quad B_3^1-C_0^1-B_3^2\quad A_3^1-C_0^1-A_3^2\quad B^1-C_1-A^2,\\
&G_2^{2^*}:B_{22}-c-A_{22}\quad B_5^1-A^2-B_5^2\quad A_5^1-B_0^1-A_5^2\quad B^1-C_2-A^2\\
&\phantom{G_2^{2^*}:}B_{22}-c-A_{22}\quad B_5^1-C_0^1-B_5^2\quad A_5^1-C_0^1-A_5^2\quad B^1-C_2-A^2,\\
&\phantom{G_2^{2^*}:}\qquad\qquad\qquad\qquad\vdots\\
&G_{r-1}^{2^*}:B_{2r-1}-c-A_{2r-1}\quad B_t^1-A^2-B_t^2\quad A_t^1-B_0^1-A_t^2\quad B^1-C_{r-1}-A^2\\
&\phantom{G_{r-1}^{2^*}:}B_{2r-1}-c-A_{2r-1}\quad B_t^1-C_0^1-B_t^2\quad A_t^1-C_0^1-A_t^2\quad B^1-C_{r-1}-A^2,\\
&G_r^{2^*}:B_{2r}-c-A_{2r}\quad B_2^1-A^2-B_2^2\quad A_2^1-B_0^1-A_2^2\quad B^1-C_r-A^2\\
&\phantom{G_r^{2^*}:}B_{2r}-c-A_{2r}\quad B_2^1-C_0^1-B_2^2\quad A_2^1-C_0^1-A_2^2\quad B^1-C_r-A^2,\\
&G_{r+1}^{2^*}:A_{11}^B-b_2-A_{21}\quad B_4^1-A^2-B_4^2\quad A_4^1-B_0^1-A_4^2\quad B^1-C_{r+1}-A^2\\
&\phantom{G_{r+1}^{2^*}:}A_{11}^B-b_2-A_{21}\quad B_4^1-C_0^1-B_4^2\quad A_4^1-C_0^1-A_4^2\quad B^1-C_{r+1}-A^2,\\
&\phantom{G_{r+1}^{2^*}:}\qquad\qquad\qquad\qquad\vdots\\
&G_{t-1}^{2^*}:A_{1,r-2}^B-b_2-A_{1,r-2}\quad B_{t-1}^1-A^2-B_{t-1}^2\quad A_{t-1}^1-B_0^1-A_{t-1}^2\quad B^1-C_{t-1}-A^2\\
&\phantom{G_{t-1}^{2^*}:}A_{1,r-2}^B-b_2-A_{1,r-2}\quad B_{t-1}^1-C_0^1-B_{t-1}^2\quad A_{t-1}^1-C_0^1-A_{t-1}^2\quad B^1-C_{t-1}-A^2,\\
&G_t^{1^*}:A_{1,r-1}^B-b_2-A_{2,r-1}\quad B_1^1-A^2-B_1^2\quad A_1^1-B_0^1-A_1^2\quad B^1-C_t-A^2\\
&\phantom{G_t^{1^*}:}A_{1,r-1}^B-b_2-A_{2,r-1}\quad B_1^1-C_0^1-B_1^2\quad A_1^1-C_0^1-A_1^2\quad B^1-C_t-A^2,
\end{aligned}
$$

这里 $r=\dfrac{t+1}{2}$, $A_{ij}^B\subset A_{ij}$, $|A_{ij}^B|=|B_{ij}|$. $E(G^*)$ 中尚未分解的边集有

$$
E_C^*=(C,B_{10})\cup(C,B_{20})\cup(C,A_{10})\cup(C,A_{20}),
$$

$$E_{b_1}^* = \left(b_1, A_{1r} \cup A_{10} \cup \left(A^2 - \bigcup_{\gamma=1}^{R-1} A_{2\gamma}^B\right)\right),$$

$$E_{b_2}^* = \left(b_2, A_{2r} \cup A_{20} \cup \left(A^1 - \bigcup_{\gamma=1}^{R-1} A_{1\gamma}^B\right)\right).$$

如果 $|B_{10}| + |A_{10}| = n^* + m^* > r$, 可在 $(C, B_{10}) \cup (C, A_{20})$ 中分解出 r 条边, 分别并入 $G_\mu^{1^*}$, $\mu = 1, 2, \cdots, r$ 中, $(C, B_{20}) \cup (C, A_{10})$ 中分解出 r 条边, 分别并入 $G_\mu^{2^*}$, $\mu = 1, 2, \cdots, r$ 中, 同时在 $E_{b_1}^*$ 中分出 $r-1$ 条边分别置入 $G_\gamma^{2^*}$, $\gamma = r+1, \cdots, t$ 中, 在 $E_{b_2}^*$ 中分出 $r-1$ 条边分别置入 $G_\gamma^{2^*}$, $\gamma = r+1, \cdots, t$ 中. 若 $(b_1, a_i^1) \in E_{b_1}^*$, $(b_2, a_i^2) \in E_{b_2}^*$ 被分别置入 $G_\gamma^{1^*}$, $G_\gamma^{2^*}$, $\gamma \geqslant r+1$, 对应 $G_\gamma^{1^*}$, $G_\gamma^{2^*}$ 的 A^1, A^2 调整如下, 用 $A^1 - a_i^1 + a_i^2, A^2 + a_i^1 - a_i^2$ 替换 A^1, A^2, 并且这种替换保持 $G_\mu^{\tau^*}$ 的同构性.

作了上面的分析后, 把 $E_{b_1}^*$, $E_{b_2}^*$ 余下的边分别分解出七个星图, 记为 (b_τ, E_μ^*), $\tau = 1, 2$, $\mu = 1, \cdots, t$, 把 $(b_1, E_\mu^*), (b_2, E_\mu^*)$ 分别并入 $G_\mu^{1^*}, G_\mu^{2^*}$, 并作适当的形如 $A^1 - a_i^1 + a_i^2, A^2 + a_i^1 - a_i^2$ 调整, 使得保持同构性, 并仍记为 $G_\mu^{\tau^*}$.

这样分解后 G^* 中尚未分解的边少于 $2t$ 条, 下面对 $K(A_0, B_0, C_0)$ 按引理 4.5.2 和引理 4.5.3 的方法分解, 得到 $2t$ 个彼此的子图,

$$\widetilde{G_\mu^t} = H_\mu^t \cup \widetilde{E_\mu^t} \cup E_\mu^t.$$

由可分性条件, G^* 中未分解的边加上 $K(A_0, B_0, C_0)$ 中分出 $\widetilde{G_\mu^t}$ 后余下的边恰为 $2t$ 条, 再把这些边分别并入 $G_\mu^{\tau^*}$ 中, 并仍记为 $G_\mu^{\tau^*}$. 令

$$G_\mu^\tau = G_\gamma^{\tau^*} \cup \widetilde{G_\gamma^\tau}, \quad \tau = 1, 2, \quad \mu = 1, \cdots, t,$$

必要时作形如

$$A^1 - a_i^1 + a_i^2, \quad A^2 + a_i^1 - a_i^2, \quad B^1 - b_j^1 + b_j^2, \quad B^2 + b_j^1 - b_j^2$$

的调整, 分别替换 A^1, A^2, B^1, B^2, 以保持同构性, 从而得到 G 的 $2t$ 个同构因子.

当 t 为偶数, s 为偶数时, 其证明方法与 t 为奇数, s 为奇数的情形类似.

定理 4.5.1 的证明 当 $t = 2, 4$ 时, 见文献 [9], 当 $t \geqslant 6$ 时, 由 4.2 节知 $t = 6$ 成立, 其余的则由引理 4.5.3—引理 4.5.5, 定理 4.5.1 知结论成立.

4.6 本章小结

本章主要介绍了完备三分图的相关知识, 并证明了 Harary, Robinson 和 Wormald 等提出的关于完备三分图的同构因子分解的猜想. 首先从特殊的 t 出发, 验证猜想的正确性, 最后利用三色图的性质, 利用 Hall 定理引进特殊的置换证明了关于完备三分图的同构因子分解的猜想.

第 5 章　图的 Hamilton 圈分解

一个图 G 的 Hamilton 圈是指包含 G 的每个顶点的圈. 称两个圈 C_1 和 C_2 是边不相交的, 如果 $E(C_1) \cap E(C_2) = \varnothing$. 一个图是否存在 Hamilton 圈和 Hamilton 计数问题一直是图论中活跃的研究课题, 也是网络工程中经常遇到的问题之一. 许多学者对图的 Hamilton 圈分解进行了讨论, 如文献 [45]—[49] 研究了完全图 K_n 的 Hamilton 圈分解. 著名数学家 Kötzig 在文献 [16] 中研究了关于两个圈的笛卡儿乘积的 Hamilton 圈分解, 并提出三个圈可分成三条边不重 Hamilton 圈分解的猜想, Fregger 在文献 [17] 中证明了此猜想. 同时杨世辉在文献 [50] 中也证明了此猜想. 连广昌在文献 [18] 中把 Kötzig 猜想推广到 n 个圈的笛卡儿乘积的 Hamilton 圈分解. 本章主要介绍两个圈、三个圈的笛卡儿乘积的 Hamilton 圈分解, 以及 n 个圈的笛卡儿乘积的 Hamilton 圈分解.

5.1　两个圈的笛卡儿乘积的 Hamilton 圈分解

定理 5.1.1　两个圈 C_m 和 C_n 的笛卡儿乘积 $C_m \times C_n$ 是边不重 Hamilton 圈的并.

证明　为了方便起见, 记 $G = C_m \times C_n$ 的顶点集和边集分别为

$$
\begin{aligned}
V(G) =& \{A_i^j | i = 1, \cdots, m; j = 1, \cdots, n\}, \\
E(G) =& \{(A_i^j, A_i^{j+1}) | i = 1, \cdots, m; j = 1, \cdots, n, n+1 = 1\} \\
& \cup \{(A_i^j, A_{i+1}^j) | i = 1, \cdots, m+1 = 1; j = 1, \cdots, n\}.
\end{aligned}
$$

$G = C_m \times C_n$, 如图 5.1.1 所示.

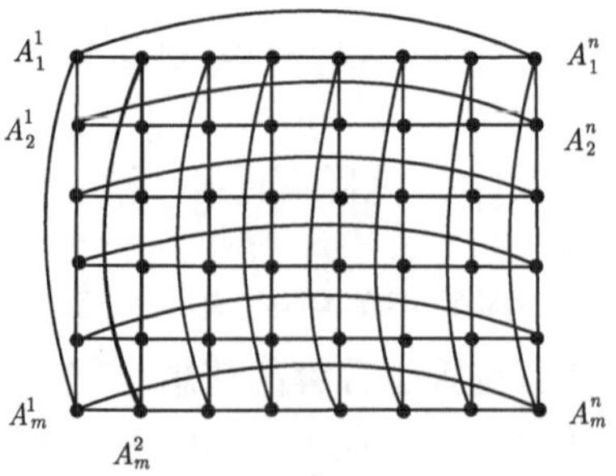

图 5.1.1　$G = C_m \times C_n$

我们分如下两种情形讨论.

情形 I $m+n$ 为偶数.

不妨假设 $m \geqslant n$, 于是有 $m-n = m+n-2n \geqslant 0$ 为偶数, 这里先画出 $C_3 \times C_3$, $C_4 \times C_4$, $C_5 \times C_3$ 的 Hamilton 圈, 如图 5.1.2~ 图 5.1.4 所示.

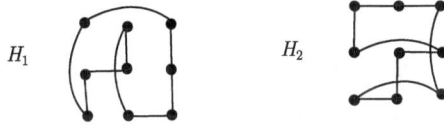

图 5.1.2 $C_3 \times C_3$ 的 Hamilton 圈分解

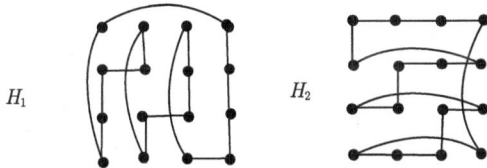

图 5.1.3 $C_4 \times C_4$ 的 Hamilton 圈分解

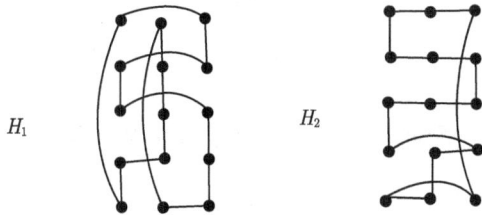

图 5.1.4 $C_5 \times C_3$ 的 Hamilton 圈分解

对于任意的 m, n, 我们作如下的二项点序列.

$$G_1 = (A^1_{1,m,m-1,\cdots,m-n+2}, A^2_{m-n+2,m-n+1,\cdots,2,1,m,m-1,\cdots,m-n+3}, \cdots,$$
$$A^j_{m-n+j,m-n+j-1,\cdots,2,1,m,m-1,\cdots,m-n+j+1}, \cdots,$$
$$A^{n-1}_{m-1,m-2,\cdots,2,1,m}, A^n_{m,m-1,\cdots,m-n+2},$$
$$A^{n,1}_{m-n+1}, A^{1,n}_{m-n}, \cdots, A^{n,1}_2, A^{1,n}_2, A^{n,1}_1).$$

$$G_2 = (A^1_1, A^{1,2,\cdots,n}_2, A^{n,\cdots,2,1}_3, \cdots, A^{n,\cdots,2,1}_{m-n+1}, A^{1,n,n-1,\cdots,2}_{m-n+2}, A^{2,1,n,n-1,\cdots,3}_{m-n+3}, \cdots,$$
$$A^{i-1,i-2,\cdots,1,n,\cdots,i}_{m-n+i}, \cdots, A^{n-2,n-3,\cdots,2,1,n,n-1}_{m-1},$$
$$A^{n-1,n-2,\cdots,2,1,n}_m, A^{n,n-1,n-2,\cdots,2,1}_1).$$

序列中 $A^j_{i_1,i_2,\cdots,i_k} = A^j_{i_1}, A^j_{i_2}, \cdots, A^j_{i_k}, A^{j_1,j_2,\cdots,j_s}_i = A^{j_1}_i, A^{j_2}_i, \cdots, A^{j_s}_i$, 下同.

在顶点序列 G_1 和 G_2 中 (由 G 的定义) 相邻位置上二顶点在 G 中邻接, 共有 mn 个不同的顶点, 且仅有起点与终点相同, 因而我们就用 G_1 和 G_2 表示 $G = C_m \times C_n$ 的两条 Hamilton 圈, 用下面的图说明 $E(G_1) \cap E(G_2) = \varnothing$, 如图 5.1.5 所示.

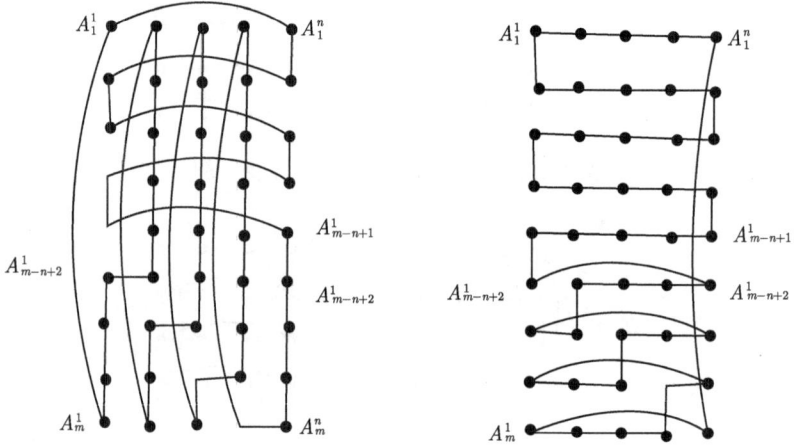

图 5.1.5　$G = C_m \times C_n$

因为 $|E(G)| = 2mn, |E(G_1)| = |E(G_2)| = mn$, 所以 $G = G_1 \cup G_2$.

情形 II　$m + n$ 为奇数.

此情形 I 类似顶点序列表示其两条 Hamilton 圈. 令

$$
\begin{aligned}
G_1 = (&A_1^1, A_{2,3}^2, A_{3,4}^3, A_{4,5}^2, A_{5,6}^3, \cdots, \\
&A_{m-1,m}^3, A_m^2, A_{m,m-1,\cdots,3,2}^1, A_{2,3,\cdots,m}^n, A_m^{n-1,n-2,\cdots,4}, \\
&A_{m-1,m-2,\cdots,3,2}^4, A_{2,1}^3, A_1^4, A_{1,2,\cdots,m-1}^5, \\
&A_{m-1,m-2,\cdots,2,1}^6, \cdots, A_{m-1,m-2,\cdots,2,1}^{n-1}, A_1^{n,1}),
\end{aligned}
$$

$$
\begin{aligned}
G_2 = (&A_{1,m}^1, A_{m,1}^n, A_2^{n,n-1,\cdots,5,4}, A_{1,m}^4, A_{m,1}^3, \\
&A_{1,m,m-1}^2, A_{m-1}^{1,n,n-1}, A_{m,1}^{n-1}, A_{1,m,m-1}^{n-2}, \\
&A_{m-1,m,1}^{n-3}, A_{1,m,m-1}^{n-4}, \cdots, A_{m-1,m,1}^6, A_{1,m,m-1}^5, A_{m-1}^{4,3}, A_{m-2}^{3,4,\cdots,n,1,2}, \\
&A_{m-3}^{2,1,n,\cdots,4,3}, \cdots, A_4^{3,4,\cdots,n,1,2}, A_3^{2,1,n,\cdots,4,3}, A_2^{3,2,1}, A_1^1).
\end{aligned}
$$

不难验证 G_1 和 G_2 是 $G = C_m \times C_n$ 的两条不重 Hamilton 圈. 为了便于说明

$$E(G_1) \cap E(G_2) = \varnothing,$$

图 5.1.6~ 图 5.1.8 分别是 $C_m \times C_3$, $C_m \times C_5$, $C_m \times C_n$ 的 Hamilton 圈.

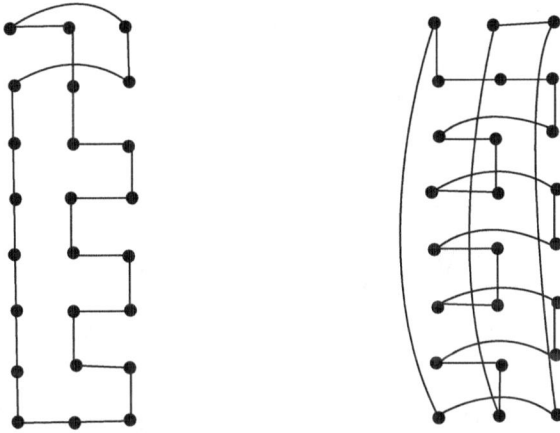

图 5.1.6 $G = C_m \times C_3$ 的 Hamilton 圈

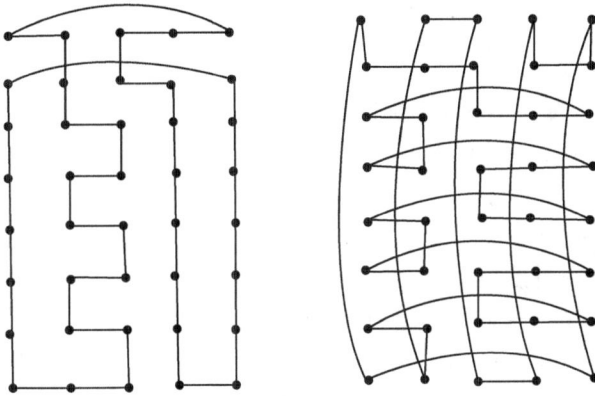

图 5.1.7 $G = C_m \times C_5$ 的 Hamilton 圈

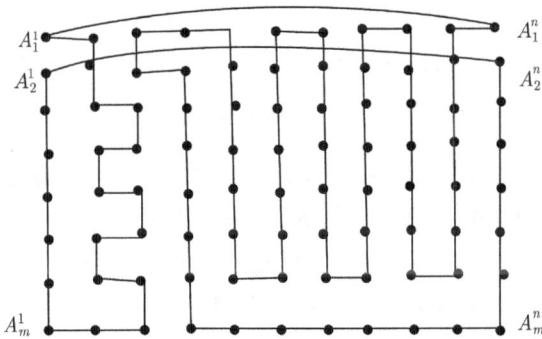

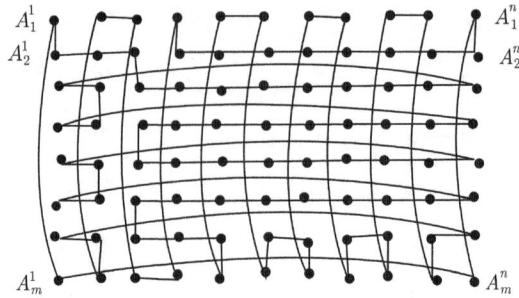

图 5.1.8　$G = C_m \times C_n$ 的 Hamilton 圈

5.2　三个圈的笛卡儿乘积的 Hamilton 圈分解

引理 5.2.1　$G_1 \times G_2 \cong G_2 \times G_1$(表示同构)

$$(G_1 \times G_2) \times G_3 = G_1 \times (G_2 \times G_3).$$

证明. 显然.

引理 5.2.2　如果 $G = G_1 \cup G_2$ 满足

(1) $V(F_1) = V(F_2) = V(F)$;

(2) $E(G_1 \cap G_2) = \varnothing$;

(3) $E(F_1 \cap F_2) = \varnothing$,

则 $G \times F$ 具有如下性质:

（I）$V(G_1 \times F_1) = V(G_2 \times F_2) = V(G \times F)$;

（II）$E(G_1 \times F_1) \cap E(G_2 \times F_2) = \varnothing, E(G_1 \times F_2) \cap E(G_2 \times F_1) = \varnothing$;

（III）$E(G_1 \times F_1) \cup E(G_2 \times F_2) = \varnothing, E(G_1 \times F_2) \cup E(G_2 \times F_1) = E(G \times F)$;

（IV）$G \times F = G_1 \times F_1 \cup G_2 \times F_2 = G_1 \times F_2 \cup G_2 \times F_1$.

证明　（I）显然.

记

$$V(G_1) = V(G_2) = V(G) = A = \{a_i | i = 1, \cdots, p(G)\},$$
$$V(F_1) = V(F_2) = V(F) = B = \{b_j | j = 1, \cdots, p(F)\},$$

$p(G)$ 为 G 的顶点数. 若 (a_{i1}, b_{i1}) 与 (a_{i2}, b_{i2}) 在 $G_1 \times F_1$ 中邻接, 根据定义有 $a_{i1} = a_{i2}$, b_{i1} 与 b_{i2} 在 F_1 中邻接, 这时 b_{i1} 与 b_{i2} 在 F_2 中不邻接, 故 (a_{i1}, b_{i1}) 与 (a_{i2}, b_{i2}) 在 $G_2 \times F_2$ 中不邻接, 如果 $b_{i1} = b_{i2}$, a_{i1} 与 a_{i2} 在 G_1 中邻接, 则在 G_2 中不邻接, 故 (a_{i1}, b_{i1}) 与 (a_{i2}, b_{i2}) 在 $G_2 \times F_2$ 中不邻接, 从而证明了 $E(G_1 \times F_1) \cap E(G_2 \times F_2) = \varnothing$. 同理 $E(G_1 \times F_2) \cap E(G_2 \times F_1) = \varnothing$, （II）得证.

如果 (a_{i1}, b_{i1}) 与 (a_{i2}, b_{i2}) 在 $G \times F$ 中邻接, 则应有 $a_{i1} = a_{i2}$, b_{i1} 与 b_{i2} 在 F 中邻接, 由于 $E(F) = E(F_1) \cup E(F_2)$, 所以 b_{i1} 与 b_{i2} 必在 F_1 或者 F_2 中邻接, 或因而 (a_{i1}, b_{i1}) 与 (a_{i2}, b_{i2}) 必在 $G_1 \times F_2$ 中邻接. 如果 $b_{i1} = b_{i2}$, a_{i1} 与 a_{i2} 在 G 中邻接亦然. 从而有

$$E(G \times F) = E(G_1 \times F_1) \cup E(G_2 \times F_2).$$

于是 (III) 得证.

由 (I)~(III) 显然有 (IV),

$$G \times F = G_1 \times F_1 \cup G_2 \times F_2 = G_1 \times F_2 \cup G_2 \times F_1$$

成立.

定理 5.2.1　$C_m \times C_n \times C_r$ 可分解为三条边不重 Hamilton 圈.

证明　下面分四种情况讨论.

情形 I　m, n, r 全为奇数, 根据定理 4.1.1 的情形 I $m + n$ 为偶数的情形分 $C_m \times C_n$ 为两条边不重 Hamilton 圈 G_1 和 G_2. 同时令 I_r 为与 G_r 有相同顶点集的全部连通图. 于是根据引理 5.2.1 和引理 5.2.2 知,

$$C_m \times C_n \times C_r = (C_m \times C_n) \times C_r = (G_1 \cup G_2) \times (I_r \times G_r) = G_1 \times I_r \cup G_2 \times G_r.$$

用 B_i, D_i 分别表示圈 G_1, G_2 中第 i 个顶点, 即

$$G_2 = (B_1, B_2, \cdots, B_i, \cdots, B_{mn}),$$
$$G_1 = (D_1, D_2, \cdots, D_i, \cdots, D_{mn}).$$

显然 $\{B_i | i = 1, \cdots, mn\} = \{D_i | i = 1, \cdots, mn\}$ 且存在一个下标 mn 的级置换

$$A = \begin{pmatrix} 1, 2, \cdots, i, \cdots, mn \\ t_1, t_2, \cdots, t_i, t_{mn} \end{pmatrix},$$

使得 $B_i = D_{t_i}$, 特别地, 有

$$B_1 = D_1, \quad B_2 = D_{mn-2}, \quad B_{mn} = D_{m+2}.$$

令 $G_2 \times G_1, G_1 \times I_r$ 的顶点集分别为

$$V(G_1 \times G_r) = \left\{ B_i^j | j = 1, \cdots, r, i = 1, \cdots, mn \right\},$$
$$V(G_1 \times I_r) = \left\{ D_i^j | j = 1, \cdots, r, i = 1, \cdots, mn \right\}.$$

根据 B_i 与 D_i 的关系有 $B_i^j = D_{t_i}^j$, 记

$$E(G_2 \times G_r) = \left\{ (B_i^j, B_{i+1}^j) \,|\, j = 1, \cdots, r, i = 1, \cdots, mn; mn + 1 = 1 \right\}$$
$$\cup \left\{ (B_i^j, B_i^{j+1}) \,|\, j = 1, \cdots, r; r + 1 = 1, i = 1, \cdots, mn; \right\}.$$

在 $G_1 \times G_r$ 中我们构造一条 Hamilton 圈,

$$H_3 = (B_{1,mn,mn-1,\cdots,3,2}^1, B_{2,3,\cdots,mn}^2, B_{mn,\cdots,3,2}^3, \cdots,$$
$$B_{2,3,\cdots,mn}^{r-1}, B_{mn,\cdots,3,2}^r, B_1^{r,r-1,\cdots,2,1}).$$

其中 H_3 如图 5.2.1 所示.

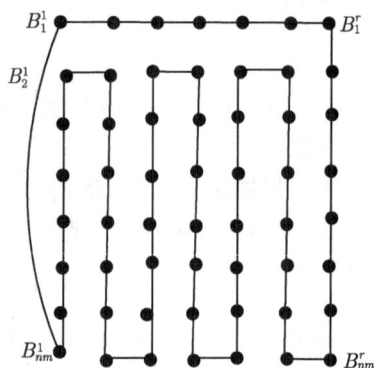

图 5.2.1　H_3

记 $\widetilde{G} = (G_1 \times I_r) \cup (G_2 \times G_r - E(H_3))$, 如图 5.2.2 所示.

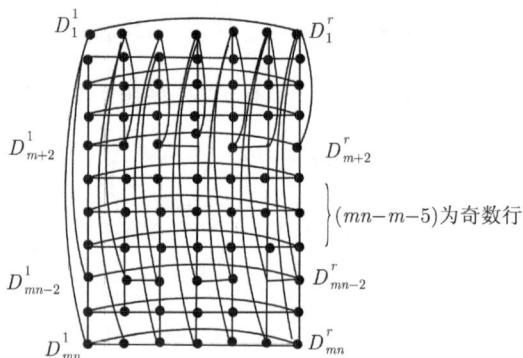

图 5.2.2　$(G_1 \times I_r) \cup (G_2 \times G_r - E(H_3))$

并且 $G_2 \times G_r - E(H_3)$ 的顶点相应地用 $D_{t_i}^j$ 表示. 注意到

$$B_1^i = D_1^j, \quad B_2^j = D_{mn-2}^j, \quad B_{mn}^j = D_{m+2}^j, \quad j = 1, \cdots, r,$$

于是有

$$V(\widetilde{G}) = \left\{ D_i^j \middle| \begin{array}{l} j = 1, 2, \cdots, r \\ i = 1, 2, \cdots, mn \end{array} \right\},$$

$$E(\widetilde{G}) = \left\{ D_i^j, D_{i+1}^j \middle| \begin{array}{l} j = 1, \cdots, r \\ i = 1, \cdots, mn; mn + 1 = 1 \end{array} \right\}$$

$$\cup \left\{ D_i^j, D_i^{j+1} \middle| \begin{array}{l} j = 1, \cdots, r; r + 1 = 1 \\ i = 2, 3, \cdots, m + 1, m + 3, \cdots, mn - 3, mn \end{array} \right\}$$

$$\cup \{ D_1^j, D_{m+2}^j | j = 2, 3, \cdots, r \}$$

$$\cup \{ D_1^j, D_{mn-2}^j | j = 1, 2, \cdots, r - 1 \}$$

$$\cup \{ D_i^1, D_i^r | i = 1, m - 2, mn - 2 \}$$

$$\cup \left\{ D_{m+2}^{2s-1}, D_{m+2}^{2s} \middle| s = 1, \cdots; \frac{r-1}{2} \right\}$$

$$\cup \left\{ D_{mn-2}^{2s}, D_{mn-2}^{2s+1} \middle| s = 1, \cdots; \frac{r-1}{2} \right\}.$$

我们先画出 $\widetilde{G}$ 的两条 Hamilton 圈, 如图 5.2.3 所示.

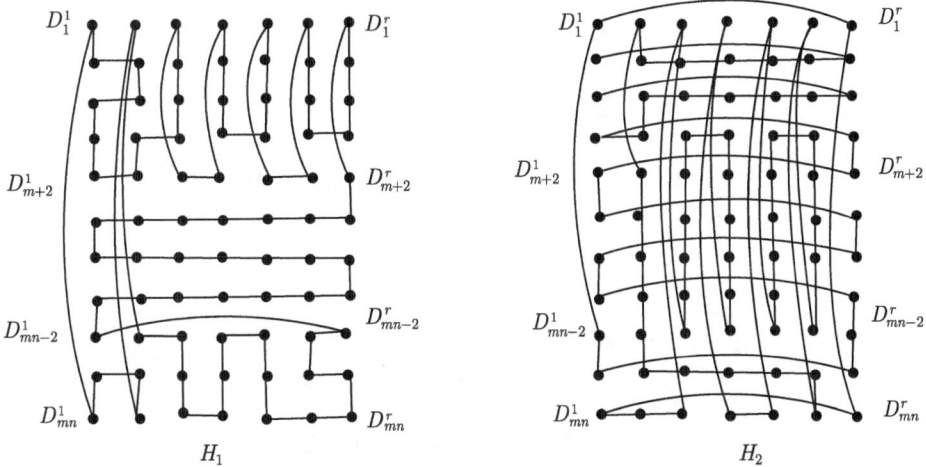

图 5.2.3 $\widetilde{G}$ 的两条 Hamilton 圈

$$H_1 = (D_{1,mn,mn-1}^1, D_{mn-1,mn,1,mn-2}^2, D_{mn-2,mn-1,mn}^3, D_{mn,mn-1,mn-2}^4, \cdots,$$

$$D_{mn-2,mn-1,mn}^2, D_{mn}^{r-1}, D_{mn-1}^{r,r-1}, D_{mn-2}^{r-1,r,1}, D_{mn-3}^{1,2,\cdots,r}, D_{mn-4}^{r,\cdots,2,1}, \cdots,$$

$$D_{m+3}^{1,2,\cdots,r}, D_{m+2,1,2,\cdots,m+1}^r, D_{m+1,m,2,1,m+2}^{r-1}, \cdots, D_{m+1,m,\cdots,2,1,m+2}^4,$$

$$D_{m+2,1,2,\cdots,m+1}^3, D_{m+1,m+2}^2, D_{m+2,m+1,m}^1, D_{m,m-1}^2, \cdots, D_{3,2}^2, D_2^1).$$

$$H_2 = (D^1_{1,mn-2,mn-1}, D^r_{mn-1,mn-2,mn-3}, D^1_{mn-3,mn-4}, D^r_{mn-4,mn-5}, \cdots,$$
$$D^r_{m+4,m+3}, D^1_{m+3,m+2}, D^{1,2}_{m+1}, D^{2,3,\cdots,r,1}_m, D^{1,r,\cdots,3,2}_{m-1}, \cdots,$$
$$D^{2,3,\cdots,r,1}_3, D^{1,r,\cdots,3,2}_2, D^2_{1,m+2,m+3,\cdots,mn-2}, D^{2,3,\cdots,r-1}_{mn-1}, D^{r-1}_{mn,1,mn-2,\cdots,m+1},$$
$$D^{r-2}_{m+1,\cdots,mn-2,1,mn}, \cdots, D^4_{mn,1,mn-2,\cdots,m+1}, D^3_{m+1,\cdots,mn-2,1,mn}, D^{2,1,r}_{mn}, D^{r,1}_1).$$

对于 $r = 3$ 的情形, 仅用下面的图 5.2.4 表示其两条 Hamilton 圈.

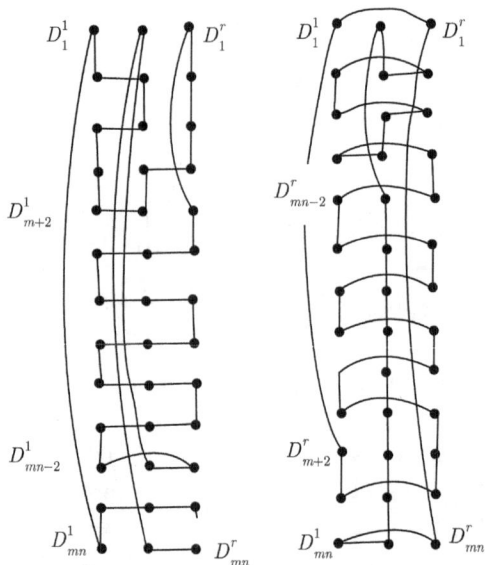

图 5.2.4 $r = 3$ 时 $\widetilde{G}$ 的两条 Hamilton 圈

由

$$\widetilde{G} = (G_1 \times I_r) \cup (G_2 \times G_r - E(H_3))$$
$$= C_m \times C_n \times C_r - E(H_3) = H_1 \cup H_2.$$

故

$$C_m \times C_n \times C_r = H_1 \cup H_2 \cup H_3,$$

H_1, H_2, H_3 为三条边不重 Hamilton 圈.

情形 II m, n, t 全为偶数. 仿照情形 I 可得

$$C_m \times C_n \times C_r = (G_1 \cup G_2) \times (I_r \cup C_r) = G_1 \times I_r \cup G_2 \times G_r.$$

$G_2 \times G_r$ 如情形 I 中定义, 令

$$H_3 = (B^1_{1,\cdots,mn}, B^2_{mn,\cdots,1}, \cdots, B^{r-1}_{1,\cdots,mn}, B^r_{mn,\cdots,1}, B^1_1),$$

图 5.2.5 表示 H_3, 图 5.2.6 表示 G.

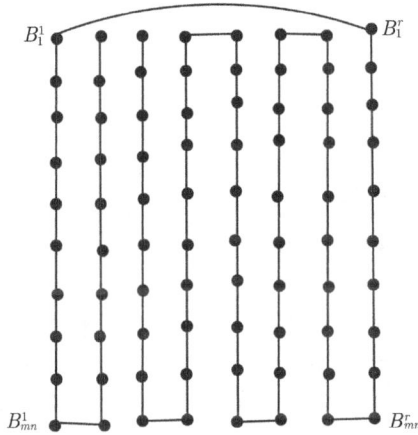

图 5.2.5　H_3

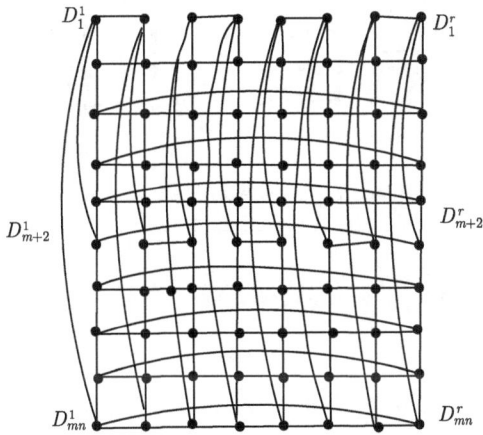

图 5.2.6　G

令

$$\widetilde{G} = (G_1 \times I_r) \cup (G_2 \times G_r - E(H_3)),$$

$V(\widetilde{G})$ 如情形 I 那样, 由于 $B_1^j = D_1^j, B_{mn}^j = D_{m+2}^j, j = 1, \cdots, r$, $\widetilde{G}$ 的边集为

$$E(\widetilde{G}) = \left\{ D_i^j, D_{i+1}^j \mid j = 1, \cdots, r, i = 1, \cdots, mn; mn+1 = 1 \right\}$$

$$\cup \left\{ D_i^j, D_i^{j+1} \mid j = 1, \cdots, r; r+1 = 1, i = 2, 3, \cdots, m+1, m+3, \cdots, mn-3, mn \right\}$$

$$\cup \left\{ D_1^j, D_{m+2}^j \mid j = 2, 3, \cdots, r \right\}$$

$$\cup \left\{ D_1^{2s-1}, D_1^{2s} \,\middle|\, s = 1, \cdots, \frac{r}{2} \right\}$$

$$\cup \left\{ D_{mn-2}^{2s}, D_{mn-2}^{2s+1} \,\middle|\, s = 1, \cdots, \frac{r}{2}, r+1 = 1 \right\}.$$

我们先画出 $\widetilde{G}$ 的两条 Hamilton 圈 H_1, H_2, 如图 5.2.7 所示.

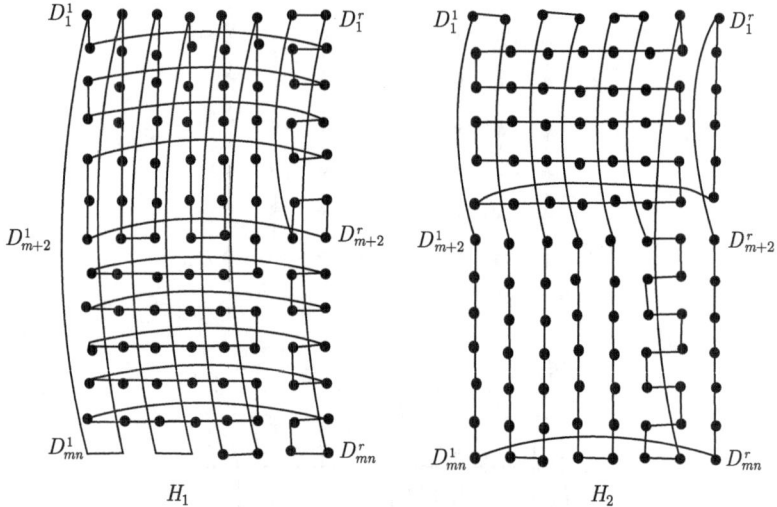

图 5.2.7　$\widetilde{G}$ 的两条 Hamilton 圈

$$H_1 = (D_{1,mn}^1, D_{mn,1,2,\cdots,m+2}^2, D_{m+3}^{2,1,r}, D_{m+4}^{r,1,2}, \cdots, D_{mn-2}^{r,1,2}, D_{mn}^{r,r-1,\cdots,4,3},$$

$$D_{mn-1,mn-2,\cdots,m+3,m+2,1}^3, D_{1,m+2,\cdots,mn-1}^4, \cdots, D_{mn-1,mn-2,m+3,m+2,1}^{r-1},$$

$$D_1^r, D_3^{r,r-1,\cdots,4,3}, D_3^{3,4,\cdots,r}, \cdots, D_{m+1}^{3,4,\cdots,r}, D_{m+2}^r, D_{m+2,m+1,\cdots,2,1}^1),$$

$$H_2 = (D_{1,m+2,\cdots,mn}^1, D_{mn,1,m+2}^r, D_{m+3}^{r,r-1,\cdots,3,2}, D_{m+3}^{2,3,\cdots,r}, D_{mn-1}^r,$$

$$D_{mn-1,mn,1,2,\cdots,m+2}^{r-1}, D_{m+2,2,1,mn,mn-1}^{r-2}, \cdots, D_{m+2,\cdots,2,1,mn,mn-1}^4,$$

$$D_{mn-1}^{3,2}, D_{mn}^{2,3}, D_1^3, D_2^{3,2,1,r}, D_3^{r,1,2,3}, \cdots, D_{m+1}^{r,1,2,3}, D_{m+2}^{3,2}, D_1^{2,1}).$$

从而得到

$$C_m \times C_n \times C_r = H_1 \cup H_2 \cup H_3.$$

情形 III　m, n, r 中有两个为奇数.

由引理 5.2.1 不妨设 m, n 为奇数, r 为偶数. 如情形 I 和情形 II 知,

$$C_m \times C_n \times C_r = (G_1 \cup G_2) \times (I_r \cup C_r) = G_1 \times I_r \cup G_2 \times G_r.$$

由于 m, n 为奇数, $m+n$ 为偶数. $V(G_2 \times C_r), E(G_2 \times C_r)$ 如情形 II 中定义, 由于 r 为偶数 H_3 时如情形 II 的方法构造, 即

$$H_3 = (B_{1,2,\cdots,mn}^1, B_{mn,\cdots,2,1}^2, \cdots, B_{1,2,\cdots,mn}^{r-1}, B_{mn,\cdots,2,1}^r, B_1^1),$$
$$\widetilde{G} = (G_1 \times I_r) \cup (G_2 \times G_r - E(H_3)).$$

$V(\widetilde{G}), E(\widetilde{G})$ 如情形 II 中定义, 并考虑到 m, n 为奇数, 我们构造 $\widetilde{G}$ 的两条 Hamilton 圈, 如图 5.2.8 所示.

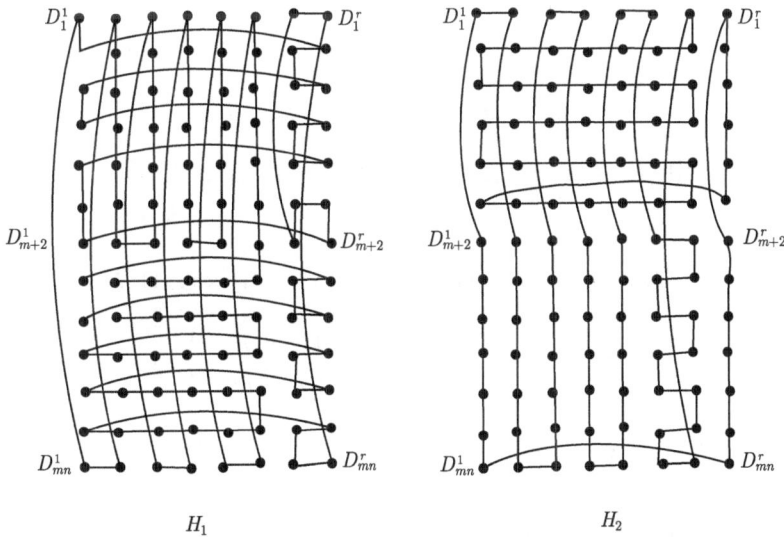

图 5.2.8 m, n 为奇数的 $\widetilde{G}$ 的 Hamilton 圈

$$H_1 = (D_{1,mn}^1, D_{mn,1,\cdots,m+2}^2, D_{m+2,\cdots,1,mn}^3, \cdots, D_{mn,1,\cdots,m+2}^{r-2}, D_{m+3}^{r-2,r-3,\cdots,1,r,r-1},$$
$$D_{m+4}^{r-1,r,1,\cdots,r-3,r-2}, \cdots, D_{mn-1}^{r-2,r-3,\cdots,2,1,r,r-1},$$
$$D_{mn}^{r-1,r}, D_1^r, D_{1,m+2,m+1}^{r-1}, D_{m+1,m+2}^r, D_{m+2,m+1}^1,$$
$$D_m^{1,r,r-1}, D_{m-1}^{r-1,r,1}, \cdots, D_2^{r-1,r,1}, D_1^1),$$
$$H_2 = (D_{1,m+2,\cdots,mn}^1, D_{mn,\cdots,m+2,1,2,\cdots,m+1}^r, D_{m+1}^{1,2,\cdots,r-1}, D_m^{r-1,\cdots,2,1}, \cdots, D_2^{1,2,\cdots,r-1},$$
$$D_{1,mn}^{r-1}, D_{mn,mn-1}^{r-2}, D_{mn-1,mn-2}^{r-1}, \cdots, D_{m+4,m+3}^{r-2}, D_{m+3,m+2}^{r-1}, D_{m+2,1}^{r-2},$$
$$D_{1,m+2,\cdots,mn}^{r-3}, D_{mn,\cdots,m+2,1}^{r-4}, \cdots, D_{mn,\cdots,m+2}^2, D_1^1).$$

从而得到
$$C_m \times C_n \times C_r = H_1 \cup H_2 \cup H_3,$$

H_1, H_2, H_3 为三条不重 Hamilton 圈.

情形IV　m, n, r 中有两个为偶数.

不妨设 m 为偶数, n 为奇数, r 为偶数. 按照定理 5.1.1 情形 II 中 $m + n$ 为奇数的情形分 $C_m \times C_n$ 为两条不重 Hamilton 圈 G_1, G_2, 且记 G_1, G_2 的顶点为 $B_i, D_i, i = 1, \cdots, mn$, 即

$$G_1 = (B_1, B_2, \cdots, B_i, \cdots, B_{mn}),$$
$$G_2 = (D_1, D_2, \cdots, D_i, \cdots, D_{mn}).$$

顶点下标的一个 mn 设置换

$$A = \begin{pmatrix} 1, 2, \cdots, i, \cdots, mn \\ t_1, t_2, \cdots, t_i, \cdots, t_{mn} \end{pmatrix},$$

使得 $B_i = D_{t_i}$, 由 G_1, G_2 的构造, 特别地, 有 $t_1 = 1, t_{mn} = 4$.

令

$$C_m \times C_n \times C_r = (G_1 \cup G_2) \times (G_r \times I_r) = G_1 \times G_r \cup G_2 \times I_r,$$

$$V(G_1 \times G_r) = \left\{ B_i^j \middle| \begin{array}{l} j = 1, \cdots, r \\ i = 1, \cdots, mn \end{array} \right\},$$

$$V(G_2 \times I_r) = \left\{ D_i^j \middle| \begin{array}{l} j = 1, \cdots, r \\ i = 1, \cdots, mn \end{array} \right\},$$

且 $B_i^j = D_{t_i}^j, i = 1, \cdots, mn, j = 1, \cdots, r$.

$$E(G_1 \times C_r) = \left\{ (B_i^j, B_{i+1}^j) \middle| \begin{array}{l} j = 1, \cdots, r \\ i = 1, \cdots, mn, mn + 1 = 1 \end{array} \right\}$$
$$\cup \left\{ (B_i^j, B_i^{j+1}) \middle| \begin{array}{l} j = 1, \cdots, r; r + 1 = 1 \\ i = 1, \cdots, mn \end{array} \right\}.$$

在 $G_1 \times C_r$ 中构造

$$H_3 = (B_{1,2,\cdots,mn}^1, B_{mn,\cdots,2,1}^2, \cdots, B_{1,\cdots,mn}^{r-1}, B_{mn,\cdots,1}^r, B_1^1).$$

令

$$\widetilde{G} = (G_1 \times G_r - E(H_3)) \cup (G_2 \times I_r),$$

且 $G_1 \times G_r - E(H_3)$ 中顶点记号 B_i^j 用 $D_{t_i}^j$ 代替, 并注意到

$$B_1^j = D_1^j, \quad B_{mn}^j = D_4^j, \quad j = 1, 2, \cdots, r.$$

于是

$$V(\widetilde{G}) = \left\{ D_i^j \,\middle|\, j = 1, 2, \cdots, r, i = 1, 2, \cdots, mn \right\},$$

$$E(\widetilde{G}) = \left\{ D_i^j, D_{i+1}^j \,\middle|\, j = 1, \cdots, r, i = 1, \cdots, mn; mn + 1 = 1 \right\}$$

$$\cup \left\{ D_i^j, D_i^{j+1} \,\middle|\, j = 1, \cdots, r; r + 1 = 1, i = 2, 3, 5, 6, \cdots, mn \right\}$$

$$\cup \left\{ D_1^j, D_4^j \,\middle|\, j = 1, \cdots, r \right\}$$

$$\cup \left\{ D_1^{2s-1}, D_1^{2s} \,\middle|\, s = 1, \cdots, \frac{r}{2} \right\}$$

$$\cup \left\{ D_4^{2s}, D_4^{2s+1} \,\middle|\, s = 1, \cdots, \frac{r}{2}, r + 1 = 1 \right\},$$

下面画出 $\widetilde{G}$ 和它的两条 Hamilton 圈, 如图 5.2.9 和图 5.2.10 所示.

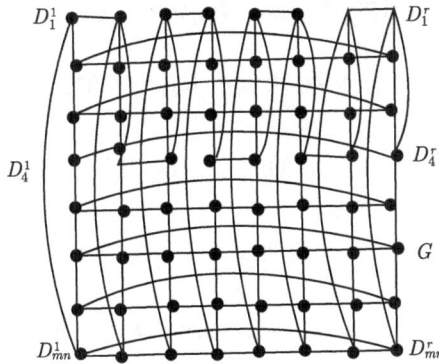

图 5.2.9 $\widetilde{G}$

$$\begin{aligned}
H_1 = (&D_{1,mn}^1, D_{mn,1,2,3,4,5}^2, D_{5,6,\cdots,mn}^r, D_{mn}^{r-1,\cdots,3}, \cdots, D_{mn-1}^{3,2,1}, D_{mn-2}^{1,2,3}, \\
&D_6^{1,2,3}, D_{5,4}^3, D_{1,4,\cdots,mn-1}^4, D_{mn-1,4,1}^5, D_{mn-1,4,1}^{r-1}, D_1^r, D_2^{r,r-1,\cdots,3}, \\
&D_3^{3,4,\cdots,r}, D_4^r, D_{4,3,2,1}^1),
\end{aligned}$$

$$\begin{aligned}
H_2 = (&D_{1,4,5}^1, D_6^{1,r,r-1,\cdots,3}, D_7^{3,4,\cdots,r,1}, \cdots, D_{mn-2}^{1,r,r-1,\cdots,3}, D_{mn-1,mn,1,2,3,4}^3, \\
&D_{4,3,2,1}^5, D_{4,3,2,1,mn,mn-1}^{r-1}, D_{mn-1}^{r,1}, D_{mn}^{1,r}, D_{1,4}^r, D_5^{r,r-1,\cdots,3,2}, \\
&D_{6,7,\cdots,mn}^2, D_2^{3,2,1,r}, D_3^{r,1,2,3}, D_4^{3,2}, D_1^{2,1}).
\end{aligned}$$

从而得到

$$C_m \times C_n \times C_r = H_1 \cup H_2 \cup H_3,$$

综合上述, 定理 5.2.1 成立.

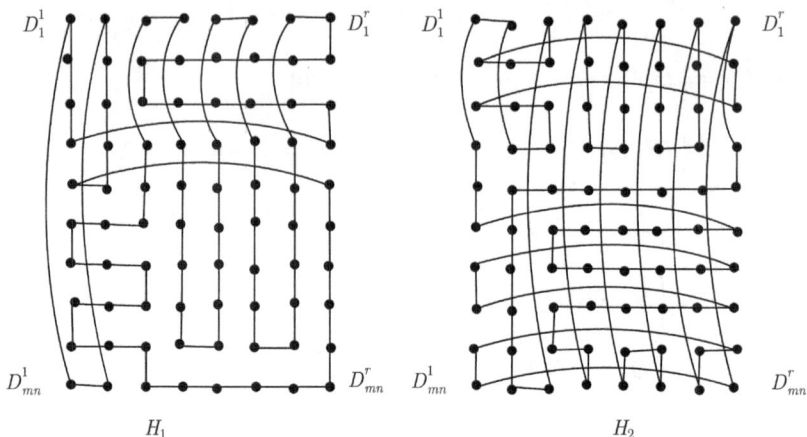

图 5.2.10　H_1 和 H_2

5.3　任意个圈的笛卡儿乘积的 Hamilton 圈分解

两个图笛卡儿乘积的邻接矩阵, 根据笛卡儿乘积的定义可以用两个图的邻接矩阵表示.

引理 5.3.1　阶数分别是 m, n 的图 G_1, G_2, 其笛卡儿乘积的邻接矩阵 $A(G_1 \times G_2)$ 是把矩阵 $A(G_1)$ 的元素改为子矩阵的 mn 阶对称 $(0,1)$-矩阵: 其对角线 0 元素改为子矩阵 $A(G_2)$, 非对角线元素如果为 1, 则改为单位矩阵 E_n, 如果为 0, 则改为 n 阶零矩阵 O_n.

由引理 5.3.1 我们可以定义两个主对角线元素为 0 的对称 $(0,1)$-矩阵的新的矩阵运算.

定义 5.3.1　设主对角线元素为 0 的对称 $(0,1)$-矩阵 A, B 分别为 m, n 阶方阵, 则矩阵 A, B 的笛卡儿乘积 $A \otimes B$ 是这样的 mn 阶对称方阵: 其主对角线子矩阵为 B, 而非主对角线子矩阵是矩阵 A 中对应元素 (0, 或 1) 乘以单位矩阵 E_n.

矩阵的笛卡儿乘积和矩阵的直积有如下联系:

$$A \otimes B = A \times E_n + E_m \times B.$$

由上式可以推出下面性质.

性质 1　如果 A_1, A_2 是 m 阶矩阵, B 为 n 阶矩阵, 则

$$(A_1 + A_2) \otimes B = A_2 \otimes B + A_1 \times E_n.$$

如果 A 为 m 阶矩阵, B_1, B_2 为 n 阶矩阵, 则有

$$A \otimes (B_1 + B_2) = A \otimes B_1 + E_m \times B_2,$$

或者

$$A \otimes (B_1 + B_2) = A \otimes B_2 + E_m \times B_1.$$

性质 2　如果 A_1, A_2 为 m 阶矩阵, B_1, B_2 为 n 阶矩阵, 则有

$$(A_1 + A_2) \otimes (B_1 + B_2) = A_1 \otimes B_1 + A_2 \otimes B_2,$$

一般地, 如果 $A_1, \cdots, A_s$ 为 m 阶矩阵, $B_1, \cdots, B_s$ 为 n 阶矩阵, 则有

$$(A_1 + A_2 + \cdots + A_s) \otimes (B_1 + B_2 + \cdots + B_s)$$
$$= A_1 \otimes B_1 + A_2 \otimes B_2 + \cdots + A_s \otimes B_s.$$

性质 3　如果 $A_1, A_2, \cdots, A_{s_1}$ 为 m 阶矩阵, $B_1, B_2, \cdots, B_{s_2}$ 为 n 阶矩阵, $s_2 > s_1$, 则有

$$(A_1 + A_2 + \cdots + A_{s_1}) \otimes (B_1 + B_2 + \cdots + B_{s_2})$$
$$= A_1 \otimes B_1 + A_2 \otimes B_2 + \cdots + A_{s_1} \otimes B_{s_1} + E_m \times B_{s_1+1} + \cdots + E_m \times B_{s_2}.$$

性质 4　$(A \otimes B)^{\mathrm{T}} = A^{\mathrm{T}} \otimes B^{\mathrm{T}}$.

性质 5　$A \otimes B \otimes C = (A \otimes B) \otimes C = A \otimes (B \otimes C)$, 即矩阵的笛卡儿乘积满足结合律.

性质 6　$(A_1 + A_2 + \cdots + A_s) \otimes (B_1 + B_2 + \cdots + B_s) \otimes \cdots \otimes (C_1 + C_2 + \cdots + C_s)$

$$= A_1 \otimes B_1 \otimes \cdots \otimes C_1 + A_2 \otimes B_2 \otimes \cdots \otimes C_2 + \cdots + A_s \otimes B_s \otimes \cdots \otimes C_s.$$

性质 7　如果 A, B 为对称 $(0,1)$-矩阵, 则存在初等行列置换矩阵 P, 使得

$$A \otimes B = P(B \otimes A)P^{\mathrm{T}}.$$

证明　设矩阵 A, B 对应的图分别为 G_1, G_2, 则 $G_1 \times G_2 \cong G_2 \times G_1$, 因而有 $A(G_1 \times G_2) = A(G_2 \times G_1)$, 只有顶点次序之差, 故存在初等置换矩阵 P, 使得

$$A \otimes B = P(B \otimes A)P^{\mathrm{T}}.$$

引理 5.3.2　如果图 G_1, G_2 恰好可以分解成 s 个 Hamilton 圈, 则 $G_1 \times G_2$ 恰好可以分解成 $2s$ 个 Hamilton 圈.

证明　设图 $G_i (i = 1, 2)$ 分解成 s 个 Hamilton 圈 $C_1^{(i)}, C_2^{(i)}, \cdots, C_s^{(i)}$, 则有

$$A(G_i) = \sum_{k=1}^{s} AC_k^{(i)}.$$

由性质 2 知,

$$A(G_1 \times G_2) = A(G_1) \otimes A(G_2) = \sum_{k=1}^{s} A(C_k^{(1)}) \otimes \sum_{k=1}^{s} A(C_k^{(2)}) = \sum_{k=1}^{s} A(C_k^{(1)}) \otimes A(C_k^{(2)}).$$

由定理 5.1.1 知, $A(C_k^{(1)}) \otimes A(C_k^{(2)})$ 对应的图 $C_k^{(1)} \times C_k^{(2)}$ 可以分解成两个圈之并, 所以 $G_1 \times G_2$ 恰好可以分解成 $2s$ 个 Hamilton 圈.

　　为了叙述方便, 若 G_1, G_2 恰好可以分解成 s_1, s_2 个 Hamilton 圈, 下面将 $G_1 \times G_2$ 简记为 $s_1 \otimes s_2$.

　　引理 5.3.3　设 $C_1, C_2, \cdots, C_r$ 都是 Hamilton 圈, 则 $C_1 \times C_2 \times \cdots \times C_r$ 恰好可以分解成 r 个 Hamilton 圈.

　　证明　在文献 [17] 中已经证明 $1 \otimes 1, 1 \otimes 1 \otimes 1$ 定理成立. 现设 r 从 2 直到 s 个 Hamilton 圈的笛卡儿乘积 $1 \otimes 1 \otimes 1 \otimes \cdots \otimes 1$(这里有 s 个 1) 定理成立, 要证 $s+1$ 个 Hamilton 圈定理成立. 因为笛卡儿乘积满足结合律, 如果 s 是奇数, 则有

$$1 \otimes 1 \otimes 1 \otimes \cdots \otimes 1(s+1 \text{个} 1)$$
$$= (1 \otimes 1 \otimes 1 \otimes \cdots \otimes 1)\left(\frac{s+1}{2} \text{个} 1\right) \otimes (1 \otimes 1 \otimes 1 \otimes \cdots \otimes 1)\left(\frac{s+1}{2} \text{个} 1\right).$$

由引理 4.3.2 知, $s+1$ 个 Hamilton 圈的笛卡儿乘积可以分解成 $2 \cdot \left(\dfrac{s+1}{2}\right) = s+1$ 个 Hamilton 圈.

　　如果 s 是偶数, 则

$$1 \otimes 1 \otimes 1 \otimes \cdots \otimes 1(s+1 \text{个} 1)$$
$$= (1 \otimes 1 \otimes 1 \otimes \cdots \otimes 1)\left(\frac{s}{2} \text{个} 1\right) \otimes (1 \otimes 1 \otimes 1 \otimes \cdots \otimes 1)\left(\frac{s}{2}+1 \text{个} 1\right).$$

由文献 [51] 知, $s+1$ 个 Hamilton 圈的笛卡儿乘积可以分解成 $\dfrac{s}{2} + \left(\dfrac{s}{2}+1\right) = s+1$ 个 Hamilton 圈.

　　由引理 5.3.3 可得下面定理.

　　定理 5.3.1　如果图 $G_1, G_2, \cdots, G_r$ 分别恰好可分解成 s 个 Hamilton 圈, 则 $G_1 \times G_2 \times \cdots \times G_r$ 恰好可以分解成 $r \cdot s$ 个 Hamilton 圈.

　　证明　设图 $G_i(i = 1, 2, \cdots, r)$ 的邻接矩阵为 A_i, 则 $G_1 \times G_2 \times \cdots \times G_r$ 的邻接矩阵为 $A_1 \otimes A_2 \otimes \cdots \otimes A_r$. 又因为 G_i 恰好可以分解成 s 个 Hamilton 圈, 所以 $A_i = \sum_{k=1}^{s} A_i^{(k)}$, 这里 $A_i^{(k)}$ 是图 G_i 的第 k 个 Hamilton 圈所对应的邻接矩阵, 则由性质 6 知,

$$A_1 \otimes A_2 \otimes \cdots \otimes A_r = \left(\sum_{k=1}^{s} A_1^{(k)}\right) \otimes \left(\sum_{k=1}^{s} A_2^{(k)}\right) \otimes \cdots \otimes \left(\sum_{k=1}^{s} A_r^{(k)}\right)$$

$$= \sum_{k=1}^{s} A_1^{(k)} \otimes A_2^{(k)} \otimes \cdots \otimes A_r^{(k)}.$$

$A_1^{(k)} \otimes A_2^{(k)} \otimes \cdots \otimes A_r^{(k)}$ 是 $1 \otimes 1 \otimes 1 \otimes \cdots \otimes 1 (r$ 个 $1)$ 型的笛卡儿乘积, 由引理 4.3.3 知, 可以分解成 r 个 Hamilton 圈, 所以 $A_1 \otimes A_2 \otimes \cdots \otimes A_r$ 可以分解为 $r \cdot s$ 个 Hamilton 圈.

推论 5.3.1 如果图 $G_1, G_2, \cdots, G_r$ 含有 s 个边不相交的 Hamilton 圈, 则 $G_1 \times G_2 \times \cdots \times G_r$ 至少含有 $r \cdot s$ 个 Hamilton 圈.

证明 设图 $G_i (i = 1, 2, \cdots, r)$ 的邻接矩阵为 A_i, 则有 $A_i = \overline{A_i} + A_{i_0}$, 这里 $\overline{A_i}$ 是图 G_i 中 s 个 Hamilton 圈所对应的邻接矩阵, A_{i_0} 是 $A_i - \overline{A_i}$ 后所剩余的矩阵, 则有

$$A_1 \otimes A_2 \otimes \cdots \otimes A_r = (\overline{A_1} + A_{10}) \otimes (\overline{A_2} + A_{20}) \otimes \cdots \otimes (\overline{A_r} + A_{r0})$$
$$= (\overline{A_1} \otimes \overline{A_2} \otimes \cdots \otimes \overline{A_r}) + (A_{10} \otimes A_{20} \otimes \cdots \otimes A_{r0}).$$

由定理 5.3.1 知, 第一项含有 $r \cdot s$ 个 Hamilton 圈, 因此, $G_1 \times G_2 \times \cdots \times G_r$ 至少含有 $r \cdot s$ 个 Hamilton 圈.

5.4 本 章 小 结

本章主要介绍了圈的笛卡儿乘积的 Hamilton 圈分解, 主要从两个圈和三个圈的笛卡儿乘积的 Hamilton 圈分解, 最后利用矩阵与圈的关系解决了所有的圈的笛卡儿乘积的 Hamilton 圈分解.

第 6 章　完备残差图的重要性质

完备残差图是由 Erdös, Harary 和 Klawe 在文献 [22] 中提出的, 对于任意正整数 m 和 n 证明了 $(m+1)K_n$ 是唯一的具有最小阶 $(m+1)n$ 的 m-K_n-残差图, 同时证明了 C_5 是唯一的具有最小阶 5 的连通的 K_2-残差图. 当 $1 < n \neq 2$ 时, 连通的 K_n-残差图的最小阶是 $2(n+1)$; 当 $n \neq 2, 3, 4$ 时, $K_{n+1} \times K_2$ 是唯一的具有最小奇数阶 K_n-残差图.

6.1　完备残差图的概念及其相关性质

定义 6.1.1　设 F 是一个给定的图, 如果对每一个顶点 $u \in V(G)$, 从 G 中减去 u 的闭邻域 $N^*(u)$ 得到的图与 F 同构, 则称图 G 为 F-残差图. 递归地定义 G 是 m-F-残差图, 对于任意 $u \in V(G)$, $G - N^*(u)$ 得到的图都是 $(m-1)$-F-残差图, 1-F 残差图简单地叫做 F-残差图.

下面介绍 F-残差图的重要性质, 由下面引理给出.

引理 6.1.1　若 G 是 m-F-残差图, 则有 $\alpha(G) = m + \alpha(F)$.

证明　下面利用数学归纳法证明.

当 $m = 1$ 时, 对任意的 $u \in G$, 则 $G_u = G - N(u) \cong F$, 故 G_u 中有一个 $r = \alpha(F)$ 独立集 $u_1, u_2, \cdots, u_r$, 故 $u, u_1, u_2, \cdots, u_r$ 是 G 的 $r+1$ 独立集, 所以

$$\alpha(G) \geqslant 1 + r = 1 + \alpha(F).$$

设 $v_1, v_2, \cdots, v_{\alpha(G)}$ 是 G 的一个最大独立集, 则

$$G_u = G - N(v_1) \cong F, \quad \{v_2, v_3, \cdots, v_{\alpha(G)}\} \subset G_1$$

是 $G_1 \cong F$ 的一个独立集, 故 $\alpha(G) - 1 \leqslant \alpha(G_1) = \alpha(F)$, 即有 $\alpha(G) \leqslant 1 + \alpha(F)$.

综上有 $\alpha(G) = 1 + \alpha(F)$.

假设当 $m - 1 \geqslant 1$ 命题成立, 设 G 是 m-F-残差图, 对任意的 $u \in G$, $G_u = G - N(u)$ 是 $(m-1)$-F-残差图, 故

$$G_u = m - 1 + \alpha(F).$$

设 $u_1, u_2, \cdots, u_l$, 这里 $l = \alpha(F)$ 是 G_u 的一个独立集, 故 $u, u_1, u_2, \cdots, u_l$ 是 G 的一个独立集, 故

$$\alpha(G) \geqslant 1 + l = 1 + m - 1 + \alpha(F) = m + \alpha(F).$$

若 $v_1, v_2, \cdots, v_{\alpha(G)}$ 是 G 的最大独立集, 则 $v_2, v_3, \cdots, v_{\alpha(G)}$ 是 $G_1 = G - N(v_1)$ 的一个独立集, 故

$$\alpha(G) - 1 \leqslant \alpha(G_1) = (m-1) + \alpha(F),$$

即为 $\alpha(G) \leqslant m + \alpha(F)$.

综上证明了 $\alpha(G) = m + \alpha(F)$.

根据引理 6.1.1 可以得到下面几个引理.

引理 6.1.2 若 G 是 m-F-残差图, 则 G 的每一个点都在 G 的一个最大独立集 $\alpha(G)$ 中.

引理 6.1.3 若 G 是 m-F-残差图, 则 G 的任一 m-独立集 $\{u_1, u_2, \cdots, u_m\}$, 有

$$G - N(u_1) - N(u_2) - \cdots - N(u_m) \cong F.$$

证明 用数学归纳法证明, 当 $m = 1$ 时, 由定义 6.1.1 知, 结论成立. 假设对于 $m - 1$ 时结论成立, 若 G 是 m-F-残差图, $\{u_1, u_2, \cdots, u_m\}$ 是 G 的任一 m-独立集, 则有 $G_1 = G - N(u_1)$ 是 $(m-1)$-F-残差图, 则由归纳假设可知 $\{u_2, u_3, \cdots, u_m\}$ 是 G_1 的一个 $m - 1$-独立集, 故

$$G_1 - N(u_2) - N(u_3) - \cdots - N(u_m) \cong F,$$

即有

$$G - N(u_1) - N(u_2) - \cdots - N(u_m) \cong F.$$

由于 $\alpha(K_n) = 1$, 所以由引理 6.1.1 可直接得到下面引理.

引理 6.1.4 设 G 是连通的 m-K_n-残差图, 则 G 有最大独立集 $\alpha(G) = m + 1$.

由文献 [22] 中的重要引理可得如下引理.

引理 6.1.5 设 G 是 F-残差图, 则对任意 $u \in G$, 则 $d(u) = \nu(G) - \nu(F) - 1$.

6.2 奇阶完备残差图的性质

对于奇数阶的完备残差图是残差图的重要的一类, 研究其奇数阶的完备残差图的最小阶与图形的构造, 可以应用到组合优化以及网络优化中, 所以研究其性质是很重要的.

定理 6.2.1 对于任意奇数 n 不存在奇阶 K_n-残差图.

证明　由引理 6.1.5 以及如下事实 $\sum\limits_{x \in V(G)} d(x) \equiv 0 (\mathrm{mod} 2)$, 即可证明引理 6.2.1.

定理 6.2.2　设 t 是正奇数, G 是具有奇阶 $m = 2n + t$ 的 K_n-残差图, 则 $n \leqslant 2t$.

证明　设 $G = (V, E)$ 是具有奇阶 $m = 2n + t$ 的 K_n-残差图, 因为 $2K_n$ 是唯一的不连通的 K_n-残差图, 所以 G 是必连通的. 又由引理 6.1.5, 有

$$d(x) = 2n + t - n - 1 = n + t - 1, \quad \forall x \in V(G). \tag{6.2.1}$$

任取 $x \in V(G)$, 令

$$H_1 = G - N^*(x) = \langle Y \rangle = \langle y_1, y_2, \cdots, y_n \rangle \cong K_n,$$

这里记 $\langle Y \rangle = \langle y_1, y_2, \cdots, y_n \rangle$, 为子集 $Y = \{y_1, y_2, \cdots, y_n\}$ 的导出子图. 如果 $V(G) = \{v_1, v_2, \cdots, v_n\}$. 我们也记 $G = \langle V \rangle = \langle v_1, v_2, \cdots, v_n \rangle$, 令

$$H_2 = G - N^*(y_1) = \langle x_1, x_2, \cdots, x_n \rangle \cong K_n,$$

则 $x \in V(H_2)$, 不妨设 $x = x_1$, 所以有

$$V(H_1) \subseteq N^*(y_1), \quad V(H_2) \subseteq N^*(x_1),$$

$$V(H_1) \cap V(H_2) = \varnothing,$$

$$|N^*(x_1) \cap N^*(y_1)| = t.$$

记

$$N^*(x_1) \cap N^*(y_1) = W = \{v_1, v_2, \cdots, v_t\}.$$

首先证明: 如果 $n \geqslant 2t - 2$, 则存在 $x_i \in V(H_2)$, 与某个 $y_j \in V(H_1)$ 相邻, 假定对每个 $x_i \in V(H_2)$ 都不与 $V(H_1)$ 中的顶点相邻, 根据式 (6.2.1) 就会有

$$N^*(x_i) \cap N^*(y_j) = W; \quad i, j = 1, 2, \cdots, n,$$

对任意的 $v \in W$, v 与 $V(H_1) \cup V(H_2)$ 中的每一点相邻, 于是

$$d(v_i) = n + t - 1 \geqslant 2n.$$

当 $t \geqslant 3$ 时, 有 $n \leqslant t - 1 < 2t - 2$, 这与 $n \geqslant 2t - 2$ 矛盾, 故对任意 $v \in W$,

$$V(H_1) \cup V(H_2) - N^*(v) \neq \varnothing. \tag{6.2.2}$$

下面考虑 $t = 1$. 此时, $W = \{v_1\}$, 每个 $x_i \in V(H_2)$ 至多与一个 $y_j \in H_1$ 邻接. 于是, 如果 x_2 与 y_2 相邻, 且 $G - N^*(v) = H \cong K_n$, 则有

$$\{x_2, y_2\} \subseteq V(H) \subseteq V(H_1) \cup V(H_2),$$

没有 $y_i \neq y_2$, $y_i \in V(H)$. 否则会有

$$d(x_2) \geqslant n - 1 + 2 = n + t = n + 1,$$

这与 $d(x_2) = n + t - 1 = n$ 矛盾. 同理, 没有 $x_i \neq x_2$, $x_i \in V(H)$, 所以

$$H = G - N^*(v) = \langle y_2, x_2 \rangle \cong K_n.$$

此时 $n = 2$, 从而证明了当 $t = 1$ 时定理成立, 所以在后面我们假设 $t \geqslant 3$.

当 $t \geqslant 3$, $n \geqslant 2t - 2$ 时, 我们证明存在某个 $v_i \in W$, 使得

$$V(H_1) - N^*(v_i) \neq \varnothing,$$

$$V(H_2) - N^*(v_i) \neq \varnothing$$

同时成立. 假设相反, 对每一个 $v \in W$ 都有

$$V(H_1) - N^*(v_i) \neq \varnothing,$$

$$V(H_2) - N^*(v_i) = \varnothing, \quad v_i \in W. \tag{6.2.3}$$

令

$$W_1 = \{v \in W | V(H_1) \subseteq N^*(v)\}, \quad |W_1| = l,$$

$$W_2 = \{v \in W | V(H_2) \subseteq N^*(v)\}, \quad |W_2| = r. \tag{6.2.4}$$

由式(6.2.2), 没有 $v \in W$, 使得 $V(H_1) \cup V(H_2) \subseteq N^*(v)$, $v \in W$, 再结合式(6.2.3), 有

$$W = W_1 \cap W_2, \quad W_1 \cap W_2 = \varnothing, \quad l + r = t. \tag{6.2.5}$$

下面证明

$$\langle W_1 \rangle \cong K_l, \quad \langle W_2 \rangle \cong K_r. \tag{6.2.6}$$

如果存在两个顶点 $u, v \in W_1$, 使得 u 与 v 不相邻, 令

$$G - N^*(u) = H_3 \cong K_n,$$

于是有 $v \in V(H_3)$, 又由式 (6.2.4) 知 $V(H_1) \subseteq N^*(u)$, 因此

$$V(H_2) - N^*(u) = V(H_2) - (N^*(u) - V(H_2))$$

$$=V(H_2) - (N(u) - V(H_2))|V(H_2) - N^*(u)|$$

$$\geqslant |V(H_2)| - |N(u) - V(H_2)| = n - (d(u) - n)$$

$$=n - (n + t - 1 - n) = n - t + 1 \geqslant 2t - 2 - t + 1 = t - 1.$$

因为

$$V(H_3) \cap V(H_2)$$

$$=(V(G) - N^*(u)) \cap V(H_2)$$

$$=V(H_2) - N^*(u),$$

所以

$$|V(H_3) \cap V(H_2)| \geqslant t - 1,$$

又由式 (6.2.4), 可知

$$V(H_1) \subset N^*(u), \quad V(H_3) \cap V(H_2) \subset N^*(u),$$

以及

$$x_1 \in N^*(u) \cap N^*(v) \cap V(H_2),$$

因此有

$$V(H_1) \cup (V(H_3) \cap V(H_2)) \cup (N^*(u) \cap N^*(v) \cap V(H_2)) \subset N(v),$$

$$d(v) \geqslant |V(H_1)| + |V(H_3) \cap V(H_2)| + |N^*(u) \cap N^*(v) \cap V(H_2)|$$

$$\geqslant n + t - 1 + 1 = n + t$$

矛盾. 从而证明了 $\langle W_1 \rangle \cong K_l$. 类似可证明 $\langle W_2 \rangle \cong K_r$.

令 $A, B \subseteq V(G)$ 是 $V(G)$ 的两个互不相交的子集, 记

$$S(A, B) = \{e \in E(G) | e = (x, y), x \in A, y \in B\},$$

设 $|S(W_1, W_2)| = k$, 因为

$$V(G) = V(H_1) \cup V(H_2) \cup W = V(H_1) \cup V(H_2) \cup W_1 \cup W_2,$$

由式 (6.2.4) 和 (6.2.6) 与 $v \in W_1$, 有

$$V(H_1) \subset N^*(v)\langle W_1 \rangle \cong K_l$$

和 $d(v) = n + t - 1$ 成立, 则有

$$S(W_1, V(H_2)) = \bigcup_{x \in W_1} S(x) - S(W_1, V(H_1)) - S(W_1, W_2) - \{(x, y) | x, y \in W_1\},$$

其中

$$S(x) = \{(x,y)|(x,y) \in E(G), y \in V(G)\},$$

因此

$$|S(W_1, V(H_2))|$$
$$= l(n + t - 1) - ln - k - l(l - 1)$$
$$= l(t - l) - k.$$

类似地,

$$|S(W_2, V(H_1))| = r(t - r) - k.$$

由式 (6.2.5) 可得

$$r(t - r) = (t - l)[t - (t - l)] = l(t - l),$$

于是有

$$|S(W_1, V(H_2))| = |S(W_2, V(H_1))|.$$

因为

$$|S(W, V(H_1))|$$
$$= |S(W_1, V(H_1))| + |S(W_2, V(H_1))|$$
$$= ln + |S(W_2, V(H_1))|, \tag{6.2.7}$$

$$|S(W, V(H_2))|$$
$$= |S(W_1, V(H_2))| + |S(W_2, V(H_2))|$$
$$= rn + |S(W_1, V(H_2))|, \tag{6.2.8}$$

又由式 (6.2.5) 和 (6.2.6), 得到

$$|S(W, V(H_1))| = n(n + t - 1) - |S(V(H_1), V(H_2))| - n(n - 1),$$

$$|S(W, V(H_2))| = n(n + t - 1) - |S(V(H_1), V(H_2))| - n(n - 1).$$

比较式 (6.2.7) 和 (6.2.8) 得到

$$|S(W_1, V(H_1))| = |S(W_2, V(H_2))|,$$

从而有 $ln = rn$, 但是由于 $l + r = t$ 为一个奇数, 所以导致矛盾, 因此式 (6.2.3) 不成立. 从而证明了存在一点 $v \in W$, 使得

$$H_3 = G - N^*(v) \cong K_n,$$

$$V(H_3) \cap V(H_1) \neq \varnothing,$$
$$V(H_3) \cap V(H_2) \neq \varnothing. \tag{6.2.9}$$

由式 (6.2.1) 和 $V(H_1) - N^*(v_i) \neq \varnothing$, $V(H_2) - N^*(v_i) \neq \varnothing$, 以及式 (6.2.9) 可知,

$$|V(H_3) - V(H_1)| \leqslant t, \tag{6.2.10}$$

$$|V(H_3) - V(H_2)| \leqslant t, \tag{6.2.11}$$

$$|V(H_3) \cap V(H_1)| \leqslant t, \tag{6.2.12}$$

$$|V(H_3) \cap V(H_2)| \leqslant t. \tag{6.2.13}$$

因为, 如果 $|V(H_3) - V(H_1)| \geqslant t+1$, 则有 $y_i \in V(H_1) \cap V(H_3)$, 使得

$$d(y_i) \geqslant t+1+n-1 = n+t$$

与

$$d(y_i) = n+t-1$$

矛盾, 所以

$$|V(H_3) - V(H_1)| \leqslant t.$$

类似地,

$$|V(H_3) - V(H_2)| \leqslant t.$$

对于式 (6.2.12), 假定

$$|V(H_3) \cap V(H_1)| \geqslant t+1,$$

由 $V(H_1) \cap V(H_2) = \varnothing$, 导致

$$V(H_3) \cap V(H_1) \subseteq V(H_3) - V(H_2),$$

从而得到

$$|V(H_3) - V(H_2)| \geqslant |V(H_3) \cap V(H_1)| \geqslant t+1,$$

又导致矛盾, 所以式 (6.2.12) 成立. 类似地, 式 (6.2.13) 成立, 因为

$$V(H_3) = (V(H_3) - V(H_1)) \cup (V(H_3) \cap V(H_1)),$$

于是

$$n = |V(H_3)| = |V(H_3) - V(H_1)| + |V(H_3) \cap V(H_1)|$$
$$\leqslant t + t = 2t.$$

定理 6.2.3 设 $G = (V, E)$ 是 $2n + t$ 阶的 K_n-残差图, 其中 $n = 2t$, t 为奇数, 则 $G \cong C_5[K_t]$.

证明 如定理 6.2.2, 任取 $x \in V(G)$, 令

$$H_1 = G - N^*(x) = \langle y_1, y_2, \cdots, y_n \rangle \cong K_n,$$

$$H_2 = G - N^*(y_1) = \langle x_1, x_2, \cdots, x_n \rangle \cong K_n.$$

记 $x = x_1$,

$$N^*(x_1) \cap N^*(y_1) = W = \{v_1, v_2, \cdots, v_t\},$$

$$H_3 = G - N^*(v_1) \cong K_n,$$

根据式 (6.2.10)—(6.2.13) 和条件 $n = 2t$, 得到

$$|V(H_3) \cap V(H_1)| = |V(H_3) \cap V(H_2)| = t.$$

不失一般性, 令

$$V(H_3) \cap V(H_1) = \{y_{t+1}, \cdots, y_n\} = Y_2,$$

$$V(H_3) \cap V(H_2) = \{x_{t+1}, \cdots, x_n\} = X_2.$$

于是

$$G - N^*(y_n) = \langle x_1, x_2, \cdots, x_t, v_1, v_2, \cdots, v_t \rangle = \langle X_1 \cup W \rangle \cong K_n,$$

$$X_1 = \{x_1, x_2, \cdots, x_t\},$$

$$G - N^*(x_n) = \langle y_1, y_2, \cdots, y_t, v_1, v_2, \cdots, v_t \rangle = \langle Y_1 \cup W \rangle \cong K_n,$$

$$Y_1 = \{y_1, y_2, \cdots, y_t\}.$$

于是, 所有的邻接关系都已清楚, 从而得到 $G \cong C_5[K_t]$.

定理 6.2.4 设 $t \geqslant 3$ 为奇数, $n = 2t - 2$, 则存在 $2n + t$ 阶的 K_n-残差图.

证明 此证明为构造性的证明, 令 $G = (V, E)$ 是 $2n + t$ 阶的图, 其邻接关系如下定义, 任取 $x_1 \in V(G)$, 令

$$H_1 = G - N^*(x_1) = \langle Y \rangle = \langle y_1, y_2, \cdots, y_n \rangle \cong K_n,$$

$$H_2 = G - N^*(y_1) = \langle X \rangle = \langle x_1, x_2, \cdots, x_n \rangle \cong K_n,$$

$$N^*(x_1) \cap N^*(y_1) = \{a, b\} \cup W, \quad W = \{v_1, v_2, \cdots, v_{t-2}\},$$

使得

$$\langle \{a\} \cup W \rangle \cong K_{t-1}, \quad \langle \{b\} \cup W \rangle \cong K_{t-1},$$

$$G - N^*(v_i) = \langle A \cup B \rangle \cong K_n,$$

$$A = \{x_t, x_{t+1}, \cdots, x_n\}, \quad B = \{y_t, y_{t+1}, \cdots, y_n\},$$

$$G - N^*(a) = \langle Y - \{y_1\} \cup \{b\} \rangle \cong K_n,$$

$$G - N^*(b) = \langle X - \{x_1\} \cup \{a\} \rangle \cong K_n,$$

$$G - N^*(x_j) = \langle (Y - B) \cup W \cup \{b\} \rangle \cong K_n, \quad x_j \in A,$$

$$G - N^*(y_j) = \langle (X - A) \cup W \cup \{a\} \rangle \cong K_n, \quad y_j \in B,$$

$$G - N^*(x_i) = \langle Y - \{y_i\} \cup \{b\} \rangle \cong K_n, \quad i = 2, \cdots, t-1,$$

$$G - N^*(y_i) = \langle X - \{x_i\} \cup \{a\} \rangle \cong K_n, \quad i = 2, \cdots, t-1.$$

G 中任意两点的邻接关系由上列公式完全确定, 这些公式证明了 G 是 K_n-残差图.

　　$t = 5$, $n = 2t - 2 = 8$ 对应的 K_8-残差图如图 6.2.1 所示, 图中 G 的两个顶点是邻接的, 如果这两个顶点被一条线连接起来且 x_i 与 x_j 相邻, y_i 与 y_j 相邻, $i \neq j; i, j = 1, 2, \cdots, 8$.

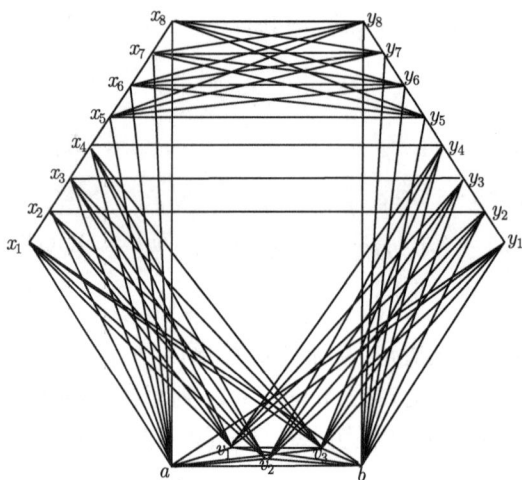

图 6.2.1　K_8-残差图

　　定理 6.2.5　对任意正偶数 n, 当 $n \equiv 2(\mathrm{mod}\,4)$ 时, K_n-残差图的最小奇阶为 $\dfrac{5n}{2}$, 当 $n \equiv 0(\mathrm{mod}\,4)$ 时, K_n-残差图的最小奇阶为 $\dfrac{5n}{2} + 1$.

　　证明　由定理 6.2.3 和定理 6.2.4 直接得到.

　　最后对 $n = 2, 4, 6$, 我们分别构造 $2n + 5$ 阶 K_n-残差图, 图 6.2.2 是 9 阶 K_2-残差图, 图 6.2.3 是 13 阶 K_4-残差图, 图 6.2.4 是 17 阶 K_2-残差图. 在每个图中,

两个顶点是相邻的, 如果它们被一条线相连接, 且 x_i 与 x_j 相邻, y_i 与 y_j 相邻, $i \neq j;\ i, j = 1, 2, \cdots, n.$

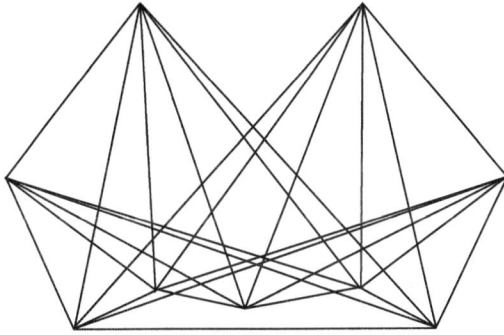

图 6.2.2   9 阶 K_2-残差图

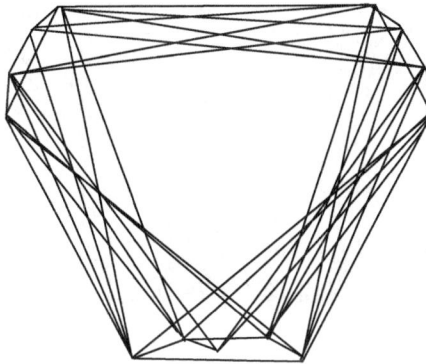

图 6.2.3   13 阶 K_4-残差图

对于奇数 t 和 $n = 2t - 4$, 构造相应的 $2n + t$ 阶 K_n-残差图. 令 $G = (V, E)$ 是 $2n + t$ 阶的图, 其邻接关系定义如下. 令

$$H_1 = G - N^*(x_1) = \langle y_1, y_2, \cdots, y_n \rangle = \langle Y \rangle \cong K_n,$$

$$H_2 = G - N^*(y_1) = \langle x_1, x_2, \cdots, x_n \rangle = \langle X \rangle \cong K_n,$$

$$N^*(x_1) \cap N^*(y_1) = a, \quad bW = \{v_1, v_2, \cdots, v_{t-2}\},$$

$$G - N^*(v_i) = \langle a, b, x_t, x_{t+1}, \cdots, x_n, y_t, y_{t+1}, \cdots, y_n \rangle \cong K_n, \quad i = 1, \cdots, t-2,$$

$$G - N^*(a) = \langle W \cup \{y_2, y_3, \cdots, y_{t-1}\} \rangle \cong K_n,$$

$$G - N^*(b) = \langle W \cup \{x_2, x_3, \cdots, x_{t-1}\} \rangle \cong K_n,$$

$$G - N^*(x_2) = \langle y_1, y_3, y_4, \cdots, y_n, b \rangle,$$

$$G - N^*(y_2) = \langle x_1, x_3, x_4, \cdots, x_n, a \rangle,$$

$$G - N^*(x_i) = \langle (Y - \{y_t, y_{t+1}, \cdots, y_n, y_{i-t+3}\}) \cup W \rangle \cong K_n, \quad i = t, t+1, \cdots, n,$$

$$G - N^*(y_i) = \langle (X - \{x_t, x_{t+1}, \cdots, x_n, x_{i-t+3}\}) \cup W \rangle \cong K_n, \quad i = t, t+1, \cdots, n,$$

$$G - N^*(x_i) = \langle (Y - \{x_{i-t+3}\}) \cup \{b\} \rangle \cong K_n, \quad i = 3, 4, \cdots, t-1,$$

$$G - N^*(y_i) = \langle (X - \{x_{i-t+3}\}) \cup \{a\} \rangle \cong K_n, \quad i = 3, 4, \cdots, t-1.$$

邻接关系中 K_8-残差图一样是清楚的.

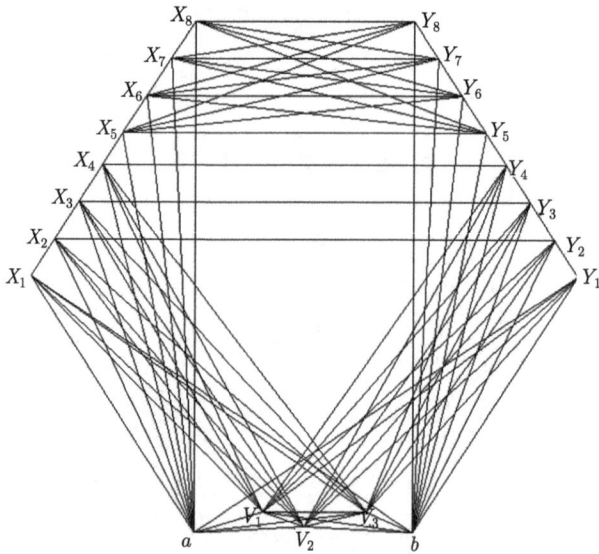

图 6.2.4　17 阶 K_2-残差图

6.3　完备残差图的次最小阶

定理 6.3.1　设 G 是连通的 K_n-残差图, $v(G) = 2n + 3$, 则 $n = 2, 4, 6$.

证明　令 G 是连通的 K_n-残差图, $v(G) = 2n + 3$, 根据文献 [1] 的 [注], 有

$$d(x) = 2n + 3 - n - 1 = n + 2, \quad x \in V(G). \tag{6.3.1}$$

由于对任意图 G, 度数为奇数的顶点数为偶数, 而 $v(G) = 2n + 3$ 为奇数, 故 $n + 2$ 不能为奇数, 即

$$n \equiv 0 (\text{mod} \, 2). \tag{6.3.2}$$

对任一顶点 $x \in V(G)$, 令

$$H_1 = G - N^*(x) = \langle y_1, y_2, \cdots, y_n \rangle \cong K_n, \tag{6.3.3}$$

$$H_2 = G - N^*(y_1) = \langle x_1, x_2, \cdots, x_n \rangle \cong K_n. \tag{6.3.4}$$

这里 $x_1 = x$. 显然有

$$V(H_1) \cap V(H_2) = \varnothing, \tag{6.3.5}$$

且

$$|N^*(x_1) \cap N^*(y_1)| = 3. \tag{6.3.6}$$

记

$$W = N^*(x_1) \cap N^*(y_1) = \{z_1, z_2, z_3\}, \tag{6.3.7}$$

我们指出 W 中必有两点彼此相邻, 如果 z_1 与 z_2, z_3 不相邻, 令

$$G - N^*(z_1) = H_3 \cong K_n, \tag{6.3.8}$$

则有 $z_2, z_3 \in V(H_3)$, 故 z_2 与 z_3 相邻.

下面证明必有某个 $x_i \in V(H_1)$ 与某个 $y_j \in V(H_2)$ 相邻, 根据式 (6.3.1), 有

$$W \subseteq N^*(x_i) \cap N^*(y_j), \quad i, j = 1, 2, \cdots, n. \tag{6.3.9}$$

由式 (6.3.1),(6.3.2),(6.3.8),(6.3.9) 得到

$$n + 2 = d(z_2) \geqslant 2n + 1 \geqslant n + 3, \tag{6.3.10}$$

导致矛盾.

下面证明当 $n > 2$ 时, 存在 $z_i \in W$, 设为 z_1, 使得

$$V(H_1) - N^*(z_1) \neq \varnothing,$$

$$V(H_2) - N^*(z_1) \neq \varnothing \tag{6.3.11}$$

同时成立. 假定

$$V(H_1) - N^*(z_i) \neq \varnothing \rightarrow V(H_2) - N^*(z_i) = \varnothing,$$

$$V(H_2) - N^*(z_i) \neq \varnothing \rightarrow V(H_1) - N^*(z_i) = \varnothing, \tag{6.3.12}$$

根据抽屉原理, 必有某个 $V(H_i)$ 包含在 W 中两个顶点的闭邻域内, 不失一般性, 设

$$V(H_1) \subseteq N^*(z_1) \cap N^*(z_2). \tag{6.3.13}$$

根据式 $(6.3.1),(6.3.3),(6.3.4),(6.3.7)\sim(6.3,9),(6,3,13)$, 有

$$\left| \left| S(V(H_1) \times V(H_2)) \right| - \left| \sum_{v \in V(H_1)} d_{H_1}(v) \right| - S(V(H_1) \times W) \right|$$
$$\leqslant n(n+2) - n(n-1) - 2n - 1 = n-1, \tag{6.3.14}$$

$$|S(V(H_2) \times W)| \leqslant 3(n+2) - 2n - 1 - 2 = n+3, \tag{6.3.15}$$

$$\left| S\left(V(H_2) \times \overline{V(H_2)} \right) \right|$$
$$= |S(V(H_2) \times V(H_1))| + |S(V(H_1) \times W)|$$
$$\leqslant n - 1 + n + 3 = 2n + 2. \tag{6.3.16}$$

这里, 设 A, B 是图 $V(G)$ 的两个不交的非空子集, $S(A \times B)$ 记 G 中端点分别在 A 和 B 中边构成的边子集. 于是有

$$n(n+2) = \sum_{v \in V(H_2)} d(v)$$
$$= \sum_{v \in V(H_2)} d_{H_2}(v) + \left| S\left(V(H_2) \times \overline{V(H_2)} \right) \right|$$
$$\leqslant n(n-1) + 2n + 2 = n^2 + n + 2. \tag{6.3.17}$$

由式 (6.3.17) 得到 $n = 2$, 故当 $n > 2$ 时, 式 (6.3.17), (6.3.12) 不成立, 从而证明了式 (6.2.11) 成立. 根据式 (6.3.1), (6.3.11) 令

$$G - N^*(z_1) = H_3 \cong K_n. \tag{6.3.18}$$

我们证明下列各式成立

$$|V(H_3) - V(H_1)| \leqslant 3, \tag{6.3.19}$$

$$|V(H_3) - V(H_2)| \leqslant 3, \tag{6.3.20}$$

$$|V(H_3) \cap V(H_1)| \leqslant 3, \tag{6.3.21}$$

$$|V(H_3) \cap V(H_2)| \leqslant 3. \tag{6.3.22}$$

如果 $|V(H_3) - V(H_1)| \geqslant 4$, 根据式 (6.3.11), 有某个 $y_i \in V(H_3) \cap V(H_1)$ 满足

$$(n+2) = d(y_i)$$
$$\geqslant d_{H_1}(y_i) + |V(H_3) - V(H_1)|$$
$$\geqslant n - 1 + 4 = n + 3,$$

导致矛盾, 故式 (6.3.19) 成立. 同理式 (6.3.20) 成立.

如果 $|V(H_3) \cap V(H_2)| \geqslant 4$, 由

$$V(H_1) \cap V(H_2) = \varnothing,$$

又导致

$$|V(H_3) - V(H_1)| \geqslant |V(H_3) \cap V(H_2)| \geqslant 4,$$

同样得到矛盾. 故式 (6.3.19)~(6.3.22) 成立. 故当 $n > 2$ 时, 有

$$\begin{aligned}
n &= |V(H_3)| \\
&= |V(H_3) - V(H_1)| + |V(H_3) \cap V(H_1)| \\
&\leqslant 3 + 3 = 6,
\end{aligned}$$

故仅当 $n = 2, 4, 6$ 时, 可能存在 $2n + 3$ 阶的 K_n-残差图.

下面我们分别构造出 $n = 2, 4, 6$ 时, $2n + 3$ 阶的 K_n-残差图, 并证明 $n = 6$ 时, $2n + 3 = 15$ 阶的 K_6-残差图的唯一性.

当 $n = 6$ 时, 由式 (6.3.19)~(6.3.22), 得到

$$|V(H_3) \cap V(H_1)| = 3, \quad V(H_3) \cap V(H_2) = 3. \tag{6.2.23}$$

不失一般性, 令

$$G - N^*(z_1) = H_3 = \langle x_4, x_5, x_6, y_4, y_5, y_6 \rangle \cong K_6, \tag{6.2.24}$$

于是, 有

$$G - N^*(x_4) = H_4 = \langle y_1, y_2, y_3, z_1, z_2, z_3 \rangle, \tag{6.2.25}$$

$$G - N^*(y_4) = H_5 = \langle x_1, x_2, x_3, z_1, z_2, z_3 \rangle. \tag{6.2.26}$$

根据已知的邻接关系, 可知 $G \cong C_5[K_3]$ 是唯一的具有次最小阶 15 的连通的 K_6-残差图.

当 $n = 2, 4$ 时, 对应的图在图 6.3.1 和图 6.3.2 给出.

定理 6.3.2 对任意正整数 n 和 k 存在 $2n + 2k$ 阶的 K_n-残差图.

证明 我们通过构造出这样的图来完成定理的证明. 令 $G = (V, E)$, 定义如下:

$$V(G) = A \cup B, \quad A \cap B = \varnothing, \quad |A| = |B| = n + k,$$

其中邻接关系定义如下:

$$\langle A \rangle = \langle x_1, x_2, \cdots, x_{n+k} \rangle \cong K_{n+k},$$

$$\langle B \rangle = \langle y_1, y_2, \cdots, y_{n+k} \rangle \cong K_{n+k}.$$

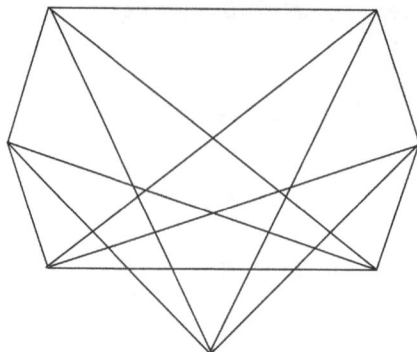

图 6.3.1　具有次最小阶 7 的 K_2-残差图

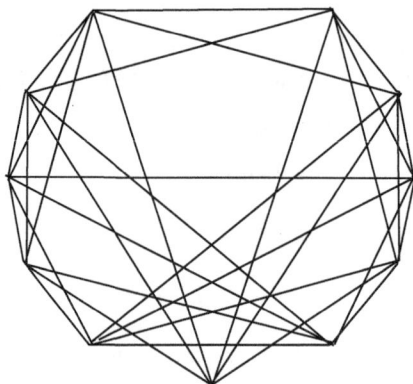

图 6.3.2　具有次最小阶 11 的 K_4-残差图

每个 $x_i \in A$ 与 B 中 k 个顶点, 如 $y_{i+1}, y_{i+2}, \cdots, y_{i+k}$ 邻接, 其中 $i+j$ 取 $\mod(n+k)$ 的加法运算. 不难验证 G 是具有 $2n+2k$ 阶的连通的 K_n-残差图.

定理 6.3.3　设 $n \neq 2, 4, 6$, 连通的 K_n-残差图的次最小阶为 $2n+4$.

证明　由定理 6.3.1, 当 $n \neq 2, 4, 6$ 时, 有

$$\min\{\nu(G)|G \text{ 是连通的 } K_n\text{-残差图}, \nu(G) > 2n+2 > 2n+3\},$$

以及定理 6.3.2, 可构造出 $2n+4$ 阶的连通的 K_n-残差图, 则定理得证.

6.4　本 章 小 结

本章主要介绍残差图的概念及一般残差图的几个重要性质, 特别介绍了奇阶完备残差图的性质, 构造了相应的图形, 也介绍了具有次最小阶的完备残差图的性质和构造相应的图形.

第7章 连通的 $m\text{-}K_n$-残差图

Erdös, Harary 和 Klawe 在文献 [9] 中研究了完备残差图, 他们研究了 $(m+1)K_n$ 是唯一的具有最小阶 $(m+1)n$ 的 $m\text{-}K_n$-残差图, 同时证明了 C_5 是唯一的具有最小阶 5 的连通的 K_2-残差图. 当 $1 < n \neq 2$ 时, 连通的 K_n-残差图的最小阶是 $2(n+1)$; 当 $n \neq 2, 3, 4$ 时, $K_{n+1} \times K_2$ 是唯一的具有最小奇阶 K_n-残差图. 对于连通的 $m\text{-}K_n$-残差图他们提出如下两个猜想.

猜想 1　当 $n \neq 2$ 时, 连通的 $m\text{-}K_n$-残差图最小阶为 $\min\{2n(m+1), (n+m) \cdot (m+1)\}$.

猜想 2　当 n 充分大时, 有唯一的具有最小阶连通的 $m\text{-}K_n$-残差图

$$\min\{2n(m+1), (n+m)(m+1)\}.$$

求 $m\text{-}K_n$-残差图的最小阶和构造图形以及证明唯一性非常困难, 如当 $n = 1$, $m = 2$ 时, 可以构造如图 7.0.1 所示的阶为 6 的残差图, 但要证明是最小阶和唯一极图也是不容易的. 当 $m = 3$ 时, 可以构造出两个不同构的 $3\text{-}K_1$-残差图 (图 7.0.2 和图 7.0.3), 也是相当困难的.

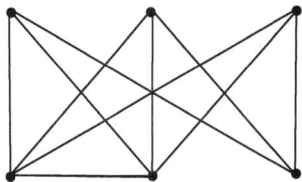

图 7.0.1　阶为 6 的 $2\text{-}K_1$-残差图

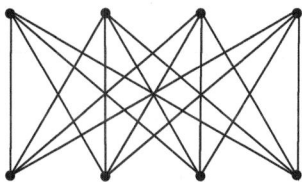

图 7.0.2　阶为 8 的 $3\text{-}K_1$-残差图

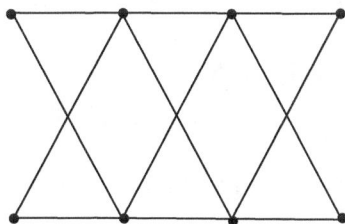

图 7.0.3　阶为 8 的 $3\text{-}K_1$-残差图

7.1　连通的 K_n-残差图

定理 7.1.1　若 G 是连通的 K_n-残差图, 当 $n = 1$ 时, 则有 $\nu(G) \geqslant 2n + 2 = 4$, 且当 $\nu(G) = 4$ 时, C_4 是唯一的极图.

证明　由引理 6.1.4 可知, 对任意 $u \in G$, 有

$$\nu(G) = d(u) + \nu(F) + 1.$$

当 $F = K_1$ 时, $\nu(F) = 1$, 下证 $d(u) \geqslant 1$, 事实上如果 $d(u) = 1$, 则

$$\nu(G) = d(u) + 1 + 1 = 3,$$

显然 3 个顶点的每一个连通图都不是 K_1-残差图, 所以有

$$\nu(G) = d(u) + \nu(F) + 1 \geqslant 4.$$

当 $\nu(G) = 4$ 时, 四个顶点的连通图只有如图 7.1.1 所示的四种情况.

可以验证, 只有第三种情况 (图 (c)) 的 $C_4 = K_2 \times K_2$ 是 K_1-残差图.

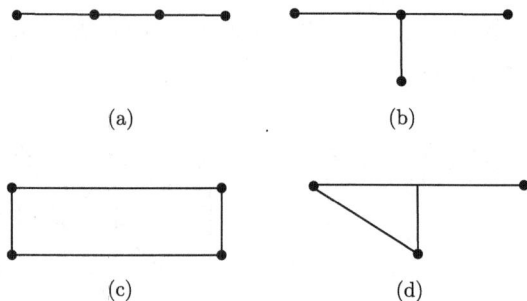

图 7.1.1　四个顶点的平面图

定理 7.1.2　若 G 是连通的 K_n-残差图, 只有当 $n = 2$ 时, 才有 $\nu(G) = 2n+1$; 当 $\nu(G) = 5$ 时, C_5 是唯一极图.

证明　假设 G 是连通的 K_n-残差图, 且 $\nu(G) = 2n+1$, 根据引理 6.1.5 可知, 任意 $x \in G$, 都有 $d(x) = \nu(G) - n - 1 = n$, 对任意的 $x \in G$, 设 $u \in G$, 则有

$$H = G - N(u) = \langle v_1, v_2, \cdots, v_n \rangle \cong K_n,$$

则有

$$d(v_i) = d_H(v_i) + |N(v_i) \cap N(u)|$$

$$=n-1+|N(v_i)\cap N(u)|=n,$$

故 $|N(v_i)\cap N(u)|=1$, 记

$$N(v_n)\cap N(u)=\{u_n\},$$

$$H'=G-N(v_n)=\langle u,u_1,u_2,\cdots,u_{n-1}\rangle.$$

因为 $d(u_n)=n$, 所以 u_n 不可能与 H 全邻接, 设 u_n 与 v_1 不相邻, 记

$$N(v_1)\cap N(u)=\{u_1\},$$

$$H''=G-N(v_1)=\langle u,u_2,\cdots,u_{n-1},u_n\rangle.$$

下面我们证明当 $i\neq j$ 时, 有

$$N(v_i)\cap N(u)\neq N(v_j)\cap N(u).$$

假设 $u'\in N(u)$ 与 $v_1,v_2\in H$ 都相邻, 由 $d(u')=n$, 则 u' 与 H 不完全邻接, 故存在 $v'\in H$, v' 与 u' 不相邻, 且

$$u'\in H=G-N(v')\cong K_n,$$

但由于 $N(u')\cap N(v')\supset\{v_1,v_2\}$, 有

$$d(u')=d_H(u')+|N(u')\cap N(v')|$$
$$\geqslant n-1+2=n+1,$$

与 $d(x)=n$ 矛盾, 故有

$$N(v_i)\cap N(u)\neq N(v_j)\cap N(u).$$

下面记

$$N(v_i)\cap N(u)=\{u_i\},$$

则有

$$N(u)=\langle u,u_1,u_2,\cdots,u_n\rangle.$$

又因 u_i 与 v_i 相邻, $d(v_i)=n$. u_i 与 $H-v_i$ 不相邻, 且

$$G-N(u_i)=\langle(N(u)\cup H)-N(u_i)\rangle$$
$$=\langle(N(u)-N(u_i))\cup(H-V_i)\rangle\cong K_n,$$

故 $|N(u)-N(u_i)|=1$. 因此 u_i 与 $N(u)$ 中 $n-1$ 个点邻接.

设 u_1 与 u_n 不相邻, 于是

$$G - N(u_1) = \langle H - v_1 + u_n \rangle \cong K_n,$$

于是 $v_2, v_1, v_n \in H$, v_2 与 $u_n \in N(u)$ 相邻. 如果 $n > 2$, 则有 $v_2, v_1, v_n \in H$, 且有

$$N(v_2) \cap N(u) = N(v_3) \cap N(u)$$
$$= \cdots = N(v_n) \cap N(u) \cong \{u_n\},$$

与前面结论矛盾, 故只能 $n = 2$, 即只有当 $n = 2$ 时, 才有 $\nu(G) = 2n + 1$.

当 $\nu(G) = 5$ 时, 此时有

$$H = \langle v_1, v_2 \rangle \cong K_n,$$

$$N(v_1) \cap N(u) = \{u_1\}, \quad N(v_2) \cap N(u) = \{u_2\},$$

$$\langle v_1, v_2, u_1, u_2, u \rangle \cong C_5,$$

u_1 与 u_2 不相邻, 则 $G \cong C_5$.

由定理 7.1.1 与定理 7.1.2 直接可以推出下面定理 7.1.3.

定理 7.1.3　若 G 是连通的 K_n-残差图, 当 $n \geqslant 3$ 时, $\nu(G) \geqslant 2(n+1)$.

定理 7.1.4　当 $\nu(G) = 2(n+1)n \geqslant 5$ 时, 则 $K_{n+1} \times K_2$ 是唯一连通的 K_n-残差图; 当 $\nu(G) = 2(n+1)(n = 3, 4)$ 时, 有且只有两个不同构的连通的 K_n-残差图.

证明　设 $u \in G, v \in G$, u 与 v 不相邻, 则有

$$H_1 = G - N(u) = \{v_1, v_2, \cdots, v_n\} \cong K_n.$$

令 $v \in H_1$, 则有

$$\begin{aligned}
H_2 &= G - N(v) = \langle H_1 \cup N(u) \rangle - N(v) \\
&= \langle (N(u) - N(v)) \cup (H_1 - N(v)) \rangle \\
&= \langle (N(u) - N(v)) \cup \varnothing \rangle \\
&= \{u_0, u_1, \cdots, u_{n-1}\} \cong K_n,
\end{aligned}$$

由于 $N(u) = (N(u) - N(v)) \cup (N(u) \cap N(v))$, 则有

$$n + 2 = n + |N(u) \cap N(v)|,$$

所以当 u 与 v 不相邻时, 有 $|N(u) \cap N(v)| = 2$.

记

$$u = u_0, \quad v = v_n, \quad |N(u) \cap N(v)| = \{v_0, u_n\}.$$

下面分两种情形讨论.

情形 I 若 $v_0(u_n)$ 与 H_1 或 H_2 完全邻接, 则有

$$N(v_0) = \{v_0, v_1, \cdots, v_n, u_0\},$$

$$G - N(v_0) = \{u_1, u_2, \cdots, u_n\} \cong K_n,$$

此时, u_n 与 H_2 全邻接, 于是有

$$H_1^* = \langle v_0, v_1, \cdots, v_n \rangle \cong K_{n+1},$$

$$H_2^* = \langle u_0, u_1, \cdots, u_n \rangle \cong K_{n+1},$$

$G = \langle H_1^* \cup H_2^* \rangle$, 由定理 4.3 的证明可知, 对于任意的 $x \in G$, 有 $d(x) = n+1$, 故对于任意的 $v_i \in H_1^*$, 有 $|N(v_i) \cap H_2| = 1$, 对于任意的 $u_i \in H_2^*$, 有 $|N(u_i) \cap H_1| = 1$. 已知 $u_0 v_0, u_n v_n \in E(G)$, 故不妨设 $v_i \in H_1$ 与 $u_i \in H_2$ 相邻, $i = 0, 1, 2, \cdots, n$, 于是有 $G \cong K_{n+1} \times K_2$.

情形 II 若与 H_1 和 H_2 都不完全邻接, 记

$$H_1 = \langle v_1, v_2, \cdots, v_n \rangle, \quad v = v_n,$$

$$H_2 = \langle u_0, u_1, \cdots, u_{n-1} \rangle, \quad u = u_0,$$

则有

$$N(u) \cap N(v) = N(u_0) \cap N(v_n) = \{v_0, u_n\}.$$

下面证明, 当 $|N(v_0) \cap H_1| \geqslant r \geqslant 2$, 因为

$$N(v_0) \cap H_1 = \{v_1, v_2, \cdots, v_{r-1}, v_n\},$$

$$H_1 - N(v_0) = \{v_r, v_{r+1}, \cdots, v_{n-1}\},$$

又 v_r 与 v_0 不相邻, 故 $|N(v_r) \cap N(v_0)| = 2$, 所以 $H_1 \subset N(v_r)$, 即有

$$N(v_0) \cap H_1 \subset N(v_r) \cap N(v_0),$$

以及

$$2 \leqslant r = |N(v_0) \cap H_1| \leqslant |N(v_r) \cap N(v_0)| = 2,$$

所以 $r = 2$, 故

$$N(v_0) \cap H_1 = \{v, v_n\},$$

$$H_3 = G - N(v_0) \cong K_n.$$

因为 $d(v_0) = n + 1$, $\{v_1, v_n\} \subset N(v_0)$, 所以 $H_2 - N(v_0) \neq \varnothing$. 设 $u_1 \in H_2 - N(v_0)$, 于是有

$$u_1 \in H_3, \quad \{v_2, v_3, \cdots, v_{n-1}\} \in H_3,$$

故有 u_1 与 $v = v_n$ 不相邻, 但

$$N(u_1) \cap N(v) \supset \{v_2, v_3, \cdots, v_{n-1}\},$$

$$|N(u_1) \cap N(v)| \geqslant n - 2 \geqslant 3$$

矛盾, 所以当 v_0 与 v_n, v_1 相邻时, 必与 H_1 中每一个顶点相邻.

同理, 当 v_0 与 H_2 中两个顶点相邻时, 也必与 H_2 完全相邻, 但由于 $d(v_0) = n + 1$, 所以 v_0 不可能与 H_1 和 H_2 完全相邻.

当 $n \geqslant 3$, 只有 $n = 3, 4$ 时情形 II 才会出现.

对于任意的 $u, v \in G$, 则有

$$H_1 = G - N(u) = \langle v_1, v_2, v_3 \rangle \cong K_3,$$

$$H_2 = G - N(v_3) = \langle u_0, u_1, u_2 \rangle \cong K_3,$$

这里 $u = u_0$, $v = v_3$, $N(u) \cap N(v) = \{v_0, u_3\}$.

设 G 连通的 K_n-残差图, $\nu(G) = 2n + 2$, $u, v \in G$ 不相邻, 则有

$$H_1 = G - N(u) = \langle v_1, v_2, \cdots, v_n \rangle \cong K_n,$$

$$H_2 = G - N(v) = \langle u_0, u_1, \cdots, u_{n-1} \rangle \cong K_n,$$

这里 $u = u_0$, $v = v_n$, $N(u) \cap N(v) = \{v_0, u_n\}$.

根据前面论述, 若

$$N(v_0) \cap H_1 = \{v_1, v_2, \cdots, v_{r-1}, \cdots, v_n\},$$

$$|N(v_0) \cap H_1| = r \geqslant 2,$$

$$H_1 - N(v_0) = \{v_r, v_{r+1}, \cdots, v_{n-1}\}.$$

因为 v_r 与 v_0 不相邻, 所以

$$|N(v_1) \cap N(v_0)| = 2,$$

$$(N(v_0) \cap H_1) \subset N(v_0) \cap N(v_r),$$

有

$$2 \leqslant |N(v_0) \cap H_1| \leqslant |N(v_0) \cap N(v_r)| = 2,$$

即 $r = 2$, 于是有 $N(v_0) \cap H_1 = \{v_1, v_n\}$, 当 $|N(v_0) \cap H_1| = 2$ 时, 由 $d(v_0) = n + 1$, v_0 不可能与 H_2 完全相邻, 于是又有

$$|N(v_0) \cap H_2| \leqslant 2,$$

所以有

$$N(v_0) \subseteq N(v_0) \cap (H_1 \cup H_2) \cup \{v_0, u_n\},$$

这里 $|N(v_0)| \leqslant 6$, $d(v_0) \leqslant 5$, 故 $n \leqslant 4$, 只有 $n = 3, 4$ 时, 才有情形 II 出现.

现在证明当 $n \geqslant 5$ 时, $K_{n+1} \times K_2$ 是唯一的具有最小阶 $2n + 2$ 的连通的 K_n-残差图. 如果 v_0 与 H_1 和 H_2 不完全相邻, 根据前面的论述, 又 v_0 只与 H_1 中 v_n 和 H_2 中 u_0 相邻, 有 $6 \leqslant n + 1 = d(v_0) \leqslant 3$ 矛盾, 所以 v_0 必与 H_1 和 H_2 中一个完全相邻. 不妨设

$$H_1 \subset N(v_0), \quad |H_2 \cap N(v_0)| = 1.$$

于是有

$$H_2 \subset N(u_n), \quad |H_1 \cap N(u_n)| = 1.$$

记

$$H_1^* = \langle v_0, v_1, \cdots, v_n \rangle \cong K_{n+1},$$
$$H_2^* = \langle u_0, u_1, \cdots, u_n \rangle \cong K_{n+1},$$
$$G = \langle H_1^* \cup H_2^* \rangle,$$

因 $d(v_i) = n + 1$, 由前面可知,

$$N(v_0) \cap H_2^* = \{u_0\}, \quad N(v_n) \cap H_2^* = \{u_n\},$$

v_i 还与 H_2^* 中一点相邻, u_i 还与 H_1^* 中一点相邻, 故 $G = K_{n+1} \times K_2$. 当 $n \geqslant 5$ 时, $K_{n+1} \times K_2$ 是唯一的具有最小阶 $2n + 2$ 的连通的 K_n-残差图.

当然, 对于 $n = 3, 4$, $K_{n+1} \times K_2$ 是连通的 K_n-残差图, 下面证明当 $n = 3, 4$ 时, 还有唯一的与 $K_{n+1} \times K_2$ 同构的连通的 K_n-残差图.

当 $n = 3$ 时, 由前面的结论可知, 对任意的 $x \in G$, 有 $d(x) = n + 1 = 4$, 以下分两种方法得到同构的 K_3-残差图.

方法 I 当 v_0 与 u_3 相邻时, 则有

$$|N(v_0) \cap H_1| = 2, \quad |N(v_0) \cap H_2| = 1,$$

$$|N(u_3) \cap H_1| = 1, \quad |N(u_3) \cap H_2| = 2,$$

设 u_3 与 u_2 相邻, 由 $d(x) = n + 1 = 4$ 可知有下面的邻接关系

$$|N(u_1) \cap H_1| = \{v_1, v_2\}, \quad |N(v_2) \cap H_2| = \{u_1, u_2\},$$

由此可以构造如图 7.1.2 所示的 K_3-残差图.

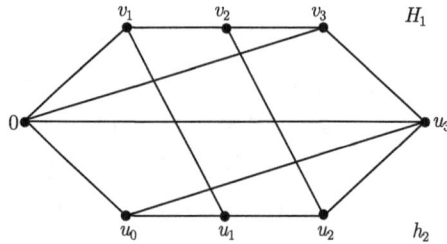

图 7.1.2　K_3-残差图

方法 II　当 v_0 与 u_3 不相邻时, 有

$$|N(v_0) \cap H_1| = 2, \quad |N(v_0) \cap H_2| = 2,$$

$$|N(u_3) \cap H_1| = 2, \quad |N(u_3) \cap H_2| = 2,$$

邻接关系如下, $v_0u_2, v_0v_2, u_3u_1, u_3v_1$, 由 $d(x) = 4$, 有 u_1v_1 与 u_2v_2 两条边, 或 v_1u_2 与 v_2u_1. 若是 v_1u_2 与 v_2u_1, 有 $G - N(v_1) = \langle v_0, u_0, u_1 \rangle$ 与 K_3 不同构, 这样得到图 7.1.3 所示 K_3-残差图. 图 7.1.3 实际与图 7.1.2 邻接关系一致, 只是画法不一样, 且 与 $K_4 \times K_2$ 不同构的图, 由上面邻接关系可知, 只能是 u_1v_1 与 u_2v_2, 也就是只存 在唯一的图 7.1.3 与 $K_4 \times K_2$ 不同构的最小阶的连通的 K_3-残差图.

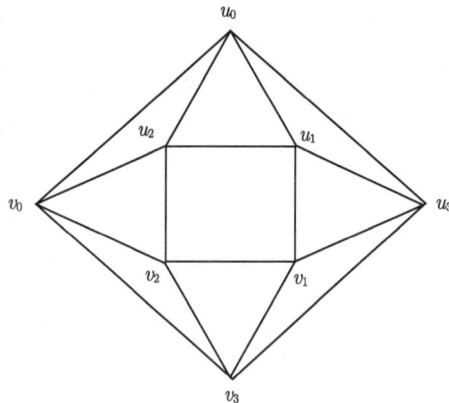

图 7.1.3　K_3-残差图

当 $n = 4$ 时, 由 $d(x) = 5$, 对任意的 $x \in G$, 则有

$$H_1 = G_u = \langle v_1, v_2, v_3, v_4 \rangle \cong K_4,$$

$$H_2 = G_v = \langle u_0, u_1, u_2, u_3 \rangle \cong K_4,$$

这里有 $u = u_0$, $v = v_4$, $N(u) \cap N(v) = \{v_0, u_4\}$.

当 v_0 与 H_1, H_2 都不全邻接时, 根据前面的论述, 有 v_0 与 u_4 相邻, 且

$$|N(v_0) \cap H_1| = 2, \quad |N(v_0) \cap H_2| = 2,$$

$$|N(u_4) \cap H_1| = 2, \quad |N(u_4) \cap H_2| = 2,$$

邻接关系如图 7.1.4 所示.

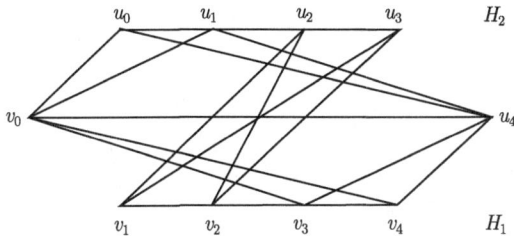

图 7.1.4 K_4-残差图

设

$$N(v_0) \cap H_1 = \{u_0, u_1\}, \quad N(v_0) \cap H_2 = \{v_3, v_4\},$$

故

$$G - N(v_0) = \langle v_1, v_2, u_2, u_3 \rangle \cong K_4,$$

于是

$$N(v_1) \supseteq \{v_1, v_2, v_3, v_4, u_2, u_3\},$$

由 $d(v_1) = 5$, 故

$$N(v_1) = \{v_1, v_2, v_3, v_4, u_2, u_3\},$$

所以

$$G - N(v_1) = \langle v_0, u_4, u_0, u_1 \rangle \cong K_4 = G - N(v_2).$$

同理可得,

$$N(u_2) = \{u_0, u_1, u_2, u_3, v_1, v_2\},$$

$$G - N(u_2) = \langle v_0, u_4, v_3, v_4 \rangle \cong K_4 = G - N(u_3),$$

于是

$$N(u_4) = \{u_0, u_4, v_3, v_4, u_0, u_1\},$$

$$G - N(u_4) = G - N(v_0).$$

可以验证下面的结论,

$$G - N(v_3) = G - N(v_3) = H_1,$$

$$G - N(u_1) = G - N(u_2) = H_2.$$

所有邻接关系已确定, 可以得到如图 7.1.4 所示的另一种画法, 如图 7.1.5 所示.

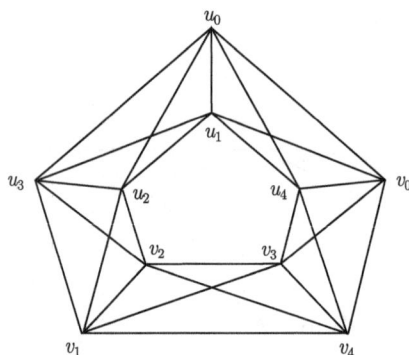

图 7.1.5　K_4-残差图

这里的 $G = C_5[K_2]$, 这样也证明了存在唯一 $G = C_5[K_2]$ 所唯一与 $K_5 \times K_2$ 不同构最小阶的连通的 K_4-残差图.

对于 K_n-残差图还有下面性质.

定理 7.1.5　令 G 是 K_n-残差图, n 为奇数, 则 $\nu(G)$ 是偶数.

证明　由引理 6.1.5, 有

$$d(u) = \nu(G) - \nu(K_n) - 1 = \nu(G) - n - 1.$$

如果 $\nu(G)$ 是奇数, 则 $d(u)$ 是奇数, n 为奇数, G 的所有的点是奇数度的, 矛盾, 所以 $\nu(G)$ 是偶数.

定理 7.1.6　设 G 是连通的 K_n-残差图, 对于 $n \geqslant 3$ 和 $t < 2n$, 若 $\nu(G) = 2n+t$, u, v 是不邻接的点, 则有

(1) $G_u \cong G_v \cong K_n$;

(2) $X = N[u] \cap N[v]$, 有 $|X| = t$;

(3) $G \cong \langle G_u \cup G_v \cup X \rangle$;

(4) G_u 与 G_v 是邻接的;

(5) G_u 和 G_v 与 X 不完全邻接.

证明 (1), (2), (3) 由 K_n-残差图的定义可知结论成立.

(4) 假设 G_u 与 G_v 不邻接, 令 $G - N[u_1] = H^* \cong K_n$, $u_1 \in G_u$, 但是 $G_v \cap N(u_1) = \varnothing$, $X \subset N[u_1]$, 因此 $H^* = G_v$. 类似地, $X \subset N[u_2]$, $u_2 \in G_v$, 因此 X 完全邻接 $G_u \cup G_v$, 即 $G = (G_u \cup G_v) + \langle X \rangle$, 故 $\langle X \rangle = G'$ 是 K_n-残差图, 故有 $\nu(G') \geqslant 2n$, 这与 $|X| = t < 2n$ 矛盾, 所以 G_u 与 G_v 是邻接的.

(5) 如果 G_u 与 X 完全邻接, 则有

$$d(u_1) \geqslant d_{G_u}(u_1) + t = n + t - 1 = d(u_1), \quad \forall u_1 \in G_u.$$

u_1 与 G_v 不邻接. 因此 G_u 与 G_v 也是不邻接的, 与 (4) 矛盾.

7.2 连通的 m-K_2-残差图

本节研究 m-K_2-残差图的性质, 下面引理是关于 m-K_2-残差图的性质.

引理 7.2.1 设 G 是 m-K_2-残差图, 且 $G \neq (m+1) K_2$, 当 $m \geqslant 2$ 时, $\nu(G) \geqslant 4(m+1)$, 当 $\nu(G) = 4(m+1)$ 时, $K_{m+1,m+1}[K_2]$ 是唯一的极图.

证明 对任意的 $u \in G$, 令

$$G_u = H_1 \cup H_2 \cup \cdots \cup H_m = mK_2, \quad H_i \cong K_2, \quad i = 1, 2, \cdots, m.$$

对于 $v \in H_m$, 有

$$G_v = H_0 \cup H_1 \cup \cdots \cup H_{m-1} = mK_2, \quad H_0 \cong K_2,$$

假设 $w \in H_1$, 有

$$G_w = H_0 \cup H_2 \cup \cdots \cup H_m = mK_2,$$

以及

$$H_0 \cup H_1 \cup H_2 \cup \cdots \cup H_m = G_1 \subset G.$$

根据引理 7.2.1, 有 $G_1 \cong (m+1) K_2$. 因为 $G \neq (m+1)K_2$, 令 $X = G - G_1 \neq \varnothing$, 则 G_1 与 X 完全邻接. 令 $G = \langle X \rangle + \langle G_1 \rangle$, 由引理 6.1.1 可知, $\langle X \rangle = G_2$ 是 m-K_2-残差图, 以及 $\nu(G_2) \geqslant 2(m+1)$, 因此有

$$\begin{aligned} \nu(G) &= \nu(G_1) + \nu(G_2) \\ &\geqslant 2(m+1) + 2(m+1) \\ &= 4(m+1). \end{aligned}$$

当 $v(G) = 4(m+1)$ 时, $G_1 \cong G_2 \cong (m+1)K_2$, 所以 $G \cong K_{m+1,m+1}[K_2]$.

下面举例说明上面的证明过程, 当 $m = 3$ 时, 对任意的 $u \in G$, 有

$$G_u = G - N(u) = H_1 \cup H_2 \cup H_3 \cong 3K_2.$$

令 $v \in H_3$, 有

$$G_v = G - N(v) = H_0 \cup H_1 \cup H_2 \cong 3K_2,$$

令 $w \in H_1$, 有

$$G_w = G - N(w) = H_0 \cup H_2 \cup H_3 \cong 3K_2.$$

令 $G_1 = H_0 \cup H_1 \cup H_2 \cup H_3 \cong 4K_2$, 以及 $G_1 \subset G$. 令 $V(G_1) = V$, 因为 $G \neq 4K_2$, 所以有

$$V(G) - V = X = e,$$

X 完全邻接 V_e. 令 $\langle X \rangle = G_2$, 且 $G = G_1 + G_2$, 因此 G_2 是 $3K_2$-残差图, 且 $\nu(G_2) \geqslant 8$, 则 $G = \langle X \rangle + G_1$, 且由

$$\nu(G) = \nu(G_1) + \nu(G_2) \geqslant 8 + 8 = 16,$$

构造图形如图 7.2.1 所示.

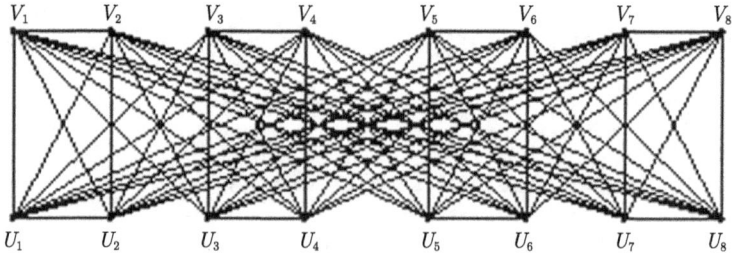

图 7.2.1 阶为 16 的 $4K_2$-残差图

引理 7.2.2 设 G 是连通的 m-K_2-残差图. 若 $u \in G$, 对任意的 $v \in G_u$, 令

$$G_v = H(v) \cup F(v), \quad u \in H(v) \cong K_2,$$

这里 $H(v)$ 不邻接 $F(v)$, $F(v)$ 是 $(m-2)$-K_2-残差图, 当 $m \geqslant 2$ 时, 则有

$$\nu(G) \geqslant \min\{(4m+4, 4m+\delta(G)+1)\},$$

这里 $\delta(G)$ 是最小度.

证明 令

$$G_v = H_1 \cup F, \quad u \in H_1 \cong K_2, \quad N(H_1) \cap F = \varnothing,$$

以及

$$X = N(H_1) - H_1,$$

则有对任意的 $w \in (G - N(H_1)) \subset G_u$, 有

$$G_w = H_1 \cup F_2, \quad N(H_1) \cap F_2 = \varnothing,$$

因此 $F_2 \subset G - N(H_1) = G_1$, 且 F_2 是 $(m-2)$-K_2-残差图, G_1 是 $(m-1)$-K_2-残差图, $\nu(G_1) \geqslant 2m$, $X \subset N(w)$ 以及 G_1 完全邻接 X. 下面分两种情况讨论.

情形 I 当 H_1 与 X 完全邻接时, $G = \langle X \rangle + \langle H_1 \cup G_1 \rangle$. 由引理 7.2.1 和引理 7.2.2, 有

$$\nu(G) \geqslant \nu(X) + \nu(H_1 \cup G_1)$$
$$= 2(m+1) \times 2 = 4m + 4.$$

情形 II 当 H_1 与 X 不完全邻接时, 如果存在一点 $u' \in H_1$, 有

$$X - N(u') = X_1 \neq \varnothing,$$

$$G_2 = G - N(u') = \langle X_1 \cup G_1 \rangle = \langle X_1 \rangle + G_1,$$

则 G_2 是 $(m-1)$-K_2-残差图. 由引理 6.1.1, 引理 6.1.5, 有

$$\nu(G) = \nu(G_2) + d(u') + 1,$$

$$\nu(G_2) \geqslant 2 \times 2(m+1-1) = 4m,$$

所以

$$\nu(G) \geqslant 4m + d(u') + 1 \geqslant 4m + \delta(G) + 1.$$

引理 7.2.3 设 G 是连通的 m-K_2-残差图. 当 $m \geqslant 2$ 时, $u \in G$, 对于每一个 $v \in G_u$, G_v 不连通, 有

$$\nu(G) \geqslant \nu(F) + 4(m-r),$$

这里

$$G_v = G - N(v), \quad G_u = G - N(u),$$

$u \in F$ 以及 F 属于 G_v, 对于 $v \in G_u$, F 是连通的 r-K_2-残差图, $0 \leqslant r \leqslant m-2$.

证明 设 $v \in G_u$, $G_v = G - N(v)$ 是不连通的. 令

$$A = \{H | H \subset G_v, v \in G_u, u \in G\},$$

则 $F \in A$(F 是最大的连通分支), 令 $G_v = F \cup G_1$, F 是 r-K_2-残差图; G_1 是 $(m-r-2)$-K_2-残差图, 以及 $F \cong K_2$ 对于 $r = 0$, 则对任意的 $u \in G$, 有 $G_u \cong mK_2$. 又由引理 7.2.1, 有 $\nu(G) \geqslant 4(m+1)$.

对任意的 $w \in (G - N(F)) \subset G_u$, 令 $G_w = F_1 \cup G_2$. $F \subset G_w, F \subset F_1$. 因为 F 是最大的连通分支, 则 $F_1 = F$, 以及

$$G_w = F \cup G_2, \quad N(F) \cap G_2 = \varnothing,$$

因此有 $G_2 \subset (G - N(F))$, G_2 是 $(m-r-2)$-K_2-残差图, $G - N(F)$ 是 $(m-r-1)$-K_2-残差图, 以及

$$\nu(G - N(F)) \geqslant 2(m - r).$$

令 $N(F) - F = X$, 则有 $G - N(F)$ 与 X 是完全邻接的. 下面分两种情况讨论:

情形 I　当 F 与 X 完全邻接时, 则

$$\begin{aligned}
G &= \langle N(F) \cup (G - N(F)) \rangle \\
&= \langle X \cup F \cup (G - N(F)) \rangle \\
&= \langle X \rangle + \langle F \cup (G - N(F)) \rangle \\
&= \langle X \rangle + \langle G - X \rangle.
\end{aligned}$$

由引理 7.2.4, $|X| \geqslant 2(m+1)$, 再由引理 7.2.3 知,

$$\begin{aligned}
\nu(G) &\geqslant 2(m+1) + \nu(F) + 2(m - r) \\
&\geqslant \nu(F) + 4(m - r).
\end{aligned}$$

下面举例说明, 当 $m = 3, r = 1$ 时, 令 F 是 K_2-残差图, 令 G_1 是 K_2. X 与 F 和 $G - N(F)$ 完全邻接的, 则 $G - N(F)$ 是 K_2-残差图, 如图 7.2.2 所示, 且

$$\nu(G) \geqslant \nu(F) + 8 = \nu(F) + 4 \times (3 - 1).$$

情形 II　当 F 与 X 不完全邻接时, 下面分两种情况讨论.

由 $(r+1)$-独立集知, 则有 $\{u_0, u_1, \cdots, u_r\} \subset F$ 以及 $X - N(u_0, u_1, \cdots, u_r) = X_1 \neq \varnothing$, 因此有

$$G' = G - N(u_0, u_1, \cdots, u_r) = \langle X \rangle + \langle G - N(F) \rangle,$$

且 G' 是 $(m-r-1)$-K_2-残差图, 以及 $|X_1| \geqslant 2(m-r)$. 在根据情形 I 的证明, 有

$$\nu(G) \geqslant \nu(F) + 4(m - r).$$

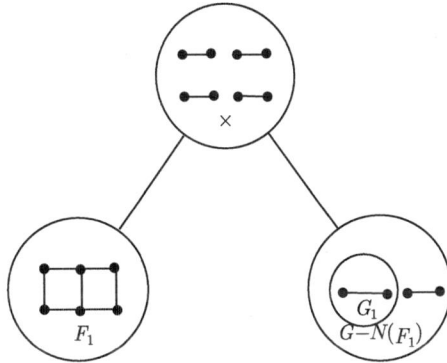

图 7.2.2　3-K_2-残差图

下面举例说明, 当 $m = 3, r = 1$ 时, 令 F 是 K_2-残差图, $(G - N(F))$ 是 K_2-残差图, 则可以构造图 G, 如图 7.2.3 所示, 以及

$$\nu(G) \geqslant \nu(F) + 8 = \nu(F) + 4 \times (3 - 1).$$

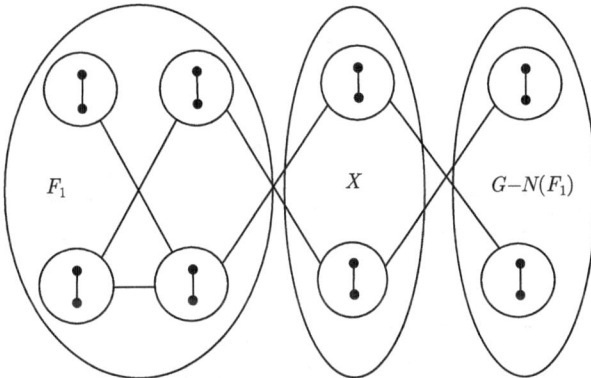

图 7.2.3　3-K_2-残差图

在图 7.2.3 中, 有 $F = K_2 \cup K_2 \cup K_2 \cup K_2$ 且邻接关系如图 7.2.3 所示. $X = K_2 \cup K_2$ 邻接关系如图 7.2.3 所示, $G - N(F) = K_2 \cup K_2$ 邻接关系如图 7.2.3 所示.

当有 l 独立集时, 当 $l < r+1$ 时, 任意的 $l+1$ 独立集时, 则有 $\{u_1, u_2, \cdots, u_l\} \subset F$. 令 $X - N(u_1, u_2, \cdots, u_l) = X_2 \neq \varnothing$, 但 $X - N(u_1, u_2, \cdots, u_{l+1}) = \varnothing$, 则有

$$\begin{aligned}
G'' &= G - N(u_1, u_2, \cdots, u_l) \\
&= \langle F \cup X \cup (G - N(F)) \rangle - N(u_1, u_2, \cdots, u_l) \\
&= (F - N(u_1, u_2, \cdots, u_l)) \cup (X - N(u_1, u_2, \cdots, u_l))
\end{aligned}$$

$$\cup\, (G - N\,(F) - N\,(u_1, u_2, \cdots, u_l))$$
$$= F' \cup X_2 \cup (G - N(F))$$
$$= \langle X_2 \rangle + \langle F' \cup (G - N(F)) \rangle.$$

这里 $F = F - N(u_1, u_2, \cdots, u_l)$, G'' 是 $(m-l)$-K_2-残差图, $\langle X_2 \rangle$ 和 $\langle F \cup (G - N(F)) \rangle$ 是 $(m-l)$-K_2-残差图, 则有

$$\nu(G) = |N(u_1, u_2, \cdots, u_l)| + |X_2| + |F'| + |G - N(F)|$$
$$= |N(u_1, u_2, \cdots, u_l) \cup F'| + |X_2| + |G - N(F)|$$
$$\geqslant \nu(F) + 2(m - l + 1) + 2(m - r)$$
$$> \nu(F) + 4(m - r).$$

下面举例说明. 当 $m = 6$, $r = 3$, $l = 1$ 时, 令 $X = X_2$, 对 $u \in F$, 有

$$X = X - N(u) = X_2 \neq \varnothing,$$

对任意的 $w \in F$, 且 w 不属于 $N(u)$, 则有 $X - N(u, w) = \varnothing$. 下面可以构造图 G, 如图 7.2.4 所示. 则有

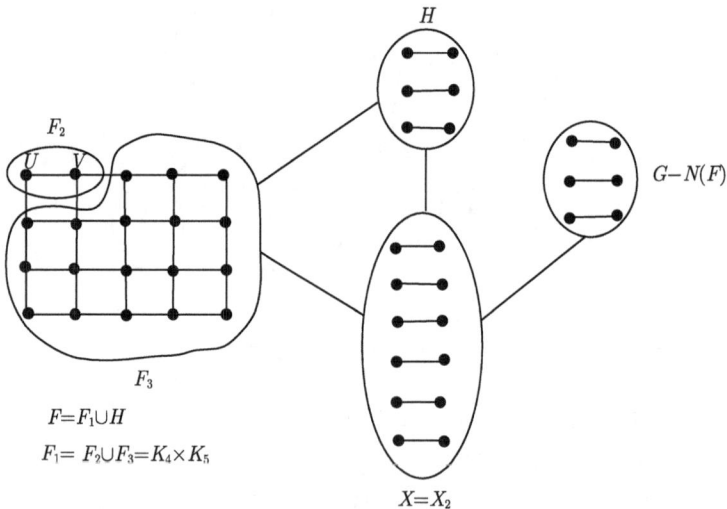

图 7.2.4 m-K_2-残差图

$$G'' = G - N\,(u)$$
$$= \langle F \cup X \cup (G - N(F)) \rangle - N(u)$$

$$=(F - N(u)) \cup (X - N(u)) \cup (G - N(F) - N(u))$$
$$=(F - N(u)) \cup X_2 \cup (G - N(F)),$$

以及

$$\nu(G) = |N(u)| + |G''|$$
$$= |N(u)| + |F - N(u)| + |X_2| + |G - N(F)|$$
$$= \nu(F) + |X_2| + |G - N(F)|$$
$$= \nu(F) + 12 + 6 > \nu(F) + 4(6 - 3).$$

在图 7.2.4 中, 有

$$F_1 = K_4 \times K_5 = F_2 \cup F_3, \quad F_2 = \langle u, v \rangle,$$

$$H = K_2 \cup K_2 \cup K_2, \quad F = F_1 \cup H,$$

$$X = X_2 = K_2 \cup K_2 \cup K_2 \cup K_2 \cup K_2 \cup K_2,$$

$$G - N(F) = K_2 \cup K_2 \cup K_2,$$

且有 F_3 完全邻接 X 和 H, X 是完全邻接 H 和 $G - N(F)$ 的.

由引理 7.2.3, 如果 $\nu(G) < \nu(F) + 4(m - r)$ 时, 必存在一点 $v \in G_u$, 使得 $G_v = G - N(v)$ 是连通的.

引理 7.2.4 若 G 是连通的 m-K_2-残差图, 有 $\delta(G) \geqslant 2$.

证明 因为 G 连通的 m-K_2-残差图, 对任意的 $v \in G$, 显然有 $d(v) \geqslant 1$. 下面证明 $d(v) \neq 1$: 当 $d(v) = 1$ 时, 假设 v 与 u 邻接, 且 u 与 w 邻接 $(u, w \in G)$, 如果去掉 w, 则有 v 是孤立点, 矛盾, 由定义 6.1.1, 因此有 $d(v) > 1$, $\delta(G) \geqslant 2$.

连通的 m-K_2-残差图的最小阶为 $3m + 2$, 本节主要构造 m-K_2-残差图的图形.

定理 7.2.1 设 G 是连通的 m-K_2-残差图, 则有 $\nu(G) \geqslant 3m + 2$, 图 7.2.7 是阶为 $(3m + 2m)$-K_2-残差图.

证明 下面利用数学归纳法证明: 当 $m = 1$ 时, 根据文献 [9], 有

$$\nu(G) \geqslant 3 \times 1 + 2 = 5,$$

当 $\nu(G) = 5$ 是最小阶, 且可以构造 C_5 唯一连通的 K_2-残差图.

当 $m = 2$ 时, 令 G 是连通的 2-K_2-残差图. 对任意的 $v \in G$, 若有 $G - N(v)$ 是不连通的, 则根据定义 6.1.1, 有

$$G_v = G - N(v) \cong 2K_2.$$

由引理 7.2.1 知, $\nu(G) \geqslant 12$. 下面需要证明 $\nu(G) \geqslant 8$, 因为 $\nu(G) = 8 < 12$, 由引理 7.2.3, 必须存在一定 $v \in G_u$, 使得 $G_v = G - N(v)$ 与 G_v 连通. 又因为 G_v 是 K_2-残差图, 且 $\nu(G_v) \geqslant 5$, 由引理 7.2.6, $d(v) \geqslant 2$, 由引理 6.1.5, 知

$$\nu(G) = \nu(G_v) + d(v) + 1 \geqslant 5 + 2 + 1 = 8,$$

所以当 $m = 2$ 时结论成立. 构造最小阶为 8 的 2-K_2-残差图, 如图 7.2.5 所示.

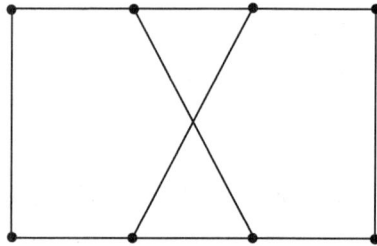

图 7.2.5   2-K_2-残差图

当 $m = 3$ 时, 令 G 是连通的 3-K_2-残差图, 下面需要证明 $\nu(G) \geqslant 3 \times 3 + 2 = 11$, 当 $\nu(G) = 11$ 时, $\nu(G)$ 是最小阶, 则有

$$\nu(F) + 4(m - r) = 5 + 4(3 - 1) = 13 > \nu(G) = 11,$$

这里 F 是 K_2-残差图, $r = 1$ 时 $\nu(F) \geqslant 5$. 根据引理 7.2.3, 一定存在一点 $v \in G_u$, 使得 $G_v = G - N(v)$ 与 G_v 都是连通的. 又因为 G_v 是 2-K_2-残差图, 以及 $\nu(G_v) \geqslant 8$, 根据引理 7.2.4, 则有 $d(v) \geqslant 2$. 根据引理 6.1.5, 可知

$$\nu(G) = \nu(G_v) + d(v) + 1 \geqslant 8 + 2 + 1 = 11,$$

因此当 $m = 3$ 时, 结论成立. 根据 2-K_2-残差图, 可以构造阶为 11 的 3-K_2-残差图, 如图 7.2.6 所示.

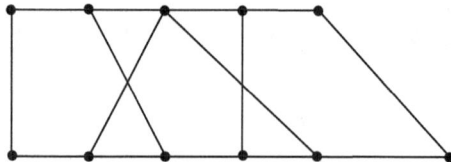

图 7.2.6   3-K_2-残差图

假设小于 m 结论成立, 则对于 m 时, 设 G 是连通的 m-K_2-残差图, 因为

$$\nu(F) + 4(m - r) = 3r + 2 + 4m - 4r$$

$$=3m+2+m-r$$
$$>\nu(G)=3m+2,$$

这里 F 是 r-K_2-残差图 $(0\leqslant r\leqslant m-2)$, 根据归纳假设, 有 $\nu(F)\geqslant 3r+2$. 再由引理 7.2.3, 对任意的 $u\in G$, 则存在一点 $v\in G_u$, 使得 $G_v=G-N(v)$ 和 G_v 是连通的. 因为 G_v 是 $(m-1)$-K_2-残差图, 根据归纳假设有

$$\nu(G_v)\geqslant 3(m-1)+2.$$

再由引理 7.2.4, $d(v)\geqslant 2$. 又因为

$$\nu(G)=\nu(G_v)+d(v)+1$$
$$\geqslant 3(m-1)+2+2+1=3m+2,$$

结论正确, 当 $\nu(G)\geqslant 3m+2$ 时, 根据 2-K_2-残差图和 3-K_2-残差图, 我们能构造阶为 $3m+2$ 的 m-K_2-残差图, 如图 7.2.7 所示.

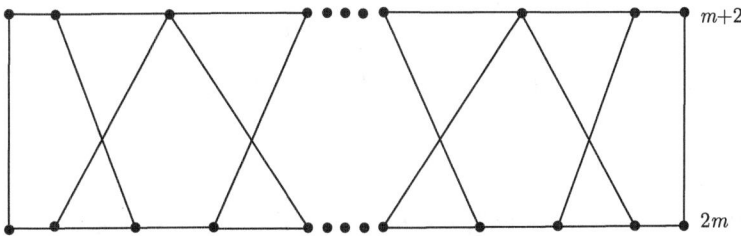

图 7.2.7 m-K_2-残差图

7.3 2-K_n-残差图

引理 7.3.1 令 G 是连通的 2-K_n-残差图, 如果 $d_G(u)=n+t-1$, 则 $G_u\cong 2K_n$.

引理 7.3.2 令 G 是连通的 2-K_n-残差图, $\nu(G)=3n+t(1\leqslant t\leqslant 2n)$, 这里的 $n\geqslant 3$, 则有

(1) $n\leqslant d(u)\leqslant n+t-1,\forall u\in G$;

(2) $d(u)\neq n+t-2,\forall u\in G$;

(3) $d(u)\neq n+t-4,n\neq 4,6$;

(4) 存在一些 $u\in G$, u 使得 $d(u)\neq n+t-1$;

(5) $d(u)\neq n,\forall u\in G$;

(6) 若存在 $u\in G$, $d(u)=n+1$, 则存在 $v,w\in G$, 使得 $d(v)=n+t-1$, $d(w)=n+t-3$;

(7) 如果 n 与 t 是奇数, 则对任意的 $u \in G$, $d(u)$ 是奇数.

证明　(1) 因为 G_u 是 K_n-残差图, 由引理 6.1.5 知,

$$\nu(G_u) = \nu(G) - d(u) - 1 \geqslant 2n,$$

$$d(u) \leqslant \nu(G) - 2n - 1 = n + t - 1, \quad \forall u \in G.$$

显然有 $d(u) \geqslant n - 1$. 接下来证明 $d(u) \neq n - 1$. 假设 $d(u) = n - 1$, 则存在一点

$$u \in G, \quad d(u) = n - 1,$$

有 $\nu(G_u) = 2n + t$. 由引理 6.1.5 知, $d_{G_u}(u) = n + t - 1, \forall u \in G_u$. 因为 G 是连通图, 且有 $u \in G_u, d(u) \geqslant n + t$, 与 $d(u) \leqslant n + t - 1$ 矛盾, 所以有

$$n \leqslant d(u) \leqslant n + t - 1, \quad \forall u \in G,$$

$$d(u) \leqslant n + t - 1,$$

$$d(u) \geqslant n, \quad \forall u \in G.$$

(2), (3) 对于 $\forall u \in G, G_u$ 是 K_n-残差图, 由引理 6.1.5, 有

$$v(G_u) \neq 2n + 1,$$

这里 $n \geqslant 3$, 由引理 7.1.6, 有 $v(G_u) \neq 2n + 3$, 对于 $n \neq 2, 4, 6$, 则有

$$d(u) = v(G) - v(G_u) - 1 \neq v(G) - (2n + 1) - 1 = n + t - 2, \quad n \geqslant 3,$$
$$d(u) = v(G) - v(G_u) - 1 \neq v(G) - (2n + 3) - 1 = n + t - 4, \quad n \neq 4, 6.$$

(4) 假设 $d(u) = n + t - 1, \forall u \in G. v(G_u) = 2n, \forall u \in G$ 由引理 7.2.2 知, $G_u \cong 2K_n$. 令 $G_u = H_2 \cup H_3 \cong 2K_n$, 则 H_2 不邻接 H_3, $H_2 \cong H_3 \cong K_n$.

令 $N[u] - H_2 = X, \forall v \in H_2$, 显然有 $|X| = t, X \subset N[v]$. 令 $G_v = H_1 \cup H_3 \cong 2K_n$, 因为 $\forall w \in H_3$ 与 $H_1 \cup H_2$ 不邻接, 则 w 与 X 邻接, 以及 $G_w = H_1 \cup H_2 \cong 2K_n$, 所以有

$$N[u] \cap N[v] \cap N[w] = X,$$

H_1, H_2, H_3 是不邻接的, 则有 H_1, H_2, H_3 完全邻接 X. 因此有 $d(x) \geqslant 3n > n + t - 1$, $\forall x \in X$, 与 (1) 矛盾, 所以结论成立.

(5) 假设存在一点 $u \in G$, 这里 $d(u) = n$, 则有

$$\nu(G_u) = 2n + t - 1,$$

$$d_{G_u}(v) = n + t - 2, \quad \forall v \in G_u,$$

由 (2) 知 $d(v) \neq n + t - 2$, 因此有 $d(v) = n + t - 1$. 对于 $\forall v \in G_u$ 以及每一个点是邻接 $N[u]$ 的每一个点. 令 X_v 与 $N[u]$ 中的 v 邻接, $\forall v \in G_u$.

令 $v \in G_u$, $x = x_v$. 由引理 7.3.1 知,

$$G_v = H_1 \cup H_2 \cong 2K_n,$$

$$x = N[u] \cap N[v],$$

$$H_1 = N[u] - x.$$

令 $w \in H_2 \subset G_u$, 定义 $H_3 = G_u - N[w]$, 则有 $H_2 \cap H_3 = \varnothing$. 因为 $w \in H_2$, 且不与 H_1 邻接, 这里 $H_1 \subset N[u]$, 因此 w 完全邻接 x. 类似地, 根据引理 7.3.1 知, $G_w = H_1 \cup H_3$, 且 G_w 与 H_2, H_3 完全邻接 x, 当 x 不邻接 G_u, 或者有

$$d(x) \geqslant \nu(G_u) = 2n + t - 1 + 1 > n + t,$$

与 (1) 的结论相反. 令 $v_1 \in G_u$ 与 x 不邻接, 则 v_1 是与 $y \in N[u]$ 邻接的, 再由引理 7.3.1 知, $G_{v_1} = H_4 \cup H_5 \cong 2K_n$. 因而有

$$H_4 = H_1 - y + x, \quad H_5 = G_u - N[v_1],$$

由前面可知 $H_4 \cap H_5 = \varnothing$, H_4 与 H_5 不邻接. 因此有

$$H_5 \cap H_2 = H_5 \cap H_3 = \varnothing.$$

下面令 $w_1 \in H_5$, 再由引理 7.3.1 知, $G_{w_1} = H_4 \cup H_6 \cong 2K_n$, 由前面知, $H_5 \cap H_6 = \varnothing$, 且都与 y 完全邻接. 因此有

$$(H_2 \cup H_3) \cap (H_5 \cup H_6) = \varnothing,$$

且有 $\{H_2, H_3, H_5, H_6\} \subset G_u$. 因此有

$$\nu(G_u) = 2n + t - 1 \geqslant 4n,$$

即有 $t \geqslant 2n + 1$, 与 $t \leqslant 2n$ 矛盾, 所以 $d(u) \neq n$.

(6) 令 $u \in G, d(u) = n + 1$, 有

$$\nu(G_u) = 2n + t - 2,$$

$$d_{G_u}(v) = n + t - 3, \quad \forall u \in G_u.$$

因为 G 是连通的, 所以有 $d(v) > d_{G_u}(v)$, 对于 $v \in G_u$, 由 (2) 可知, 有 $d(v) \neq n+t-2$, 因此只有 $d(v) = n+t-1$.

如果 G_u 中的所有的点的度数都为 $n+t-1$, 可以根据 (5) 的证明知, $t \geqslant 2n+1$. 则必须存在一点 $w \in G_u$, 且

$$n + t - 3 \leqslant d_G(w) < n + t - 1,$$

但是根据 (2) 知 $d(v) \neq n+t-2$, 所以只有

$$d(w) = d_G(w) = n + t - 3.$$

(7) 由引理 7.1.5, 对于任意的 $u \in G$, $\nu(G_u)$ 是偶数, 因为 $\nu(G) = 3n+t$ 是偶数, 所以有 $d(u) = \nu(G) - \nu(G_u) - 1$ 是奇数.

引理 7.3.3　令 G 是连通的 2-K_n-残差图, $\nu(G) = 3n+t$, 这里 $1 \leqslant t \leqslant 2n$ 且 $n \geqslant 3$, 则 $t \geqslant 4$.

证明　令 $\nu(G) = 3n+t$, 由引理 7.3.2 中 (3) 知, $n+1 \leqslant d(u) \leqslant n+t-1$, 且有 $t \geqslant 2$. 如果 $t = 2$ 时, 则有

$$d(u) = n+1 = n+t-1, \quad \forall u \in G,$$

与引理 7.3.2 中 (3) 矛盾. 如果 $t = 3$ 时, 因为 $d(v) \neq n+t-2$, 所以有

$$d(u) = n+2 = n+t-1, \quad \forall u \in G,$$

与引理 7.3.2 矛盾, 所以有 $t \geqslant 4$.

定理 7.3.1　令 G 是连通的 2-K_3-残差图, 则有 $\nu(G) \geqslant 15$; 当 $\nu(G) = 15$ 时, 有 3 个不同构的极图.

证明　对于定理的前半部分, 在 7.4 节证明.

当 $\nu(G) = 15$ 时, 有且只有 3 个不同构的极图, 为了证明给出两个图形.

图 $G \cong K_3 \times K_5$ 连通的 2-K_3-残差图, 这里是 6-规则图, 对任意的 $v \in G$, 都有 $G_v \cong K_4 \times K_2$.

令 G 是连通的阶为 15 的 2-K_3-残差图, 当 $\delta(G) = 4$ 时, 则有

$$u \in G, \quad d(u) = 4, \quad v \in G_v, \quad d(v) = 6,$$

以及 $G_v \cong K_4 \times K_2$, 如图 7.3.1 所示.

根据图 7.3.1 可知,

$$\langle u_0, u_1, u_2, u_3 \rangle \cong K_4, \quad \langle w_0, w_1, w_2, w_3 \rangle \cong K_4,$$

u_i 邻接 $w_i, i = 0, 1, 2, 3,$ 且令 $u_0 = u, N(u) = \{u_0, u_1, u_2, u_3, w_0\}$. 令

$$X = \{x \in N(v) | d(x) = 8\}, \quad V = \{x \in N(v) | d(x) = 6\}.$$

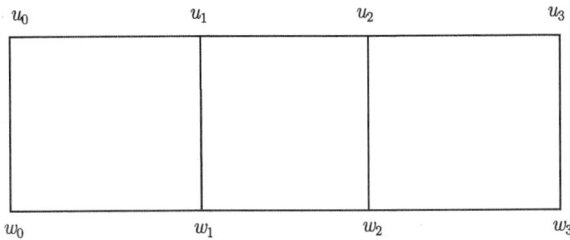

图 7.3.1 $K_4 \times K_2$ 图

因为 $d(u) = 4, \nu(G_u) = 10, d_{Gu}(x) = 6,$ 所以我们有

$$N(v) \cap N(u) = \varnothing,$$

以及对于任意的 $x \in G,$ 都有 $d(x) \neq 5, 7.$ 因此有 $N(v) \subset G_u$ 和 $X \cup V = N(v).$ 对任一点 $x \in X,$ 有

$$\begin{aligned}
G_x &= G - N(x) \\
&= \langle N(u) \cup G_u \rangle - N(x) \\
&= \langle N(u) - N(x) \rangle \cup \langle G_u - N(x) \rangle = 2K_3,
\end{aligned}$$

以及

$$\langle N(u) - N(x) \rangle \cong K_3.$$

由 G_v 可知, $w_0 \in N(x),$ 以及

$$|\{u_1, u_2, u_3\} \cap N(x)| = 1,$$

因此有 $X \subset N(w_0)$ 及 $V \cap N(u) = \varnothing.$ 令

$$\begin{aligned}
G_{w_0} &= G - N(w_0) = \langle N(v) \cup G_v \rangle - N(w_0) \\
&= \langle (N(v) - N(w_0)) \cup (G_v - N(w_0)) \rangle \\
&= \langle V \cup \{u_1, u_2, u_3\} \rangle.
\end{aligned}$$

因为 V 与 $\{u_1, u_2, u_3\}$ 不连通, 所以 G_{w_0} 不连通, 且 $G_{w_0} \cong 2K_3,$ 以及 $\langle V \rangle = \langle v_1, v_2, v_0 \rangle \cong K_3.$ 记 $X = \{x_1, x_2, x_3, x_4\},$

$$G_u = \langle v_0, v_1, v_2, x_1, x_2, x_3, x_4, w_1, w_2, w_3 \rangle, \quad v = v_0.$$

令集合
$$X_i = \{x \in X | x \text{ 与 } u_i \text{ 邻接}\}, \quad i = 1, 2, 3,$$
有 $|X_i| = 0, 2, 4$. 下面证明 $|X_i| \neq 2$, 相反假设 $X_2 = \{x_1, x_2\}$, $X_3 = \{x_3, x_4\}$. 记
$$G_{u_2} = \langle w_0, w_1, w_3, x_3, x_4, v_0, v_1, v_2 \rangle = \langle H_1 \cup H_2 \cup X_3 \rangle,$$
这里
$$H_1 = \langle w_0, w_1, w_3 \rangle \cong K_3, \quad H_2 = \langle v_0, v_1, v_2 \rangle \cong K_3.$$

令 G 有两个不邻接的非空集合 F_1, F_2, 记边构成的集合
$$(F_1, F_2) \cap E(G) = S_G(F_1, F_2) = S(F_1, F_2),$$
以及
$$S(F_1) = S_G(F_1, G - F_1), \quad s(F_1, F_2) = |S(F_1, F_2)|, \quad s(F_1) = |S(F_1)|,$$
因此有 G_{u_2}, 且
$$s(H_1, X_3) = s(H_1) - s(H_1, H_2),$$
$$s(H_2, X_3) = s(H_2) - s(H_2, H_1),$$
以及
$$s(H_1, X_3) = s(H_2, X_3).$$
$X_1 \neq \varnothing$, $d(u_1) = 4$, $N(u_4) \cap N(v) = \varnothing$. 类似地, 有 $X \subset N(w_1)$, 则有 $w_0, w_1, v_0 \in N(x_3) \cap N(x_4)$.

　　如果 v_1 与 x_3 邻接, 则有
$$G_{u_2} - N(x_3) = \langle w_3, x_4, v_2 \rangle \cong K_3,$$
$$\{w_0, w_1, v_0, v_2, w_3\} \subset N(u),$$
$$G_{u_2} - N(x_4) = \langle x_3, v_1 \rangle \neq K_3,$$
产生矛盾, 因此有 $\{x_3, x_4\}$ 不邻接 $\{v_1, v_2\}$, 则有
$$s(H_1, X_3) \geqslant 4, \quad s(H_2, X_3) = 2$$
是矛盾的, 所以有 $|X_i| \neq 2$. 不失一般性, 可令 $X_1 = X_2 = \varnothing$, $X_3 = X$, 有
$$d(u_1) = d(u_2) = 4, \quad d(u_3) = 8,$$

以及

$$X \subset N(w_0) \cap N(w_1) \cap N(w_2).$$

下面证明 $X \cap N(w_3) \neq \varnothing$, 相反若不然, 假设 $X \cap N(w_3) = \varnothing$, 则有

$$G_u - N(w_3) \supset \langle X \rangle,$$

以及

$$G_u - N(w_3) \neq K_3,$$

矛盾, 如果 $X - N(w_3) = \varnothing$, 则有 X 是完全邻接 H_1, $H_1 \in G_u$, 且有

$$G_u = \langle H_1 \cup H_2 \cup H_3 \rangle,$$

$$H_1 = \langle w_1, w_2, w_3 \rangle, \quad H_2 = \langle v_0, v_1, v_2 \rangle,$$

则有 X 完全邻接 H_2, 以及

$$G_u = X + (H_1 \cup H_2), \quad \nu(G_w) \geqslant 4n = 12$$

产生矛盾. 令

$$Y_1 = \{x \in X | x \in N(w_3)\}, \quad Y_2 = \{x \in X | x \notin N(w_3)\},$$

则有

$$Y_1 \neq \varnothing, \quad Y_2 \neq \varnothing, \quad Y_1 \cup Y_2 = X,$$

令

$$Z_1 = \{x \in X | \{v_0, v_1, v_2\} \subset N(x)\}, \quad Z_2 = \{x \in X | \{v_0, v_1, v_2\} - N(x) \neq \varnothing\},$$

则有 $Z_1 \cup Z_2 = X$, 以及

$$\begin{aligned} s(H_1, X) &= 3|Y_1| + 2|Y_2| \\ &= 3|Y_1| + 2|X - Y_1| = 8 + |Y_1|, \end{aligned}$$

以及

$$\begin{aligned} s(H_2, X) &= 3|Z_1| + s(H_2, Z_2) \\ &\leqslant 3|Z_1| + 2|Z_2| = 8 + |Z_1|, \end{aligned}$$

因此有

$$8 + |Z_1| \geqslant s(H_2, X) = s(H_1, X)$$

$$= 8 + |Z_1|,$$

其中 $|Z_1| \geqslant |Y_1|$. 因为

$$\langle Y_2 \cup \{v_0\} \rangle \subset G_u - N(w_3) \cong K_3,$$

所以 $|Y_2| \geqslant 2, |Y_1| \geqslant 2$, 将证明 $Y_1 \cap Z_1 = \varnothing$, 采用反证法, 如果存在一点 $x_1 \in Y_1 \cap Z_1$, 因此有

$$G_u - N(u) = \langle x_2, x_3, x_4 \rangle \cong K_3,$$

$$\{x_2, x_3, x_4\} \cap Z_1 \neq \varnothing,$$

则有 $x_2 \in Z_1$ 和 $G_u - N(x_2) \subset \langle x_1, w_3 \rangle$, 与 $G_u - N(x_2) \cong K_3$ 矛盾, 所以有

$$Y_1 \cap Z_1 = \varnothing, \quad 2 \leqslant |Y_1| \leqslant |Z_1| \leqslant 2,$$

$$|Y_1| = |Z_1| = 2, \quad Y_1 = Z_2, \quad Y_2 = Z_1.$$

记 $Y_1 = \{x_1, x_2\}$, $Y_2 = \{x_3, x_4\}$, 需要证明 x_3 与 x_4 邻接, 相反, 若不是, 则有

$$\{w_3, x_4\} \subset G_u - N(x_3) \cong K_3,$$

$x_4 \in Y_2$ 不邻接 w_3 产生矛盾. 所以有

$$\langle v_0, v_1, v_2, v_3, v_4 \rangle \cong K_5, \quad \langle w_1, w_2, w_3, x_1, x_2 \rangle \cong K_5.$$

又因为 $\{x_3, x_4\}$ 是不邻接 $\{w_1, w_2\}$ 的, 所以有 G_u 有如图 7.3.2 所示的邻接关系.

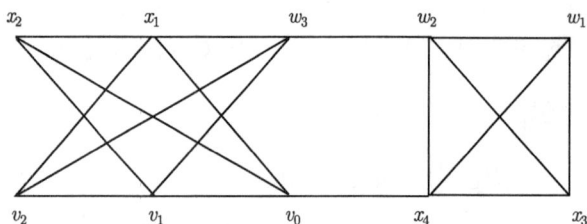

图 7.3.2 G_u

由图 7.3.2 可知 $u = u_0, v = v_0$, 以及

$$\langle v_0, v_1, v_2, x_3, x_4 \rangle \cong K_5, \quad \langle w_1, w_2, w_3, x_1, x_2 \rangle \cong K_5,$$

因此有

$$G_{u_1} = G_u - w_1 + w_0 \cong G_u,$$

$$G_{u_2} = G_u - w_1 + w_0 \cong G_u,$$

$$G_{u_3} = \langle w_0, w_1, w_2 \rangle \cup \langle v_0, v_1, v_2 \rangle \cong 2K_3,$$

$$G_{x_1} = \langle v_1, x_3, x_4 \rangle \cup \langle u_0, u_1, u_2 \rangle \cong 2K_3,$$

$$G_{x_2} = \langle v_2, x_3, x_4 \rangle \cup \langle u_0, u_1, u_2 \rangle \cong 2K_3,$$

$$G_{x_3} = G_{x_4} = \langle x_1, x_2, w_3 \rangle \cup \langle u_0, u_1, u_2 \rangle \cong 2K_3,$$

$$G_{v_1} = G_v - w_3 + x_1 \cong G_v, \quad G_{v_2} = G_v - w_3 + x_2 \cong G_v,$$

G 如图 7.3.3 所示.

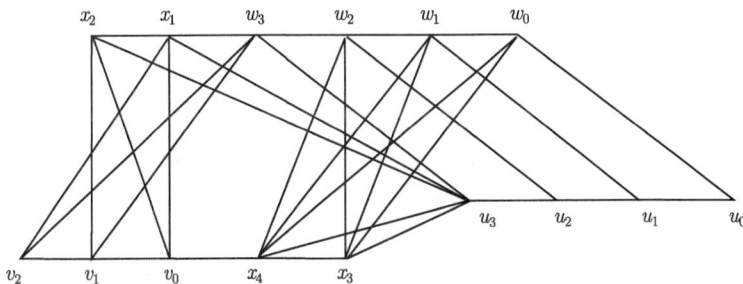

图 7.3.3 连通的阶为 15 的 2-K_3-残差图

图 7.3.3 中 $u = u_0, v = v_0$, 且同一条线上的点是彼此邻接的, G_v 如图 7.3.4 所示,

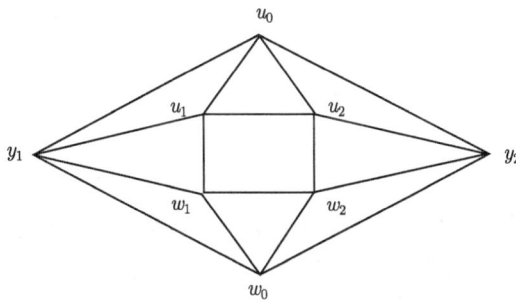

图 7.3.4 连通的 K_3-残差图

图 7.3.4 中 $u = u_0, v = v_0, N(u) = \{u_0, u_1, u_2, y_1, y_2\}$, 记

$$G_v - N(u) = \langle w_0, w_1, w_2 \rangle, \quad \langle w_0, w_1, w_2 \rangle \subset G_u,$$

则有 $d(w_i) = 8, i = 0, 1, 2.$ 令

$$X = \{x \in N(v) | d(x) = 8\}, \quad V = \{x | x \in N(v), d(x) = 6\},$$

则对任意点 $x \in X$, 有 $|N(x) \cap N(u)| = 2$, 任意一点 $y \in V$, $N(y) \cap N(u) = \varnothing$. 任意点 $x \in X$, 则有

$$G_x = G - N(x) = \langle N(u) \cup G_u \rangle - N(x)$$
$$= \langle N(u) - N(x) \rangle \cup (G_u - N(x)) \cong 2K_3.$$

因此有

$$G_u - N(x) \cong K_3,$$

以及

$$\langle N(u) - N(x) \rangle \cong K_3.$$

令

$$X_1 = \{x \in X | \{y_1, u_1\} \subset N(x)\},$$
$$X_2 = \{x \in X | \{u_2, y_2\} \subset N(x)\},$$
$$X_3 = \{x \in X | \{y_1, y_2\} \subset N(x)\}.$$

则对任意的 $x \in G$, 有 $d(x) \neq 5, 7$, 因此有 $|X_i| \equiv 0 (\mathrm{mod}\, 2)$. 令

$$G_{w_0} = \langle v_0, v_1, v_2 \rangle \cup \langle u_0, u_1, u_2 \rangle \cong 2K_3,$$

$$N(w_0) \cap N(v_0) = \{v_3, v_4, v_5, v_6\}.$$

根据 X_1 和 X_2 的定义, 有

$$\{v_0, v_1, v_2\} \cap (X_1 \cup X_2) = \varnothing.$$

如果 $v_1, v_2 \in X$, 则有 $v_1, v_2 \in X_3$. 令

$$G_{v_1} = G_{v_2} = \langle u_0, u_1, u_2 \rangle \cup \langle w_0, v_3, v_4 \rangle \cong 2K_3,$$

根据 X_1, X_2 与 X_3 的定义可知,

$$\{v_3, v_4\} \cap (X_1 \cup X_2) = \varnothing,$$

因此可以构造

$$G_{v_3} = \langle u_0, u_1, u_2 \rangle \cup \langle v_1, v_2, v_5 \rangle \cong 2K_3,$$
$$G_{v_4} = \langle u_0, u_1, u_2 \rangle \cup \langle v_1, v_2, v_6 \rangle \cong 2K_3,$$
$$G_{w_1} = \langle v_0, v_5, v_6 \rangle \cup \langle u_0, u_2, y_2 \rangle \cong 2K_3,$$

$$G_{w_2} = \langle v_0, v_5, v_6 \rangle \cup \langle u_0, u_1, y_1 \rangle \cong 2K_3,$$

$$G_{y_1} = \langle v_0, v_5, v_6 \rangle \cup \langle u_0, u_2, y_2 \rangle \cong 2K_3,$$

$$G_{y_2} = \langle v_0, v_5, v_6 \rangle \cup \langle u_0, u_1, y_1 \rangle \cong 2K_3,$$

$$G_{v_5} = \langle u_0, u_1, u_2, y_1, y_2, w_1, w_2, w_3 \rangle = G_{v_0} - w_0 + v_3 \cong G_{v_0},$$

$$G_{v_6} = G_{v_0} - w_0 + y_2 \cong G_{v_0},$$

$$G_{u_1} = G_{u_0} - w_1 + y_2 \cong G_{u_0},$$

$$G_{u_2} = G_{u_0} - w_1 + y_1 \cong G_{u_0}.$$

图 G 如图 7.3.5 所示.

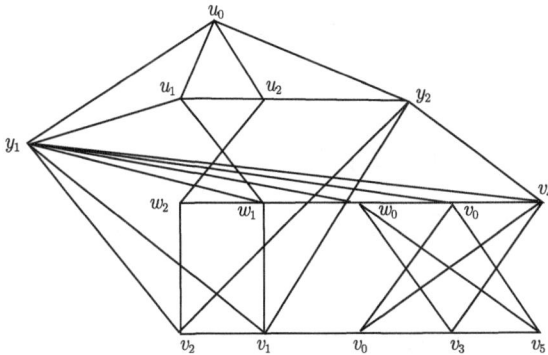

图 7.3.5   阶为 15 的连通的 2-K_3-残差图

图 7.3.5 中 $\langle v_3, v_4, w_0, w_1, w_2 \rangle \cong K_5$, $\langle v_0, v_1, v_2, v_5, v_6 \rangle \cong K_5$.

定理 7.3.2   令 G 是连通的 2-K_4-残差图, 则有 $\nu(G) \geqslant 16$, 当 $\nu(G) = 16$ 时, 有如图 7.3.6 所示的唯一极图.

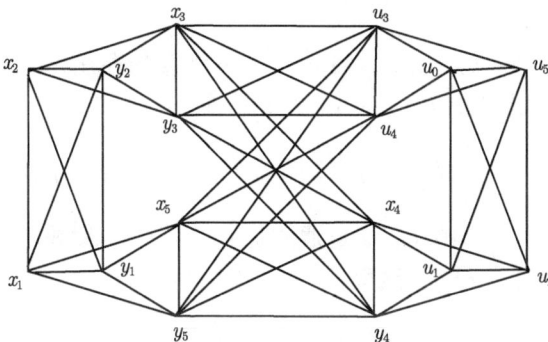

图 7.3.6   阶为 16 的连通的 2-K_4-残差图

证明   令 G 是连通的 2-K_n-残差图, 由引理 7.3.2, 当 $n \geqslant 3$ 时, 有 $\nu(G) = 3n + t, 1 \leqslant t \leqslant 2n$, 对任意的 $x \in G$, 有

$$n + 1 \leqslant d(x) \leqslant n + t - 1, \quad d(x) \neq n + t - 2,$$

存在 $y \in G$, 有 $d(y) \neq n + t - 1$, 因此有 $t \geqslant 4$. 当 $n = 4$ 时, 我们可以构造阶数 $\nu(G) = 3n + 4 = 16$ 的 2-K_4-残差图. 令 G 是连通的 2-K_4-残差图, 因为 $3n + 4 = 16$, 所以 $t = 4$, 由引理 7.3.3 知, 存在一点 $u \in G$, 有 $d(u) = n + 1 = 5$, 存在两点 $w, v \in G_u$, 使得 $d(u) = n + t - 1 = 7, d(w) = n + t - 3$.

下面证明 $G_u \cong C_5[K_2]$, 这里 $d(u) = n + 1$. 当 $d(u) = n + 1 = 5$ 时, 由引理 6.1.5, 知

$$\nu(G_u) = \nu(G) - d(u) - 1 = 16 - 5 - 1 = 10,$$

G_u 是连通的 K_4-残差图, 由定理 7.1.3 知, 有两个不同构的 K_4-残差图的阶是 10, 分别为 $C_5[K_2]$ 以及 $K_5 \times K_2$.

设 $G_u = \langle H_1 \cup H_2 \rangle \cong K_5 \times K_2$, 有

$$H_1 = \langle x_1, x_2, x_3, x_4, x_5 \rangle \cong K_5,$$
$$H_2 = \langle y_1, y_2, y_3, y_4, y_5 \rangle \cong K_5.$$

x_i 与 x_j 是邻接的, y_i 与 y_j 是邻接的, x_i 与 y_i 是邻接的, 这里 $i \neq j, x_i$ 与 y_j 是不邻接的, $i, j = 1, 2, 3, 4, 5$. G_u 如图 7.3.7 所示.

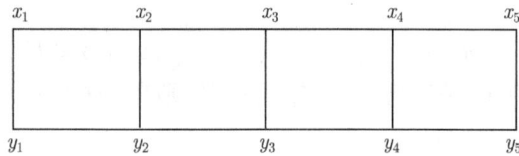

图 7.3.7 $G_u = K_5 \times K_2$

记 $N[u] = \{u_0, u_1, u_2, u_3, u_4, u_5\}$, $u_0 = u$, 注意到存在一点 $G_1 = G_u$, 度数为 $n + 1 = 5$. 因此, 可以假设 $d(y_1) = n + 1 = 5$. 令

$$G_2 = G - N[y_1] = \langle N[u] \cup \{x_2, x_3, x_4, x_5\} \rangle,$$

这里的 $\nu(G_2) = 2n + 2 = 10$, G_2 是连通的阶为 10 的 K_4-残差图. 因为 $N[y_1] \subset G_1$, 所以有 $N[x_i] \cap N[y_1] = x_1, y_i$, 这里 $i = 2, 3, 4, 5$. 因此有

$$d(x_i) = d_{G_2}(x_i) + \nu(N[x_i] \cap N[y_1])$$
$$= n + 1 + 2 = 7,$$

所以有 $\nu(N[x_i] \cap N[y_1]) = 2, i = 2, 3, 4, 5.$ 假设 $N[x_2] \cap N[u] = \{u_4, u_5\}$, 所以有

$$G - N[x_2] = \langle u_0, u_1, u_2, u_3 \rangle \cup \langle y_1, y_3, y_4, y_5 \rangle \cong 2K_4,$$

这里

$$\langle u_0, u_1, u_2, u_3 \rangle \cong K_4, \quad \langle y_1, y_3, y_4, y_5 \rangle \cong K_4,$$

当 $i = 3, 4, 5$ 时, 有 $d(y_i) = n + 1 = 5$, 因为 $\{y_3, y_4, y_5\}$ 与 $\{u_0, u_1, u_2, u_3\}$ 不邻接. 如果满足当 $i = 3, 4, 5, d(y_i) = n + 1 = 5$ 时, 则有

$$N[u] \cap N[y_1] = 2, \quad i = 3, 4, 5,$$

以及有

$$G - N[y_3] = \langle u_0, u_1, u_2, u_3 \rangle \cup \langle x_1, x_2, x_4, x_5 \rangle \cong 2K_4,$$

$$G - N[y_4] = \langle u_0, u_1, u_2, u_3 \rangle \cup \langle x_1, x_2, x_3, x_5 \rangle \cong 2K_4.$$

$\{x_2, x_3, x_4, x_5\}$ 与 $\{u_0, u_1, u_2, u_3\}$ 是不邻接的, 且与 $\{u_4, u_5\}$ 是完全邻接的.

$N[u_4] \supset \{u_0, x_2, x_3, x_4, x_5, y_3, y_4, y_5\}$, $7 \geqslant d(u_4) \geqslant 8$, 矛盾. 如果 $d(y_3) = n + 1 = 5$, 则有 $G - N[y_3]$ 是连通的阶为 10 的 K_4-残差图. 如果

$$G_3 = G - N[y_3] \cong C_5[K_2],$$

如图 7.3.8 所示. $G_3 = C_5[K_2]$.

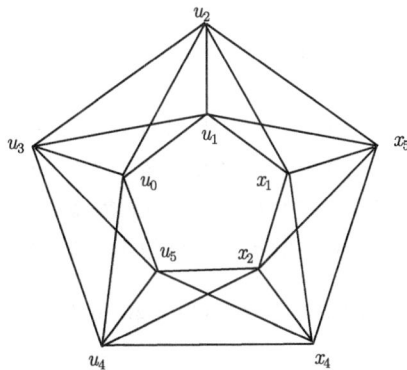

图 7.3.8 $G_3 = C_5[K_2]$

$$G - N[x_1] = \langle u_0, u_3, u_4, u_5 \rangle \cup \langle y_2, y_3, y_4, y_5 \rangle \cong 2K_4,$$

$$G - N[x_2] = \langle u_0, u_1, u_2, u_3 \rangle \cup \langle y_1, y_3, y_4, y_5 \rangle \cong 2K_4,$$

$$G - N[x_4] = \langle u_0, u_1, u_2, u_3 \rangle \cup \langle y_1, y_2, y_3, y_5 \rangle \cong 2K_4,$$

$$G - N[x_5] = \langle u_0, u_3, u_4, u_5 \rangle \cup \langle y_1, y_2, y_3, y_4 \rangle \cong 2K_4.$$

根据上面的式子, 则有 $\{y_1, y_2, y_3, y_4, y_5\}$, $N[u]$ 是不邻接的, 以及

$$d(y_i) = n + 1 = 5, \quad d(x_i) = n + 3 = 7, \quad i = 1, 2, 3, 4, 5.$$

令 $G_4 = G - N[y_2]$, 有 $\nu(G_4) = 2n + 2 = 10$, 以及 $N[y_2] = \{y_1, y_2, y_3, y_4, y_5, x_2\}$, x_2 与 u_4 邻接的, 这里 $u_4 \in G_3, x_4 \in G$, 故有

$$
\begin{aligned}
d(u_4) &= d_{G_4}(u_4) + \nu(N[u_4] \cap N[y_4]) \\
&= n + 1 + 1 = n + 2 \\
&= 6 = n + t - 2
\end{aligned}
$$

是矛盾的. 这样证明了 $G - N[y_3]$ 不同构 $C_5[K_2]$, 以及

$$G_3^* - G - N[y_3] \cong K_5 \times K_2.$$

G_3^* 如图 7.3.9 所示.

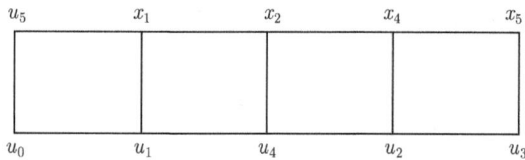

图 7.3.9　$G_3^* = G - N[y_3]$

图中同一条线的两个点都是邻接的. 这里有

$$
\begin{aligned}
G - N[x_1] &= \langle u_0, u_2, u_3, u_4 \rangle \cup \langle y_2, y_3, y_4, y_5 \rangle \cong 2K_4, \\
G - N[x_2] &= \langle u_0, u_1, u_3, u_4 \rangle \cup \langle y_1, y_2, y_3, y_4 \rangle \cong 2K_4, \\
G - N[x_4] &= \langle u_0, u_1, u_2, u_3 \rangle \cup \langle y_1, y_2, y_3, y_5 \rangle \cong 2K_4, \\
G - N[x_5] &= \langle u_0, u_1, u_2, u_4 \rangle \cup \langle y_1, y_2, y_3, y_4 \rangle \cong 2K_4,
\end{aligned}
$$

从上面式子可知, $\{y_1, y_2, y_3, y_4, y_5\}$ 与 $\{u_0, u_1, u_2, u_3, u_4\}$ 是不邻接的, 如果 y_i 与 u_5 是邻接的, 对于某一些 i, 则有

$$
\begin{aligned}
d(y_i) &= d_{G_1}(y_i) + \nu(N[u_4] \cap N[y_2]) \\
&= n + 1 + 1 = n + 2 \\
&= 6 = n + t - 2
\end{aligned}
$$

矛盾. 故 y_i 与 $N[u]$ 是不邻接的, 且

$$d(y_i) = n + 1 = 5, \quad i = 1, 2, 3, 4, 5.$$

则有 $N[y_2] = \{x_2, y_1, y_2, y_3, y_4, y_5\}$, 且

$$\begin{aligned} d(u_4) &= d_{G_3}(u_4) + 1 \\ &= n + 1 + 1 = n + 2 \\ &= 6 = n + t - 2 \end{aligned}$$

是矛盾的. 这样证明了 $G - N[y_3]$ 不同构 $C_5[K_2]$, 也证明了 $G_1 = G_u$ 与 $K_5 \times K_2$ 不同构, 与 $C_5[K_2]$ 是同构的, 且这里的 $d(u) = n + 1 = 5$.

下面构造阶为 16 的 2-K_4-残差图.

假设 $u \in G$, $d(u) = n + 1 = 5$, 记 $N[u] = \{u_0, u_1, u_2, u_3, u_4, u_5\}$, $u_0 = u$, 这里的 G_u 如图 7.3.10 所示.

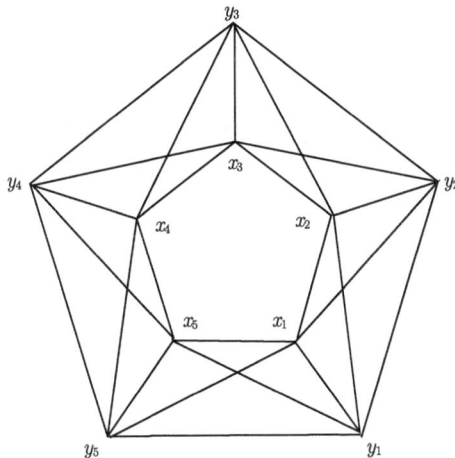

图 7.3.10 G_u

因为在 G_u 存在一点度数为 $n + 1 = 5$, 假设 $d(y_4) = 5$, 则有

$$N[x_1] = \{x_1, x_2, x_5, y_1, y_2, y_5\},$$

以及

$$G_{x_1} = \langle u_0, u_1, u_2, u_3, u_4, x_5, x_3, x_4, y_3, y_4 \rangle \cong C_5[K_2],$$

如图 7.3.11 所示.

所以有

$$d(x_3) = d(x_4) = d(y_3) = d(y_4) = n + 3 = 7.$$

但是 $G - N[x_1]$ 的邻接关系与 $G_{x_1}^*$ 不同, $G_{x_1}^*$ 如图 7.3.12 所示.

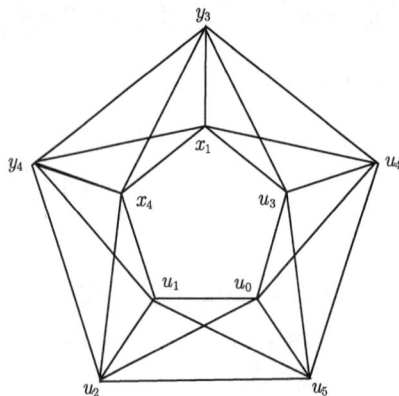

图 7.3.11　$G_{x_1} = C_5[K_2]$

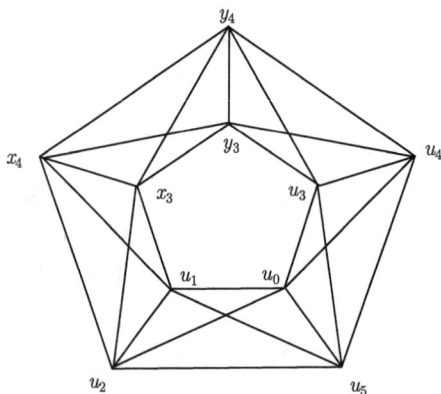

图 7.3.12　$G_{x_1}^*$

现在证明 $G_{x_1}^*$ 这种情况是不出现的. 从 $G_{x_1}^*$ 和 G_u 可以得到下面结论,

$$G - N[x_3] = \langle u_0, u_3, u_4, u_5 \rangle \cup \langle x_1, y_1, x_5, y_5 \rangle \cong 2K_4,$$
$$G - N[x_4] = \langle u_0, u_3, u_4, u_5 \rangle \cup \langle x_1, y_1, x_2, y_2 \rangle \cong 2K_4,$$
$$G - N[y_3] = \langle u_0, u_1, u_2, u_5 \rangle \cup \langle x_1, y_1, x_5, y_5 \rangle \cong 2K_4,$$
$$G - N[y_4] = \langle u_0, u_1, u_2, u_5 \rangle \cup \langle x_1, y_1, x_2, y_2 \rangle \cong 2K_4,$$

从上面等式可得

$$d(x_1) = d(y_1) = d(x_2) = d(y_2) = n + 1 = 5,$$

但是当 $d(x_2) = d(y_2) = n + 1 = 5$, 则有 $d(x_1) = n + 1 = 5$,

$$d(x_4) = d(y_4) = d(x_5) = d(y_5) = n + 3 = 7,$$

从上面四个等式可以得到

$$d(x_5) = d(y_5) = n + 1 = 5,$$

矛盾, 所以有 $G_{x_1}^* \neq G - N[x_1]$.

从 G_u 和 G_{x_1}, 则有

$$
\begin{aligned}
G - N[x_3] &= G - N[y_3] \\
&= \langle u_0, u_1, u_2, u_5 \rangle \cup \langle x_1, y_1, x_5, y_5 \rangle \cong 2K_4, \\
G - N[x_4] &= G - N[y_4] \\
&= \langle u_0, u_3, u_4, u_5 \rangle \cup \langle x_1, y_1, x_2, y_2 \rangle \cong 2K_4.
\end{aligned}
$$

因此有 u_5 与 G_u 不邻接, 并且 $d(u_5) = n + 1 = 5$, 以及

$$G - N[u_5] = G - N[u] = G_u,$$

其中 y_1 与 $N[u]$ 不邻接, $G_{y_1} = G_{x_1}$.

下面证明 $d(x_2) = d(y_2) = n + 1 = 5$ 以及 $d(x_5) = d(y_5) = n + 3 = 7$, 或者是 $d(x_2) = d(y_2) = n + 3 = 7$, 而 $d(x_5) = d(y_5) = n + 1 = 5$. 如果 $d(x_2) = n + 1 = 5$, 按照类似的讨论有 $d(x_1) = n + 1 = 5$, 所以 $d(y_2) = n + 1 = 5$ 以及 $d(x_5) = d(y_5) = n + 3 = 7$. 假设 $d(x_5) = d(y_5) = n + 3 = 7$(这里如果 $d(y_5) = n + 1 = 5$, 则 $d(x_1) = n + 1 = 5$, 所以 $d(x_5) = n + 1 = 5$), 有

$$G - N[x_5] = \langle x_2, y_2, x_3, y_3 \rangle \cup \langle N[u] - N[x_5] \rangle \cong 2K_4.$$

因为 $\{G_{x_1}, x_3, y_3\}$ 与 $\{u_3, u_4\}$ 是邻接的, 所以 u_3, u_4 不属于 $G - N[x_5]$, 即有

$$\langle N[u] - N[x_5] \rangle = \langle u_0, u_1, u_2, u_5 \rangle \cong K_4.$$

类似地, 有

$$G - N[y_5] = \langle u_0, u_1, u_2, u_5 \rangle \cup \langle x_2, y_2, x_3, y_3 \rangle,$$

因为有 $d(x_4) = d(y_4) = n + 3$, 以及

$$G - N[x_4] = G - N[y_4] = \langle u_0, u_3, u_4, u_5 \rangle \cup \langle x_1, y_1, x_2, y_2 \rangle \cong 2K_4,$$

所以有 x_2, y_2 与 $N[u]$ 不邻接, 且

$$d(x_2) = d(y_2) = n + 1 = 5, \quad N[x_2] = N[y_2] = \{x_1, y_1, x_2, y_2, x_3, y_3\}.$$

按照上面的讨论, 图形的邻接关系是完全清楚的, 可以构造如图 7.3.6 所示的阶为 16 的连通的 2-K_4-残差图. 证毕.

引理 7.3.4　令 G 是最小的连通的 2-K_n-残差图, $\nu(G) = 3n + t$, 当 $n \geqslant 5, 4 \leqslant t \leqslant 6$ 时, 则不存在三个不相邻的点, 度数是 $n + t - 1$.

证明　假设点 u, v, w 是 G 中三个不相邻的点, 这里有

$$d(u) = d(v) = d(w) = n + t - 1,$$

令

$$G_u = H_2 \cup H_3 \cong 2K_n, \quad v \in H_2, w \in H_3,$$
$$G_v = H_1 \cup H_3 \cong 2K_n, \quad G_w = H_1 \cup H_2 \cong 2K_n,$$

则有 $G - H_1 - H_2 - H_3 = X$, 且有 $|X| = t$. 因为 H_1, H_2, H_3 是不完全邻接的, 所以 $H_1 \cup H_2 \cup H_3$ 中的点与 X 邻接的度数是 $n + t - 1$, 且有

$$d(x) \geqslant 3n \geqslant n + 6 > n + t - 1,$$

这里 $x \in X$, 与引理 7.3.2 结果矛盾. 所以不失一般性, 设

$$u_1 \in H_1, \quad d(u_1) = n + r - 1 < n + t - 1,$$

这里 $r < t$, 因为 u_1 与 H_2, H_3 不邻接, 所以有

$$G_{u_1} = H_2 \cup H_3 \cup X^*, \quad X^* \subset X, \quad 0 < |X^*| < |X| \leqslant 2n,$$

在 G_{u_1} 中, 有 $H_2 \cong K_n, H_3 \cong K_n$, 但是 H_2 与 H_3 不邻接, G_{u_1} 是一个连通的 K_n-残差图, 与引理 7.1.6 矛盾. 证毕.

引理 7.3.5　G 是最小的连通的 2-K_n-残差图, $\nu(G) = 3n + t$, 当 $n \geqslant 5, 4 \leqslant t \leqslant 6, n \neq 6$ 时, 则不存在两个不相邻的点的度数是 $n + t - 1$.

证明　假设点 u, v 是 G 中三个不相邻的点, 这里有 $d(u) = d(v) = n + t - 1$, 令

$$G_u = H_2 \cup H_3 \cong 2K_n,$$
$$G_v = H_1 \cup H_3 \cong 2K_n,$$

以及

$$N[u] \cap N[v] = X, \quad v \in H_2, \quad u \in H_1,$$

且 $|X| = t$. 由引理 7.3.4 知, 在 H_3 中没有度数为 $n + t - 1$ 的点, 因此有

$$n + 1 \leqslant d(w) \leqslant n + r - 1 \leqslant n + t - 3, \quad \forall w \in H_3.$$

令 $Y = N[w] - H_3$, 则有 $Y \subset X$, $|Y| = r$. 令 $X - Y = Z$, 则 $|Z| = t - r$, 且有

$$G_w = \langle H_2 \cup H_3 \cup Z \rangle,$$

因此有 $\nu(G) = 2n + t - r$, 因为 G_w 是 K_n-残差图, 由引理 6.1.5 知,

$$d_{G_w}(\overline{u}) = n + t - r - 1, \quad \forall \overline{u} \in G_w.$$

因为 $H_1 \cup H_2$ 与 H_3 是不邻接的, 又 $H_1 \cup H_2 \subset G_w$, 在 $H_1 \cup H_2$ 中每一个点的度数是 $n + t - 1$, 并且与 Y(至少有两个点 u, v) 是完全邻接的. 如果在 $H_1 \cup H_2$ 中的所有的点的度数是 $n + t - 1$, 则有

$$d(y) \geqslant 2n + 1 \geqslant n + 6 > n + t - 1$$

与引理 7.3.2 中 (1) 是矛盾的, 因此可以假设 $d(u_1) \neq n + t - 1, u_1 \in H_1$, 则有

$$n + 1 \leqslant d(u_1) \leqslant n + t - 3.$$

因为 $t \leqslant 6$, 有

$$n + t - 5 \leqslant d(u_1) \leqslant n + t - 3.$$

但是假设 $n \neq 6$, 根据引理 7.3.2(4) 知 $d(u_1) \neq n + t - 4$, 分下面两种情形讨论.

情形 I $d(u_1) = n + t - 3$.

由引理 6.1.5 知, $\nu(G_{u_1}) = 2n + 2$, 再由定理 7.1.4 知, $G_{u_1} = K_{n+1} \times K_2$. 因为 $u_1 \in H_1$, u_1 不邻接 $\{v\} \cup H_3$, 所以有 $\{v\} \cup H_3 \subset G_{u_1}$. 因为 v 与 H_3 是不邻接的. 下面证明 v 是 $G_{u_1} = K_{n+1} \times K_2$ 中仅一点不与 H_3 邻接的, 这里的 $H_3 \cong K_n$. 所以有 $(H_2 - v) \cap G_{u_1} = \varnothing$, 即

$$(H_2 - v) \subset N[u_1],$$

$$d(u_1) \geqslant n - 1 + n - 1 = 2n - 2.$$

但是 $d(u_1) = n + t - 3 \leqslant 2n - 2$, 所以有 $t \geqslant n + 1 \geqslant 6$, 又因为 $4 \leqslant t \leqslant 6$, 所以有 $t = 6, n = 5$, 即

$$N[u_1] = H_1 \cup (H_2 - v),$$

且 u_1 与 Z, Y 都不邻接.

因为 $d(u_1) = 2n - 2$, 由引理 6.1.5 知,

$$B = \{b \in H_1 \cup H_2 \,|\, d(b) = n + t - 3\},$$

$$d_{G_{u_1}}(w) = n + 1,$$

以及 $w \in G$ 与 $N[u_1]$ 是不邻接的, $d(w) = n + 1$, 所以有

$$v(G_w) = v(G) - d(w) - 1 = 2n + t - 2,$$

$$d_{D_w}(u_2) = n + t - 3, \quad \forall u_2 \in G_w.$$

类似地, 有

$$d_{G_{u1}}(w_1) = n + 1, \quad \forall w_1 \in G_{u1},$$

特别地, 因为 $Y \subset G_{w_1}, y \in Y, d_{G_{w_1}}(y) = n + 1$, 且 $N[u_1] = H_1 \cup (H_2 - v)$ 至少有 4 个点与 y 邻接, 这里 $y \in Y$.

令 $B = \{b \in H_1 \cup H_2 \,|\, d(b) = n + t - 3\}$, B 与 Z 是不邻接的, 因此存在 $z \in Z$, 使得

$$G_w - N[z] = \overline{H} \cong K_n, \quad B \subset \overline{H}.$$

所以有 $|B| \leqslant 5$. 另一方面, 对于 $H_1 \cup H_2$ 中的任意一点 u_2, 有 $d(u_2) = n + t - 3$ 或者 $d(u_2) = n + t - 1$, 因为 $d_{G_w} = n + t - 3, d(u_2) \neq n + t - 2$, 且由引理 7.3.2(2) 知, 对于 $y \in Y$, 有 $(N[u_1] - N[y]) \subset B$, 当 $H_1 \cup H_2$ 中的点的度数为 $n + t - 1$ 时, 完全邻接 Y, 有 $|N[u_1] - N[y]| \geqslant 5$, 即为 $|B| \geqslant 5 \geqslant |B|$, 所以有 $|B| = 5$.

令 $A = (H_1 \cup H_2) - B$, 则也有 $|A| = 5$, 以及

$$G_w = \langle H_1 \cup H_2 \cup Z \rangle = \langle A \cup B \cup Z \rangle,$$

其中 Z 与 B 是不邻接的. 因此对于任意点 $z \in Z$, 有

$$G_w - N[z] = H \cong K_n,$$

以及 $A \subset N[z]$, 即与 Z 是完全邻接的.

令 $a \in A - \{v\}$, 假设 $a \in H_2$, 则在 H_1 中至少有两个点度数是 $n + t - 3$ 与 a 是邻接的. 因此有

$$d_{G_w}(a) \geqslant n - 1 + |Z| + 2 = n + 5,$$

与 $d_{G_w}(a) = n + t - 3$ 矛盾.

情形 II　$d(u_1) = n + t - 5$.

当 $t = 6$ 时, $d(u_1) = n + 1$. 由引理 6.1.5 知,

$$\nu(G_{u_1}) = 2n + t - 2,$$

$$d_{G_{u_1}}(w) = n + t - 3 = d(w),$$

所以有 $\nu(G_w) = 2n + 2$, 以及有 $G_w \cong K_{n+1} \times K_2$. 在 $G_w = \langle H_1 \cup H_2 \cup Z \rangle$ 中定义映射 θ 如下:

$$\theta : \{H_1 - u\} \to \{H_2 - v\},$$

映射中 $\{H_1 - u\}$ 的每个点都与它的像是邻接的. 令 $v_1 = \theta(u_1) \in \{H_2 - v\}$. 下面令

$$G_{u_1} = \langle B \cup X^* \cup H_3 \rangle,$$

$$\nu(G_{u_1}) = 2n + 4,$$

$$|B| = n - 1, \quad |X^*| = 5, \quad |H_3| = n.$$

因此 B 与 H_3 不邻接, 且有

$$d_{G_{u1}}(B \cup H_3)$$
$$\geqslant (n+3)(2n-1) - (n-1)(n-2) - (n-1)n$$
$$= 9n - 5,$$
$$d_{G_{u1}}(X^*)$$
$$= 5(n+3) - \sum_{x \in X^*} d_{X^*}(x)$$
$$\leqslant 5n + 15 - 2 = 5n + 13.$$

因为 $|X^*| = 5$, 在 X^* 中至少有两个点是邻接的, 且有

$$9n - 5 \leqslant d_{G_{u1}}(B \cup H_3) = d_{G_{u1}}(X^*) \leqslant 5n + 13,$$

即有 $4n \leqslant 18, n < 5$, 与 $n \geqslant 5$ 矛盾, 所以有 $d(u_1) \neq n + t - 5$.

综上情形 I 和情形 II 知, 引理 7.3.5 结论成立.

引理 7.3.6 G 是最小的连通的 2-K_n-残差图, $\nu(G) = 3n + t$, 当 $n \geqslant 5, 4 \leqslant t \leqslant 6, n \neq 6$ 时, 则不存在点度数是 $n + t - 1$.

证明 令 $U = \{u \in G | d(u) = n + t - 1\}$, 假设 $U \neq \varnothing$. 引理 7.3.4 和引理 7.3.5 知, $\langle U \rangle = K_l, l \geqslant 1$, 对于 $u \in U$, 令 $G_u = H_1 \cup H_2 \cong 2K_n$, 记

$$H_1 = \langle v_1, v_2, \cdots, v_n \rangle \cong K_n,$$

$$H_2 = \langle w_1, w_2, \cdots, w_n \rangle \cong K_n.$$

这里 H_1 与 H_2 是不邻接的, $U \cap G_u = \varnothing$, 所以有 $d(x) = n + t - 3$ 或者是 $d(x) = n + t - 5, x \in G_u$. 下面首先证明 $d(x) \neq n + t - 5, x \in G_u$.

假设存在点 $v = v_1 \in H_1, d(v) = n + t - 5$, 当 $t = 6$ 时, 有 $d(v) = n + 1$. 因此有 $\nu(G_v) = 2n + 4$ 以及 $H_2 \subset G_v$, 对任意的 $x \in G_v$, 有

$$d_{G_v}(x) = n + 3 = n + t - 3,$$

所以有

$$d(w) = d_{G_v}(w) = n + 3 = n + t - 3, \quad w \in H_2,$$

对任意的 $w = w_1 \in H_2$, 有 $\nu(G_w) = 2n + 2$, 所以有 $G_w \cong K_{n+1} \times K_2$. 记 $u = u_0, v = v_1, w = w_1$, 所以有

$$G_w = \langle \overline{H_1} \cup \overline{H_3} \rangle \cong K_{n+1} \times K_2,$$

$$\overline{H_1} = \langle v_0, v_1, v_2, \cdots, v_n \rangle \cong K_{n+1},$$

$$\overline{H_3} = \langle u_0, u_1, u_2, \cdots, u_n \rangle \cong K_{n+1},$$

u_i 与 v_i 是邻接的, $i = 0, 1, 2, \cdots, n$, 而且有

$$N[v] = N[v_1] = \{v_0, v_1, v_2, \cdots, v_n, u_1\},$$

$$N[w] = N[w_1] = \{w_0, w_1, w_2, \cdots, w_n, y_1, y_2, y_3, y_4\},$$

$$N[u] = N[u_0] = \{u_0, u_1, u_2, \cdots, u_n, v_0, y_1, y_2, y_3, y_4\},$$

$$G_v = \langle w_1, w_2, \cdots, w_n, y_1, y_2, y_3, y_4, u_0, u_2, u_3, \cdots, u_n \rangle.$$

$$N[v] \cap N[u_i] = \{u_1, v_i\},$$

$$d(u_i) = d_{G_v}(u_i) + |N[v] \cap N[u_i]|$$

$$= n + 3 + 2 = n + 5 = n + t - 1,$$

因为

$$N[w] = N[w_1] \subset G_v, \quad |N[w]| = n + 4, \quad v(G_v) = 2n + 4.$$

所以 $\langle N[w] \rangle \neq K_{n+4}$, 另外 $N[w]$ 与 $G_v - N[w]$ 不邻接, 矛盾, 则存在一点 y_1, y_1 与 $N[w]$ 中的一些点 x 不邻接, 以及

$$d(x) = n + 3 = n + t - 3$$

和 $N[x] \subset G_v$. 令 $G_v - N(x) = H' \cong K_n$, 则有 $y_1 \in H'$ 和

$$G_x = \langle N[v] \cup H' \rangle \cong K_{n+1} \times K_2,$$

因为 $\overline{H_1} \subset N[v] \subset G_x, y_1 \in H'$, 所以有 y_1 与 v' 是不邻接的, 这里 $v' \in \overline{H_1}$, 有

$$d(v') \geqslant d_{G_w}(v') + 1 = n + 1 + 1 = n + t - 4.$$

根据引理 7.3.2, 有

$$d(v') = n + 3 = n + t - 3.$$

v' 与 $N[w] - H_2$ 中的两点 y_1, y_2 邻接. 因此又有

$$d(y_1) = d(y_2) \geqslant n + 4 = n + t - 2,$$

所以有 $d(y_1) = d(y_2) = n + t - 1$. 现在有

$$\langle u_0, u_2, u_3, \cdots, u_n, y_1, y_2 \rangle = H^2 \subset U,$$

所以 $H^2 \cong K_{n+2}$. 因为 $\nu(G_v) = 2n + 4$, 以及 $H^2 \subset G_v$. 很容易得到

$$G_v - H^2 = \langle w_1, w_2, w_3, \cdots, w_n, y_3, y_4 \rangle = H^3 \cong K_{n+2}.$$

因为

$$d(v') = n + 3 = n + t - 3, \quad y_1, y_2 \in N[v'],$$

因此 $G_{v'} \cong K_{n+1} \times K_2$ 和 $H^3 \subset G_{v'}$ 矛盾. 综上证明了 $d(x) \neq n + t - 5$, 以及 $d(x) = n + t - 3$, 对任意的 $x \in G_u = H_1 \cup H_2$, 对于 $v = v_1 \in H_1$, 令

$$G_v = \langle u_0, u_1, u_2, u_3, \cdots, u_n, w_0, w_1, w_2, w_3, \cdots, w_n \rangle \cong K_{n+1} \times K_2,$$
$$\overline{H_2} = \langle w_0, w_1, w_2, \cdots, w_n \rangle \cong K_{n+1},$$
$$\overline{H_3} = \langle u_0, u_1, u_2, \cdots, u_n \rangle \cong K_{n+1},$$

u_i 与 w_i 是邻接的, $i = 0, 1, 2, \cdots, n$.

对于 $w = w_1 \in H_2$, 令

$$G_w = \langle u_0, u_1, u_2, \cdots, u_n, v_0, v_1, v_2, \cdots, v_n \rangle,$$
$$\overline{H_1} = \langle v_0, v_1, v_2, \cdots, v_n \rangle \cong K_{n+1},$$
$$H'_3 = \langle u_0, u_1, u_2, \cdots, u_n \rangle \cong K_{n+1},$$

v_i 与 u_i 是邻接的, $i = 0, 1, 2, \cdots, n$.

下面分三种情形讨论 t 的取值.

情形 I   假设 $t = 4$ 时, 对任意的 $x \in G_u$, 有 $d(x) = n + 1 = n + t - 3$. 因此

$$G_{v_2} \cong K_{n+1} \times K_2,$$

以及

$$w_2 \in G_{v_2}, \quad u_2 \in N[v_2] \cap N[w_2].$$

下面记 $F = G_{v_2}$, 则有

$$d(w_2) = d_F(w_2) + |N[v_2] \cap N[w_2]| = n + 2,$$

矛盾. 所以 $t \ne 4$, 即 $t \geqslant 5$.

情形 II　假设 $t = 5$ 时, 有 $N[v] \cap N[w] = \{u'\}$, 以及 $d(u_i) > n+3 = n+t-2$, 因此

$$d(u_i) = n+4 = n+t-1, \quad i = 1, 2, \cdots, n,$$

$$\{u_1, u_2, u_3, \cdots, u_n, w_1\} \subset (N[u'] \cap N[u_1]).$$

如果 u' 与 u_1 不邻接, 则有 $u' \in G_{u_1}$, 而且有

$$d(u') \geqslant n - 1 + |N[u'] \cap N[u_1]|$$

$$\geqslant n - 1 + n + 1 = 2n$$

$$\geqslant n + 5 > n + t - 1,$$

矛盾. 所以 u' 与 u_1 是邻接的, 记为 u_1'. 与情形 I 中类似的讨论, u' 与 u_1' 是邻接的, 所以有

$$U = \{u', u_0, u_1, u_1', u_2, \cdots, u_n\}, \quad \langle U = K_{n+3} \rangle.$$

因为 $G_{u_i} \cong 2K_n, i = 2, 3, \cdots, n$, 所以有 $\langle w_0, w_1, w_2, \cdots, w_n \rangle$ 与 $\langle v_0, v_1, v_2, \cdots, v_n \rangle$ 是不邻接的. 我们也知道

$$N[u_i] = U \cup \{v_i, w_i\}, \quad i = 0, 2, 3, \cdots, n,$$

$$N[u'] = U \cup \{u_1, w_1\}, \quad U \subset (N[u_1] \cap N[u_1']).$$

所以很容易得到, 存在一点 $v_2 \in H_1 \cup H_2$ 与 $\{u_1, u_1'\}$ 不邻接. 因此有

$$\langle U - u_2 \rangle = H' \cong K_{n+2},$$

以及

$$H' \subset G_{v_2} = K_{n+1} \times K_2,$$

矛盾. 所以有 $t \ne 5$.

情形 III　假设当 $t = 6$ 时, 有 $d(u_i) = n+3 = n+t-3, i = 2, 3, \cdots, n$. 如果

$$d(u_2) = n+3 = n+t-3,$$

则

$$G_{u_2} = \langle u', u'', v_0, v_1, v_3, \cdots, v_n, w_0, w_1, w_3, \cdots, w_n \rangle \cong K_{n+1} \times K_2.$$

因为 $\langle v_0, v_1, v_3, \cdots, v_n \rangle \cong \langle w_0, w_1, w_3, \cdots, w_n \rangle \cong K_n$, 所以

$$H_1' = \langle u', v_0, v_1, v_3, \cdots, v_n \rangle \cong K_{n+1}, \quad H_2' = \langle u'', w_0, w_1, w_3, \cdots, w_n \rangle \cong K_{n+1}.$$

但是我们知道

$$\langle v_1, v_3, \cdots, v_n \rangle \subset H_1, \quad \langle w_1, w_3, \cdots, w_n \rangle \subset H_2$$

是不邻接的, 并且 $n \geqslant 5$, 与 $G_{v_2} = K_{n+1} \times K_2$ 矛盾, 所以

$$d(u_2) = n + 5 = n + t - 1, \quad d(u_i) = n + t - 1, \quad i = 3, 4, \cdots, n.$$

即

$$\{u', u''\} \subset N[u_i], \quad i = 2, 3, \cdots, n.$$

类似情形 I, 情形 II 的讨论, 可以得到 $\langle v_0, v_1, \cdots, v_n \rangle$ 与 $\langle w_0, w_1, \cdots, w_n \rangle$ 是不邻接的, 以及

$$U = \{u', u'', u_0, u_1, u_1', u_2, \cdots, u_n\}, \quad \langle U \rangle \cong K_{n+4}.$$

所以存在一点 $x \in H_1 \cup H_2$, 使得 $|N[x] \cap U| = 1$. 另一方面有

$$(n+5)(n+4) = \sum_{u \in U} \geqslant (n+4)(n+3) + 4n$$
$$= (n+5)(n+4) + 2n - 8$$
$$\geqslant (n+4)(n+5) + 2,$$

矛盾. 所以假设 $v_2 \in H_1$, $|N[v_2] \cap U| = 1$, 有

$$\langle U - u_2 \rangle \subset G_{v_2} \cong K_{n+1} \times K_2,$$

以及 $\langle U - u_2 \rangle \cong K_{n+3}$ 也矛盾. 因此有 $t \neq 6$. 证毕.

定理 7.3.3 连通的 2-K_n-残差图, 当 $n \geqslant 5$ 时, 有 $\nu(G) \geqslant 3n + 6$.

证明 令 G 是最小的连通的 2-K_n-残差图, $\nu(G) = 3n + t$, 当 $n \geqslant 5, 4 \leqslant t \leqslant 6$, $n \neq 6$ 时, 因此根据引理 7.3.2—引理 7.3.6, 有

$$n + 2 \leqslant d(u) \leqslant n + t - 3, \quad t \geqslant 5.$$

下面证明 $t \neq 5$, 假设 $t = 5$, 则有 $d(u) = n + 2, \forall u \in G$, 如果 u 与 v 不邻接, 这里的 $u, v \in G$, 令 $N[u] \cap N[v] = X$, 则有 $u \in G_v, v \in G_u$. 令

$$G - N[u] - N[v] = G - N[v] - N[u] = H \cong K_n,$$

因为

$$v(G_u) = v(G_v) = 2n + 2, \quad d_{G_u}(w) = n + 1, \quad \forall w \in H,$$

则有 $(n+1) - d_H(w) = (n+1) - (n-1) = 2$ 个顶点与 $w \in H$ 在 G_u 中邻接, 以及 $N[u] - X$ 有两个顶点与 $w \in H$ 在 G_v 中邻接. 又因为 $N[u] - X \cap N[v] - X = \varnothing$, 因此有

$$d(w) \geqslant d_H(w) + 2 + 2 = n - 1 + 2 + 2 = n + 3,$$

与 $d(w) = n + 2$ 矛盾. 所以有 $\nu(G) \geqslant 3n + 6$.

引理 7.3.7 设 G 是连通的 2-K_n-残差图, 当 $\nu(G) = 3n + 6(n \geqslant 5, n \neq 6)$ 时, G 是 $(n+3)$-规则的.

证明 因为当 $t = 6$, $n + t = 6$ 时, 有 $d(u) \geqslant n + 2$, 再根据引理 7.1.6, 引理 7.3.4— 引理 7.3.6, 有 $d(u) = n + 3, \forall u \in G$.

定理 7.3.4 设 G 是连通的 2-K_n-残差图, 当 $\nu(G) = 3n + 6(n \geqslant 5, n \neq 6)$ 时, $G \cong K_{n+2} \times K_3$ 是唯一的.

证明 分 5 个步骤进行.

(1) 令 $F = \langle H_1 \cup H_2 \rangle \cong K_{n+1} \times K_2$, 这里 $H_1 \cong H_2 \cong K_{n+1}$, H_1 与 H_2 建立映射如下:

$$\theta : V(H_1) \to V(H_2),$$

这里 $u_1 \in H_1$ 与 $\theta(u_1) \in H_2$ 是邻接的. 如果 $H \subset F$ 以及 $H \cong K_s, 3 \leqslant s \leqslant n+1$, 则有 $H \subset H_1$ 或者 $H \subset H_2$.

(2) 由引理 7.3.6 有 $d(u) = n+3, \forall u \in G, \nu(G_u) = 2n+2$, 因此 $G_u \cong K_{n+1} \times K_2$, 令

$$G_u = H_1 \cup H_2 = \langle x_r^j | j = 1, 2, \cdots, n+1, r = 1, 2 \rangle, \tag{7.3.1}$$

这里 $H_r = \langle x_r^1, x_r^2, \cdots, x_r^{n+1} \rangle$, x_1^i 和 x_2^j 是邻接的 $(i = j)$, x_1^i 和 x_2^j 不邻接 $(i \neq j)$.
令

$$G_2 = G - N[x_2^{n+1}] = \langle H_0^* \cup H_1^* \rangle \cong K_{n+1},$$

由式 (7.3.1) 知,

$$K_n \cong \overline{H_1} - x_1^{n+1} = \langle x_1^1, x_1^2, \cdots, x_1^n \rangle \subset G_2,$$

由 (1) 知, 可以假设

$$\langle x_1^1, x_1^2, \cdots, x_1^n \rangle \subset H_1^* = \langle x_1^0, x_1^1, \cdots, x_1^n \rangle. \tag{7.3.2}$$

如果 $x_0^j \in H_0^*$ 与 x_1^i 是邻接的, 这里 $j = 0, 1, 2, \cdots, n$, 显然有 $x_0^0 = u$, 则

$$H_0^* = \langle x_0^0, x_0^1, \cdots, x_0^n \rangle.$$

下面证明 x_1^0 与 x_1^{n+1} 是邻接的. 假设不邻接, 则令

$$G_3 = G - N[x_1^{n+1}], \quad x_1^0 \in G_3,$$

由式 (7.3.1) 和式 (7.3.2), 有 x_1^0 与 $\{x_1^1, x_1^2, \cdots, x_1^n\} \subset N[x_1^{n+1}]$ 是邻接的, 因此

$$d(x_1^0) \geqslant d_{G_3}(x_1^0) + n = n + 1 + n > n + 3,$$

矛盾. 所以 x_1^0 与 x_1^{n+1} 是邻接的, x_1^0 与 $\overline{H_1}$ 是邻接的. 令

$$H_1 = \langle x_0^0, x_0^1, \cdots, x_0^n \rangle \cong K_{n+2}.$$

类似地, 有 $x_2^0 \in N^*(u)$ 与 $\overline{H_2}$ 是完全邻接的, 显然有 $x_2^0 \neq x_1^0$, 所以

$$H_2 = \langle x_2^0, x_2^1, \cdots, x_2^{n+1} \rangle \cong K_{n+2}.$$

类似地, 在 $G - N^*(x_2^{n+1}) = \langle H_0^* \cup H_1^* \rangle$ 中, 有 $x_0^{n+1} \in N[x_2^{n+1}]$ 与 H_0^* 是完全邻接的. 显然

$$x_0^{n+1} \in (H_2 \cup x_1^{n+1}) \subset N[x_2^{n+1}],$$

所以

$$H_3 = \langle x_0^0, x_0^1, \cdots, x_0^{n+1} \rangle \cong K_{n+2},$$

邻接关系如图 7.3.13 所示.

图中同一条线上的两个点是彼此邻接的, 长方形中的点是彼此连接的.

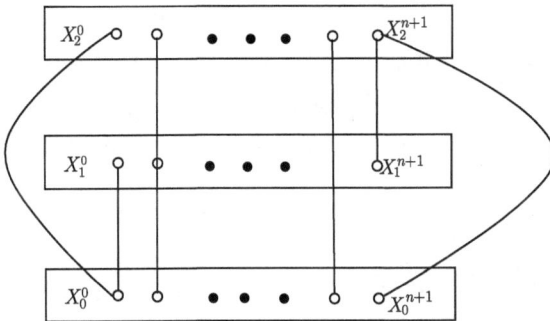

图 7.3.13 H_3

(3) H_r 中任意一点都与 $H_{s \neq r}$ 是邻接的. 若不然, 令 $x_0^j \in H_0$ 与 H_2 是不邻接的, 则有

$$G^* = G - N[x_0^j] \cong K_{n+1} \times K_2,$$

因为 $H \cong K_{n+2}, H_2 \subset G^*$ 与 $G^* \cong K_{n+1} \times K_2$ 矛盾, 所以 $x_0^j \in H_0$ 与 H_2 是不邻接的. 如果 H_2 中有两个顶点与 x_0^j 是邻接的, 且

$$d_{H_0}(x_0^j) = n + 1, \quad d(x_0^j) = n + 3,$$

所以 x_0^j 与 H_1 不邻接矛盾.

(4) 通过 (3) 有 x_0^1 与 H_2 是邻接的, 若 x_0^1 与 $x_2^{j\neq0}$ 邻接的, 因为 $x_2^{j\neq0}$ 与 x_1^j 是邻接的, 所以 H_1 中有两个顶点与 x_2^j 是邻接的, 与 (3) 矛盾. 因此有 x_0^1 与 x_2^0 是邻接的.

类似地, 可以证明 x_1^{n+1} 与 x_0^{n+1} 是邻接的.

(5) 因为 x_0^j 与 x_2^0 是邻接的, 这里 $j = 0, n+1$, 令 x_0^j 与 x_2^j 不邻接, $j \neq 0, n+1$, 根据 (3) 有 x_0^j 与 $x_2^{i\neq j}$ 是邻接的, 所以 x_0^j 与 x_1^j 是邻接的, 令

$$G - N[x_0^j] = \langle (H_1 - x_1^j) \cup (H_2 - x_2^j) \rangle \cong K_{n+1} \times K_2. \tag{7.3.3}$$

通过 (4) 有 x_1^t 与 x_2^t 是邻接的, 这里 $t \neq i$, 通过式 (7.3.3) 知, x_1^i 与 x_2^j 是邻接的, 与式 (7.3.1) 矛盾. 所以 x_0^j 与 x_2^j 是邻接的. 因此有

$$G = \langle X \rangle = \langle x_r^j | j = 0, 1, 2, \cdots, n+1, r = 0, 1, 2 \rangle,$$

这里 x_r^i 与 x_s^j 是邻接的, 当且仅当 $r = s, i \neq j$ 或者 $i = j, r \neq s$. 所以有 $G \cong K_{n+2} \times K_3$. 证毕.

由文献 [22] 可得出下面定理.

定理 7.3.5   当 n 是奇数时, $C_5[K_n]$ 是唯一的连通的最小阶 K_{2n}-残差图.

定理 7.3.6   图 $G = G_2[K_3]$ 是唯一的不同构 $K_8 \times K_3$ 的最小的 2-K_6-残差图.

证明   令 G 是连通的 2-K_n-残差图, $n \geqslant 5$, 由定理 7.3.3, 定理 7.3.4 知, 当 $\nu(G) \geqslant 3n + 6$, $\nu(G) = 3n + 6$ 时, $n + 2 \leqslant d(v) \leqslant n + 5$, 当 $d(v) \neq n + 4$ 时, 任意的 $v \in G$, 如果没有度数为 $n + 5$ 的点, 则 $d(v) = n + 3$, 且有 $G \cong K_{n+2} \times K_3$. 如果 G 不同构 $K_{n+2} \times K_3$, 则 $n = 6$. 必须存在一点 $u \in G$, 使得 $d(u) = n + 2 = 8$. 所以有

$$\nu(G_u) = 2n + 3 = 15.$$

由定理 7.3.4 知, $G_u \cong C_5[K_3]$. 记

$$G_u = \langle V_1 \cup V_2 \cup V_3 \cup V_4 \cup V_0 \rangle \cong C_5[K_3],$$

这里

$$\langle V_i \cup V_{i+1} \rangle \cong K_6,$$

$$\langle V_i \rangle \cong K_3, \quad i = 0, 1, 2, 3, 4, i + 1 (\mathrm{mod} 5).$$

对任意的 $x \in G_u$, $d_{G_v}(x) = n + 2 = 8$. 假设 $v \in V_1$, G_v 是连通的, 则任意的 $x \in V_3 \cup V_4 \subset G_v$, 则有

$$d(x) = d_{G_v}(x) + |N(x) \cap N(v)|$$

$$\geqslant n+1+3 = n+4.$$

因为 $d(x) \neq n+4$, 所以 $d(x) = n+5 = 11$. 类似地, 若 $v \in V_2$, G_v 是连通的, $d(x) = 11$, 对任意的 $x \in V_0 \cup V_4$. 令

$$A = \{x \in G_u | d(x) = 11\},$$

不是一般性, 令 $V_3 \cup V_4 \cup V_0 \subset A$. 对于 $v \in V_1$, 首先证明 $d(v) \neq n+3 = 9$. 若 $d(v) = n+3 = 9$, 则

$$G_v \cong K_{n+1} \times K_2 = K_7 \times K_2.$$

令

$$G_v = \langle U \cup W \rangle \cong K_7 \times K_2,$$

这里

$$\langle U \rangle = \langle u_0, u_1, \cdots, u_6 \rangle \cong K_7,$$

$$\langle W \rangle = \langle w_0, w_1, \cdots, w_6 \rangle \cong K_7,$$

u_i 与 w_i 是邻接的, $i = 0, 1, \cdots, 6$. 这里

$$\langle V_3 \cup V_4 \rangle = \langle w_1, \cdots, w_6 \rangle \subset G_v,$$
$$\langle V_3 \rangle = \langle w_1, w_2, w_3 \rangle,$$
$$\langle V_4 \rangle = \langle w_4, w_5, w_6 \rangle,$$

根据 G_u 和 G_v, 有

$$G - N(w_1) = \langle V_1 \cup V_0 \rangle \cup \langle u_0, u_2, u_3, u_4, u_5, u_6 \rangle \cong 2K_6,$$

$$G - N(w_4) = \langle V_1 \cup V_2 \rangle \cup \langle u_0, u_1, u_2, u_3, u_5, u_6 \rangle \cong 2K_6.$$

因此 $\{u_0, u_2, u_3, u_5, u_6\}$ 与 $V_0 \cup V_1 \cup V_2$ 是不邻接的. 对于 $x \in V_0$, 则

$$G_x = \langle V_2 \cup V_3 \rangle \cup H \cong 2K_6,$$

以及

$$\{u_0, u_2, u_3, u_5, u_6\} \subset H \subset G_x,$$

与 $V_2 \cup V_3$ 不邻接, 但是从 G_v 中知, u_3 与 $w_3 \in V_3$ 是邻接的矛盾, 所以 $d(v) \neq n+3 = 9$ 以及 $d(v) = n+2 = 8$. 因此

$$\nu(G_v) = 2n+3 = 15, \quad G_v \cong C_5[K_3].$$

令

$$U_0 = \{x \in N(u) | N(x) \cap (V_3 \cup V_4) = \varnothing\},$$
$$U_1 = \{x \in N(u) | V_3 \subset N(x)\},$$
$$U_2 = \{x \in N(u) | V_4 \subset N(x)\}.$$

因此

$$\langle U_1 \cup U_3 \rangle \cong K_6, \quad \langle U_2 \cup U_4 \rangle \cong K_6,$$
$$\langle U_0 \cup U_1 \rangle \cong K_6, \quad \langle U_0 \cup U_2 \rangle \cong K_6.$$

对于任意的 $y \in V_2$, 则

$$G_y = \langle N(u) \cup V_0 \cup V_4 \rangle \cong C_5[K_3].$$

根据 G_u 和 G_v 的邻接关系, 有 $\langle U_0 \cup U_1 \rangle \cong K_6$, 以及邻接关系很清楚, 所以 $G \cong G_2[K_3]$, 如图 7.3.14 所示.

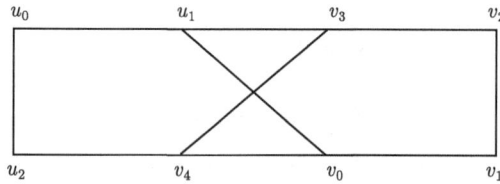

图 7.3.14　$G \cong G_2[K_3]$ 连通的 2-K_6-残差图

图中

$$\langle U_i \rangle \cong \langle V_j \rangle \cong K_3, \quad i = 0, 1, 2, \quad j = 0, 1, 2, 3, 4,$$

同一条线的两个点是彼此邻接的.

7.4　连通的 3-K_n-残差图

引理 7.4.1　设 G 是一个 $3K_n$-残差图, $G \neq 4K_n$, 则 $\nu(G) \geqslant 8n$, 且 $K_{4,4}[K_n]$ 是最小的唯一极图.

证明　对任意的 $u \in G$, 令

$$G_u = H_1 \cup H_2 \cup H_3 = 3K_n, \quad H_i \cong K_n, \quad i = 1, 2, 3.$$

不妨设 $v \in H_3$, 则

$$G_v = H_0 \cup H_1 \cup H_2 = 3K_n, \quad H_0 \cong K_n.$$

设 $w \in H_1$, 则

$$G_w = H_0 \cup H_2 \cup H_3 = 3K_n,$$

而且

$$\langle H_0 \cup H_1 \cup H_2 \cup H_3 \rangle = G_1 \subset G,$$

$G_1 \cong 4K_n$, 又因为 $G \neq 4K_n$, 则可令 $X = G - G_1 \neq \varnothing$, 所以 G_1 完全邻接 X, 即 $G = \langle X \rangle + G_1$, $\langle X \rangle$ 是 $4K_n$-残差图, 则 $\nu(X) \geqslant 4n$, 又因为 $G_1 \cong 4K_n$, 有 $\nu(G_1) \geqslant 4n$, 所以

$$\langle H_0 \cup H_1 \cup H_2 \cup H_3 \rangle = G_1 \subset G, \quad G_1 \cong 4K_n,$$

$$\nu(G) = \nu(G_1) + \nu(X) > 4n + 4n = 8n.$$

当 $G_1 \cong X \cong 4K_n$, 有 $G \cong K_{4,4}[K_n]$.

引理 7.4.2 设 G 是一个 3-K_n-残差图, 当 $u \in G$ 时, 任意 $v \in G_u$, 若 $G_v = H(v) \cup F(v), u \in H(v) \cong K_n$, $H(v)$ 不邻接 $F(v)$, $F(v)$ 是一个 K_n-残差图, 则

$$\nu(G) > \min\{8n, 6n + \delta(G) + 1\},$$

$\delta(G)$ 是最小度.

证明 令

$$G_v = H_1 \cup F, \quad u \in H_1 \cong K_n, \quad N(H_1) \cap F = \varnothing,$$

再令 $X = N(H_1) - H_1$, 对任意的 $w \in (G - N(H_1)) \subset G_u$, 有

$$G_w = H_1 \cup F_2, \quad N(H_1) \cap F_2 = \varnothing,$$

因此 $F_2 \subset G - N(H_1) = G_1, F_2$ 是 K_n-残差图, G_1 是一个 3-K_n-残差图, 以及 $\nu(G) \geqslant 6n$, $X \subset N(w)$, G_1 完全邻接 X, 下面对 H_1 与 X 的邻接关系分两组情况讨论.

情形 I H_1 完全邻接 X, 则有

$$G = \langle X \rangle + \langle H_1 \cup G_1 \rangle,$$

由引理 7.4.1 知,

$$\nu(G) \geqslant \nu(X) + \nu(H_1 \cup G_1)$$
$$= 4n + 4n = 8n.$$

情形 II H_1 不完全邻接 X, 如果存在一点 $u' \in H_1$, 令 $X - N(u') = X_1 \neq \varnothing$, 然后

$$G_2 = G - N(u') = \langle X_1 \cup G_1 \rangle = \langle X_1 \rangle + G_1,$$

G_2 是一个 3-K_n-残差图, 由引理 6.1.5 知,

$$\nu(G) = \nu(G_2) + d(u') + 1,$$

由引理 7.4.1, $\nu(G_2) \geqslant 6n$, 所以

$$\nu(G) \geqslant 6n + d(u') + 1 \geqslant 6n + \delta(n) + 1.$$

引理 7.4.3   设 G 是一个 3-K_n-残差图, $n > 2$, $u \in G$. 若对任意的 $v \in G_u$, 都有 $G_v = G - N(v)$ 是不连通的, $u \in F$, 且 F 是所有 G_v 中最大的连通子图, 则有

$$\nu(G) \geqslant \nu(F) + 6n = 6n + 2.$$

证明   设 $v \in G_u$, $G_v = F \cup G'$, F 是所有 $G_x(x \in G_u)$ 中满足 $u \in F$ 的最大连通分支. 若 $F \cong K_n$, 根据引理 7.4.2, 有

$$\nu(G) \geqslant 7n + 1 > 6n + 2.$$

若 F 是连通的 K_n-残差图, 令 $G_1 = G - N(F)$, 显然 $G_1 \subset G_u$. 令 $X = N(F) - F$. 对于任意 $w \in G_1$, 则有

$$\begin{aligned} G_w &= G - N(w) = (N(F) \cup G_1) - N(w) \\ &= \langle (N(F) - N(w)) \cup (G_1 - N(w)) \rangle = F' \cup G''. \end{aligned}$$

因 F 与 G_1 不相邻, $u \in F'$, 且 $\langle N(F) - N(w) \rangle$ 连通, 故有

$$u \in F \subset N(F) - N(w) \subset F'.$$

由 F 的最大性, 有 $F' = F = \langle N(F) - N(w) \rangle$, 故 w 与 X 全邻接, 即 G_1 与 X 全邻接.

如果 F 也与 X 全邻接, 则有

$$G = \langle X \rangle + \langle F \cup G_1 \rangle.$$

于是有 $\nu(G) \geqslant 8n$.

如果存在 $y \in F$, 则有 $X - N(y) = X' \neq \varnothing$, $F - N(y) = H$ 与 X' 全邻接, 故有

$$X' - N(y) = X'' \neq \varnothing,$$

$G_{yz} = G_y - N(z) = \langle X'' \rangle + G_1$ 是 K_n-残差图. 于是有 $\nu(G_{yz}) \geqslant 4n$, 以及

$$\nu(G) \geqslant \nu(F) + \nu(G_{yz}) \geqslant 2n + 2 + 4n = 6n + 2.$$

定理 7.4.1 令 G 是 $3\text{-}K_n$-残差图, 当 $\delta(G) = n$ 时, 则 $\nu(G) \geqslant 6n + 2$; 当 $\nu(G) = 6n + 2$ 时, 如图 7.4.1 所示, G 是唯一的极图.

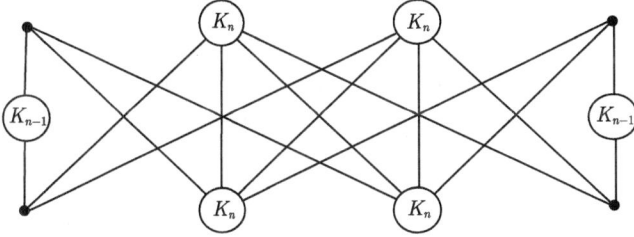

图 7.4.1 阶为 $6n + 2$ 的 $3\text{-}K_n$-残差图

证明 令 G 是 $3\text{-}K_n$-残差图, 且 $\nu(G) = 3n + t, \delta(G) = n, n \geqslant 3$, 假设 $\nu(G) \leqslant 6n + 1$. 根据引理 7.4.3, 则必存在 $v \in G_u$, G_v 为如图 7.4.1 所示的 $2\text{-}K_n$-残差图. 且 $u \in G_v$, 有

$$\nu(G_v) \leqslant 6n + 1 - d(v) - 1 \leqslant 6n,$$

根据连通的 $2\text{-}K_n$-残差图的性质, 有 $\delta(G_v) \geqslant n + 1$, 这与 $d_{G_v}(v) \leqslant d_G(u) = n$ 矛盾, 故 $\nu(G) \geqslant 6n + 2$.

当 $\nu(G) = 6n + 2$ 时, 首先证明必有 $v \in G_u$, G_u 连通. 若对任意 $v \in G_u$, $G_v = F_1 \cup F_2$ 不连通, 其中 $u \in F_1$. 因为 $d_{F_1}(u) \leqslant d(u) = n$. 若 F_1 是连通的 K_n-残差图, 则有 $d_{F_1}(x) \geqslant n+1$, 这与 $d_{F_1}(u) \leqslant n$ 矛盾, 故有 $F_1 \cong K_n$. 根据引理 7.4.2 知,

$$\nu(G) \geqslant 7n + 1 > 6n + 2,$$

又导致矛盾, 故必有 $v \in G_v$ 连通, 且由

$$n \leqslant d_{G_v}(u) \leqslant d_G(u) = n,$$

得到 $\delta(G_v) = n$, $\nu(G_v) \geqslant 5n + 1$, 又 $\nu(G_v) = \nu(G) - d(v) - 1 \leqslant 5n + 1$, 故有 $\nu(G_v) = 5n + 1$, 且 $d(v) = n$. 当 $\nu(G_v) = 5n + 1, \delta(G) = n$ 时, 有

$$G_v = X_1 \cup X_2 \cup Y_2 \cup Y_2 \cup V_3,$$

其中

$$X_1 \cong X_2 \cong Y_1 \cong Y_2 \cong K_n, \quad V_3 \cong K_{n+1},$$

$$V_3 = \{x_3, y_3\} \cup C_3,$$

又令

$$X = X_1 \cup X_2 \cup \{x_3\}, \quad Y = Y_1 \cup Y_2 \cup \{y_3\},$$

X 与 Y 完全邻接, 设 $u \in C_3$, 则有

$$G_u = \langle X_1 \cup X_2 \cup Y_2 \cup Y_2 \cup V_4 \rangle,$$

其中 $V_4 = N(v) = \{x_4, y_4\} \cup C_4, \langle V_4 \rangle \cong K_{n+1}, G_v$ 如图 7.4.2 所示, 容易验证 x_4 与 y_3 邻接, x_3 与 y_4 邻接, 所以有 G 是如图 7.4.1 所示的 3-K_n-残差图, 且是唯一的.

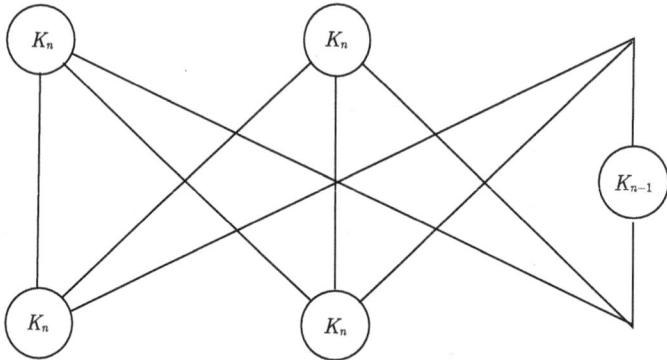

图 7.4.2　G_v

定理 7.4.2　令 G 是连通的 3-K_3-残差图, 则 $\nu(G) \geqslant 20$, 当 $\nu(G) = 20$ 时, 存在 3 个不同的连通的最小的 3-K_3-残差图 (图 7.4.3).

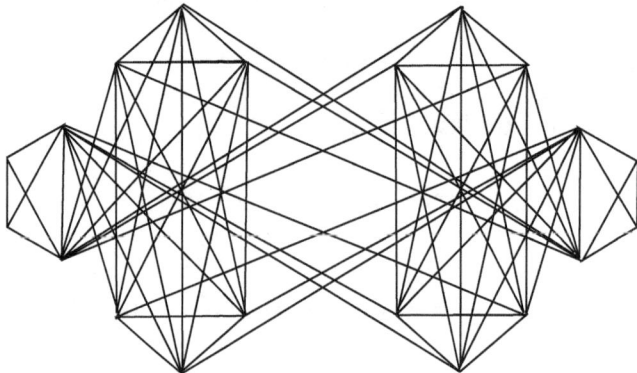

图 7.4.3　阶为 20 的 3-K_3-残差图

证明　对于 $\nu(G) \geqslant 20$ 的证明在 7.5 节, 这里主要是构造图形, 讨论最小度分别等于 3, 4 的情形.

情形 I 当 $\delta(G) = 3$ 时, 由定理 7.4.1, 得到一个阶为 $6n + 2 = 20$ 的连通的 3-K_3-残差图.

情形 II 当 $\delta(G) = 4$ 时, 可以构造如图 7.4.4、图 7.4.5 所示的 3-K_3-残差图.

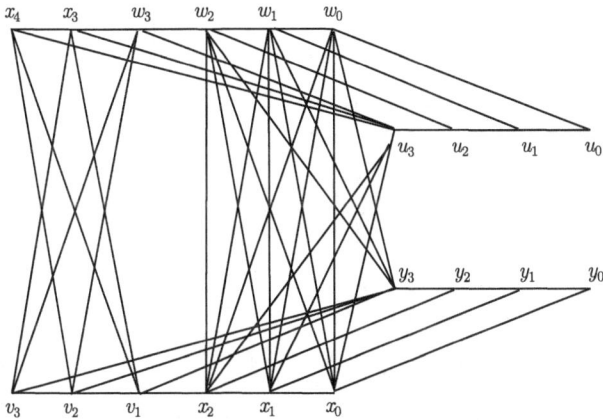

图 7.4.4 阶为 20 的 3-K_3-残差图

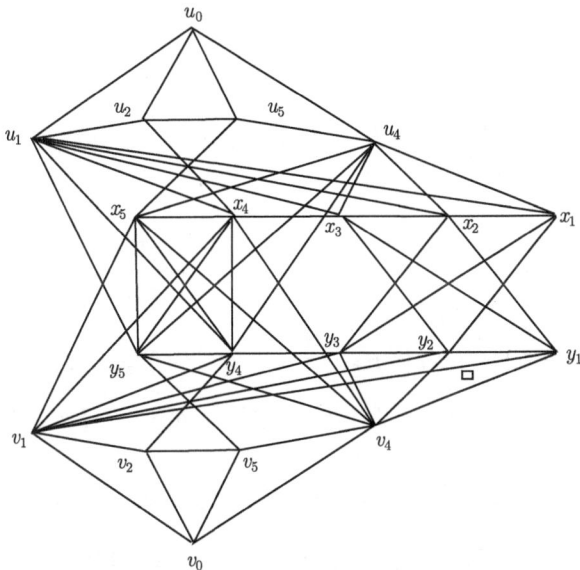

图 7.4.5 阶为 20 的 3-K_3-残差图

图 7.4.4 中线段连接的二顶点相邻, 同一直线上的顶点彼此邻接.

图 7.4.5 中线段连接的二顶点相邻, 同一直线上的顶点彼此邻接.

定理 7.4.3 令 G 是 3-K_4-残差图, 则 $v(G) \geqslant 22$, 如图 7.4.6 所示是最小阶为

22 的 $3\text{-}K_4$-残差图.

证明　对于 $v(G) \geqslant 22$ 的证明将在 7.5 节给出, 构造如图 7.4.6 所示, G 是 $3\text{-}K_4$-残差图.

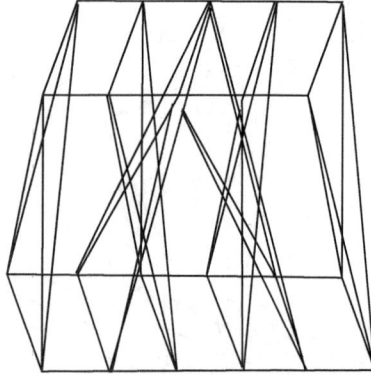

图 7.4.6　阶为 22 的 $3\text{-}K_3$-残差图

7.5　连通的 $m\text{-}K_n$-残差图

本节主要是引进新的方法, 解决 $m\text{-}K_3$-残差图、$m\text{-}K_4$-残差图以及当 $m > \phi(2n+3)$ 时的 $m\text{-}K_n$-残差图.

任意的三个整数 $m \geqslant 2, n \geqslant 3$ 且 $1 \leqslant r \leqslant n$, 下面构造 $m\text{-}K_n$-残差图的集合, 记为 $G = G_{n,r}^m$, 具体定义如下:

$$V(G) = A_1 \cup A_2 \cup B_1 \cup B_2 \cup \left(\bigcup_{j=3}^{m+1} V_j \right),$$

$$\langle A_i \rangle \cong \langle B_i \rangle \cong K_n, \quad i = 1, 2, \quad \langle V_j \rangle \cong K_{n+r},$$

$$V_j = A_j \cup B_j \cup C_j, \quad |A_j| = |B_j| = r, \quad |C_j| = n - r, \quad j = 3, 4, \cdots, m+1,$$

$$A = \bigcup_{i=1}^{m+1} A_i, \quad B = \bigcup_{i=1}^{m+1} B_i,$$

A 与 B 是完全邻接的, 容易证明 $G = G_{n,r}^m$ 的 $m\text{-}K_n$-残差图. 事实上, 对任意的 $x \in A \cup B$, 有 $G_x \cong mK_n$, 对任意的 $v \in C_3 \cup C_4 \cup \cdots \cup C_{m+n}$, 如果 $r < n, m \geqslant 3$, 则有 $G_v = G_{n,r}^{m-1}$.

设 G 是 $m\text{-}K_n$-残差图,

$$\min\{\nu(G), m \geqslant 2, n \geqslant 3, \delta(G) = n\} = (m+3)n + m - 1,$$

以及 $G = G_{n,r}^m$ 是唯一的最小阶 m-K_n-残差图 (当 $\delta(G) = n$ 时).

引理 7.5.1 设 G 是 m-K_n-残差图, 且 $G \neq (m+1)K_n$, 当 $m \geqslant 2$ 时, 则 $\nu(G) \geqslant 2(m+1)n$, 当 $\nu(G) = 4(m+1)$ 时, 则 $K_{m+1,m+1}[K_n]$ 是唯一的极图.

证明 引理 7.2.3 已经证明了当 $n = 2$ 时, 此结论成立. 引理 7.4.1 证明了当 $m = 3$ 时, 此结论成立. 下面证明对于任意的 m, n, 此结论都成立.

令对任意的 $u \in G$,

$$G_u = H_1 \cup H_2 \cup \cdots \cup H_m = mK_n, \quad H_i \cong K_n, \quad i = 1, 2, \cdots, m.$$

对于 $v \in H_m$, 则有

$$G_v = H_0 \cup H_1 \cup \cdots \cup H_{m-1} = mK_n, \quad H_0 \cong K_n,$$

假设 w 属于 H_1, 则有

$$G_w = H_0 \cup H_2 \cup \cdots \cup H_m = mK_n,$$

以及

$$H_0 \cup H_1 \cup H_2 \cup \cdots \cup H_m = G_1 \subset G.$$

根据引理 7.2.2, 有 $G_1 \cong (m+1)K_n$, 所以有 $\nu(G_1) \geqslant 2(m+1)n$. 因为 $G \neq (m+1)K_n$, 令 $X = G - G_1 \neq \varnothing$, 所以 G_1 与 X 完全邻接的. 令 $G = \langle X + G_1 \rangle$, 由引理 7.2.1, $\langle X \rangle = G_2$ 是 m-K_n-残差图, 以及 $\nu(G_2) \geqslant (m+1)n$, 因此

$$\begin{aligned} \nu(G) &= \nu(G_1) + \nu(G_2) \\ &\geqslant (m+1)n + (m+1)n \\ &= 2(m+1)n. \end{aligned}$$

当 $v(G) = 2(m+1)n$, $G_1 \cong G_2 \cong (m+1)K_n$, 所以 $G \cong K_{m+1,m+1}[K_2]$, $m \geqslant 2$.

引理 7.5.2 设 G 是连通的 m-K_n-残差图. 若 $u \in G$, 则对任意的 $v \in G_u$, 令 $G_v = H(v) \cup F(v), u \in H(v) \cong K_n$, 这里 $H(v)$ 不邻接 $F(v)$, $F(v)$ 是 $(m-2)$-K_n-残差图, 则有 $\nu(G) \geqslant \min\{2(m+1)n, 2mn + \delta(G) + 1\}$, 这里 $\delta(G)$ 是最小度.

证明 前面已经证明当 $n = 2$ 和 $m = 3$ 时结论成立, 下面证明此定理, 令

$$G_v = H_1 \cup F, \quad u \in H_1 \cong K_n,$$

$$N(H_1) \cap F = \varnothing, \quad X = N(H_1) - H_1,$$

则对任意的 $w \in (G - N(H_1)) \subset G_u$, 则有

$$G_w = H_1 \cup F_2, \quad N(H_1) \cap F_2 = \varnothing,$$

因此 $F_2 \subset G - N(H_1) = G_1$, 且 F_2 是 $(m-2)\text{-}K_n$-残差图, G_1 是 $(m-1)\text{-}K_n$-残差图, $\nu(G_1) \geqslant mn$, $X \subset N(w)$ 以及 G_1 完全邻接 X.

当 H_1 与 X 完全邻接时, $G = \langle X \rangle + \langle H_1 \cup G_1 \rangle$. 由引理 7.5.1, 则有 $\nu(G) \geqslant 2(m+1)n$.

当 H_1 与 X 不完全邻接, 如果存在一点 $u' \in H_1$,

$$X - N(u') = X_1 \neq \varnothing,$$

$$G_2 = G - N(u') = \langle X_1 \cup G_1 \rangle = \langle X_1 \rangle + G_1,$$

则 G_2 是 $(m-1)\text{-}K_n$-残差图. 由引理 6.1.5、引理 7.5.1, 有

$$\nu(G) \geqslant 2mn + d(u') + 1$$
$$\geqslant 2mn + \delta(G) + 1,$$

引理 7.5.3　设 G 是连通的 $m\text{-}K_n$-残差图. 当 $m \geqslant 2$ 时, $u \in G$, 对于每一个 $v \in G_u$, G_v 不连通, 则

$$\nu(G) \geqslant \nu(F) + 2(m-r)n, \quad u \in F,$$

以及 F 是属于 G_v, 对于 $v \in G_u$, F 是连通的 $r\text{-}K_n$-残差图, $0 \leqslant r \leqslant m-2$.

证明　令 $\Gamma = \{F | F \subset G_v, v \in G_u, u \in F\}$, 令 $F_1 \in \Gamma$, 使得

$$\nu(F_1) = \max\{\nu(F) | F \in \Gamma\},$$

$G_v = F_1 \cup G_1, F_1$ 是 $r\text{-}K_n$-残差图, 为方便起见, 当 $r = 0$ 时, $F_1 \cong K_n, G_1$ 是 $(m-r-1)\text{-}K_n$-残差图.

对任意的 $w \in G - N(F_1) \subset G_u$, 有 $G_w = F_2 \cup G_2$, 这里的 $F_1 \subset G_w$, 因此有 $F_1 \subset F_2$, 由 F_1 的最大性知, $F_1 = F_2$ 以及

$$G_w = F_1 \cup G_2, \quad N(F_1) \cap G_2 = \varnothing.$$

所以有 $G_2 \subset (G - N(F_1))$ 是 $(m-r-2)\text{-}K_n$-残差图, $G - N(F_1)$ 是 $(m-r-1)\text{-}K_n$-残差图, 以及

$$\nu(G - N(F_1)) \geqslant (m-1)n.$$

令 $N(F_2) - F = X$, 则有 $G - N(F_1)$ 与 X 是完全邻接的. 下面分情况讨论.

情形 I　当 F_1 与 X 完全邻接时, 有

$$G = \langle N(F_1) \cup (G - N(F_1)) \rangle$$

$$=\langle X \cup F_1 \cup (G - N(F_1))\rangle$$
$$=\langle X\rangle + \langle F_1 \cup (G - N(F_1))\rangle$$
$$=\langle X\rangle + \langle G - X\rangle.$$

由引理 7.5.1, $|X| \geqslant (m+1)n$, 再由引理 7.5.2 知,

$$\nu(G) \geqslant (m+1)n + \nu(F_1) + (m-r)n$$
$$\geqslant \nu(F_1) + 2(m-r)n.$$

情形 II 当 F_1 与 X 不完全邻接时, 下面分两种情况讨论.

由 $(r+1)$-独立集知, 有 $\{u_0, u_1, \cdots, u_r\} \subset F_1$ 以及

$$X - N(u_0, u_1, \cdots, u_r) = X_1 \neq \varnothing,$$

因此

$$G' = G - N(u_0, u_1, \cdots, u_r) = \langle X_1\rangle + \langle G - N(F_1)\rangle,$$

且 G' 是 $(m-r-1)$-K_n-残差图, 以及 $|X_1| \geqslant (m-r)n$. 根据情形 I 的证明可知,

$$\nu(G) \geqslant \nu(F_1) + 2(m-r)n.$$

当有 l 独立集时, 当 $l < r+1$ 时, 任意的 $l+1$ 独立集时, 则有 $\{u_1, u_2, \cdots, u_l\} \subset F_1$. 令 $X - N(u_1, u_2, \cdots, u_l) = X_1 \neq \varnothing$, 以及 $\overline{F} = F - N(u_1, u_2, \cdots, u_l)$ 是完全邻接 X_1 的, 所以有

$$\overline{G} = G - N(u_1, u_2, \cdots, u_l) = \langle X_1\rangle + \langle\overline{F} \cup (G - N(F_1))\rangle,$$

$$|X| \geqslant |\overline{X}| \geqslant (m-l+1)n > (m-r)n,$$

以及

$$\nu(G) \geqslant \nu(F_1) + 2(m-r)n.$$

定理 7.5.1 令 G 是 m-K_n-残差图, 当 $m \geqslant 2, n \geqslant 3$ 时, $\delta(G) = n$, 则

$$\nu(G) \geqslant (m+3)n + m - 1,$$

且有 $G = G_{n,r}^m$ 是唯一的最小连通的 m-K_n-残差图.

证明 利用数学归纳法证明, 对于 $m = 2$ 时, 令 G 是 2-K_n-残差图, 由 7.3 节的引理知, 若 $u \in G, d(u) = n, \nu(G) = 3n + t$, 则有 $\nu(G_u) = 2n + t - 1$. 对任意的 $v \in G_u$, 则有 $d_{G_u}(v) = n + t - 2$. 因

$$n + t - 2 = d_{G_u}(v) \leqslant d(v) \leqslant n + t - 1,$$

又有 $d(v) \neq n + t - 2$, 故有 $d(v) = n + t - 1$, 于是

$$G_v = H_1 \cup H_2 \cong 2K_n, \quad u \in H_1 \cong K_n.$$

由引理 7.5.2 知,

$$\nu(G) \geqslant \delta(G) + 1 + 2mn = 5n + 1,$$

当 $\nu(G) = 5n + 1$ 时, 对任意的 $u \in G$, 有 $d(u) = n$. 由 $\nu(G_u) = 4n$, $d_{G_u}(v) = 3n - 1$, 对任意的, $v \in G_u$. 可令

$$\begin{aligned}
G_v &= H_0 \cup H_1 \cong 2K_n, \quad u \in H_0, \\
G_w &= H_0 \cup H_2 \cong 2K_n, \quad w \in H_1, \\
X &= N(H_0) - H_0, \quad X_1 = X - N(u),
\end{aligned}$$

从而

$$G_u = (H_1 \cup H_2) + \langle X_1 \rangle, \quad \langle X_1 \rangle \cong 2K_n,$$

所以 $G \cong G_{n,1}^2$.

假设对于 $m \geqslant 2$ 时成立, 令 G 是连通的 $(m+1)$-K_n-残差图, $\delta(G) = n$, $u \in G$, $d(u) = n$, 以及 $\nu(G) \leqslant (m+4)n + m$. 如果存在一点 $v \in G_u$, 且 G_v 是连通的, 则

$$n \leqslant \delta(G_v) \leqslant d_{G_v}(u) \leqslant d(u) = n, \quad u \in G_v.$$

由上式可知 $\delta(G_v) = n$, 由归纳假设可知,

$$\nu(G_u) = (m+3)n + m - 1,$$

再由引理 6.1.5 知,

$$\begin{aligned}
\nu(G) &= \nu(G_u) + d(v) + 1 \\
&\geqslant (m+3)n + m - 1 + n + 1 \\
&= (m+4)n + m.
\end{aligned}$$

所以当 $\nu(G) = (m+4)n + m$, $\nu(G_u) = (m+3)n + m - 1$, $d(v) = n$ 时, 有 $G_v \cong G_{n,r}^m$.

令

$$V(G_v) = X_1 \cup X_2 \cup Y_1 \cup Y_2 \cup \left(\bigcup_{j=3}^{m+1} V_j \right),$$

这里

$$\langle X_i \rangle \cong \langle Y_i \rangle \cong K_n, \quad i = 1, 2,$$

$$\langle V_j \rangle \cong K_{n+1}, \quad V_j = \{x_j, y_j\} \cup C_j, \quad j = 3, 4, \cdots, m+1,$$

以及

$$X = X_1 \cup X_2 \cup \{x_3, x_4, \cdots, x_{m+1}\},$$

$$Y = Y_1 \cup Y_2 \cup \{y_3, y_4, \cdots, y_m\},$$

X 与 Y 是完全邻接的. 假设 $u \in C_3$, 使得 $G_u \cong G_{n,1}^m$, 则

$$G = \langle N(v) \cup G_v \rangle,$$

$$G_u = \langle G_v - N(u) \cup N(v) \rangle = \langle (V(G_v) - V_3) \cup V_{m+2} \rangle,$$

这里 $V_{m+2} = N(v) = \{x_{m+2}, y_{m+2}\} \cup C_{m+2}$, x_{m+2} 是完全邻接 $Y - y_3$, y_{m+2} 是完全邻接 $Y - x_3$. 对于 $w \in C_4$, 根据 $G_w \cong G_{n,1}^m$, 所以

$$X^* = X \cup \{x_{m+2}\}, \quad Y^* = Y \cup \{y_{m+2}\},$$

X^* 与 Y^* 是完全邻接的, 且 $G_v \cong G_{n,1}^m$.

现在只需要证明存在一点 $v \in G_u$, 使得 G_v 是连通的. 若不然, 假设对于每一点 $v \in G_u$, 使得 G_v 都不连通, 根据引理 7.5.4, 则

$$\nu(G) \geqslant \nu(F_1) + 2(m - r + 1)n.$$

F 是连通的 r-K_n-残差图, 如果 $F \cong K_n$, 则

$$\begin{aligned}
\nu(G) &\geqslant n + 2(m+1)n = (m+4)n + (m-1)n \\
&= (m+4)n + m + (m-1)(n-1) - 1 \\
&> (m+4)n + m
\end{aligned}$$

是矛盾的. 因为 $u \in F_1$, $d(u) = n$, 所以 $r \neq 1$. 如果 $r \geqslant 2$, 根据归纳假设 F 是连通的 r-K_n-残差图, 且 $\delta(F) = n$, 则

$$\nu(F) \geqslant (r+3)n + r - 1,$$

以及

$$\begin{aligned}
\nu(G) &\geqslant (r+3)n + r - 1 + 2(m+1-r)n \\
&= (m+4)n + (m+1-r)n + r - 1 \\
&> (m+4)n + m
\end{aligned}$$

与 $\nu(G) \leqslant (m+4)n + m$ 矛盾. 所以存在一点 $v \in G_u$, 使得 G_v 是连通的.

综上, 定理已经证明.

下面证明定理 7.3.1 的前半部分, 即令 G 连通的 2-K_3-残差图, 则有 $\nu(G) \geqslant 15$.

证明　记 $\nu(G) = 3n + t, n = 3, t \leqslant 6$. 由引理 7.3.6 知, $4 \leqslant t \leqslant 6$, 且 $t \neq 4, 5$. 如果 $t = 4$ 时, 则

$$n + 1 \leqslant d(u) \leqslant n + 3, \quad d(u) \neq n + 2.$$

对任意的 $u \in G, d(u) = n + 1$, 以及 $v \in G_u, d(v) = n + 1$, 则

$$G - N(u) - N(v) = H = \langle w_1, w_2, w_3 \rangle \cong K_3,$$

以及有 $w_i \in G_u$, 有

$$|N(v) \cap N(w_i)| \geqslant 2,$$
$$d(w_i) = d_{G_v}(w_i) + |N(v) \cap N(w_i)|$$
$$\geqslant n + 1 + 2$$
$$= n + t - 1 = 6,$$
$$\nu(G_v) = \nu(G_u) = 2n + 2 = 8.$$

在 G_u 中有 G_1, G_2, G_v 中有 G_3, G_4, 如图 7.5.1 所示. 在图 7.5.1 中, $u = u_0, v = v_0$, 同一条线上的点是邻接的.

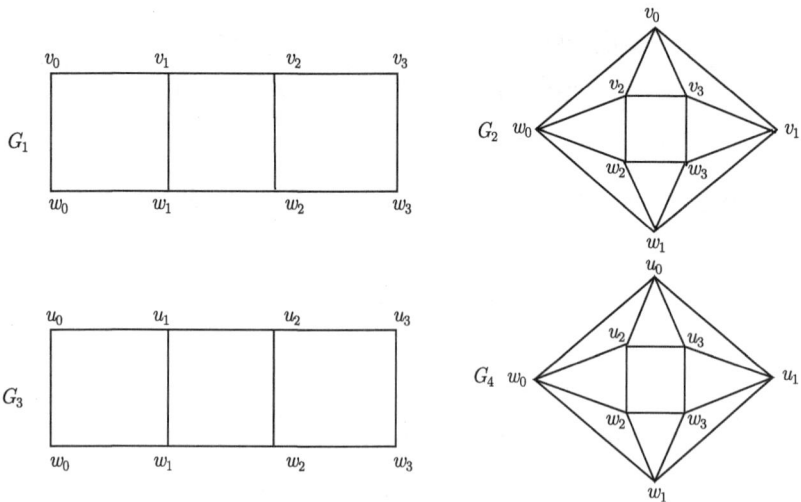

图 7.5.1　阶为 22 的 3-K_3-残差图

下面分三种情况讨论证明 $\nu(G) \neq 3n + 4 = 13$.

情形 I $G_u = G_2, G_v = G_4$, 则

$$G_{w_1} = \langle v_0, v_2, v_3 \rangle \cup \langle u_0, u_2, u_3 \rangle \cong 2K_3,$$

$$G_{w_2} = \langle v_0, v_1, v_3 \rangle \cup \langle u_0, u_1, u_3 \rangle \cong 2K_3,$$

$$G_{w_3} = \langle v_0, v_2, w_0 \rangle \cup \langle u_0, u_2, w_0 \rangle \cong 2K_3.$$

因此

$$|N(v_2) \cap N(u_0)| \leqslant 1,$$

$$|N(v_3) \cap N(u_0)| \leqslant 1,$$

$$d(v_2) = d_{G_u}(v_2) + |N(v_2) \cap N(u)|$$
$$\leqslant n + 1 + 1 = n + 2,$$

但是 $d(v_2) \neq n + 2$, 所以有 $d(v_2) = n + 1 = 4$. 类似地, 有 $d(v_3) = n + 1 = 4$, 根据 G_{v_1} 和 G_{v_2}, 则

$$d(w) = d(v_1) = n + t - 1 = 6,$$

以及

$$\{u_1, \overline{w_0}\} \subset N(v_1) \cap N(w_0),$$

因此

$$G_{v_1} = \langle w_0, v_2, w_2, u_0, u_1, u_3 \rangle,$$

从 G_4 中知, u_2 与 w_2 是邻接的, 所以 G_{v_1} 与 $2K_3$ 是不同构的, 这是一个矛盾, 故情形 I 不成立.

情形 II $G_u = G_1, G_v = G_3$. 根据 $G_{w_1}, G_{w_2}, G_{w_3}$, 容易得到 $\{u_0, u_1, u_2, u_3\}$ 与 $\{v_0, v_1, v_2, v_3\}$ 是不邻接的, 以及

$$d(w_0) = d(\overline{w_0}) = n + t - 1 = 6,$$

所以

$$G_{v_i} = \langle G_3 - w_i + w_0 \rangle \cong K_4 \times K_2, \quad i = 1, 2, 3,$$

所以有 w_0 与 u_i 邻接, $u_i \in G_{v_i}, i = 1, 2, 3$, 以及

$$d(w_0) \geqslant d_{G_1}(\overline{w_0}) + 3 = n + 1 + 3 = 7.$$

矛盾, 所以情形 II 也不成立.

情形III　　$G_u = G_1, G_v = G_4$(对称的 $G_u = G_3, G_v = G_2$), 则

$$G_{w_1} = \langle v_0, v_2, v_3 \rangle \cup \langle u_0, u_2, u_3 \rangle \cong 2K_3,$$

$$G_{w_2} = \langle v_0, v_1, v_3 \rangle \cup \langle u_0, u_1, u_3 \rangle \cong 2K_3,$$

$$G_{w_3} = \langle v_0, v_1, v_2 \rangle \cup \langle u_0, u_2, \overline{w_0} \rangle \cong 2K_3.$$

因此, $\{u_2, u_3\}$ 与 $\{v_0, v_1, v_2, v_3\}$ 是不邻接的, 以及

$$d(u_2) = d(u_3) = n + 1 = 4,$$

所以

$$\nu(G_{u_2}) = \nu(G_{u_3}) = 2n + 2 = 8,$$

从 G_4 中, 有 $u_1 \in G_{u_2}, w_0 \in G_{u_3}$, 所以

$$\nu(G_{u_2}) = \nu(G_{u_3}) = 2n + 2 = 8,$$

$$d(u_1) = d(w_0) = n + t - 1 = 6.$$

由 G_4 和 G_{w_3}, G_{u_1} 知,

$$G_{w_0} \supset \langle u_1, u_3, w_3, v_0, v_1, v_2, v_3 \rangle,$$

与 $d(\overline{w_0}) = n + t - 1 = 6$, 矛盾, 所以情形III是不成立的, 所以有 $\nu(G) \neq 3n + 4 = 13$.

下面分三种情况讨论证明 $\nu(G) \neq 3n + 5 = 14$. 相反如果 $\nu(G) = 3n + 5 = 14$, 则有 $d(u) \neq n + 1, n + 3$, 所以 $d(u) = n + 2, n + 4$.

假设 $d(u) = n + 2, v \in G_u, d(v) = n + 2 = 5$, 因此

$$\nu(G_u) = \nu(G_v) = 2n + 2 = 8,$$

$$N(u) \cap N(v) = \{x\},$$

其中

$$N(u) = \{u_0, u_1, u_2, u_3, \overline{w_0}, x\}, \quad u = u_0,$$

$$N(v) = \{v_0, v_1, v_2, v_3, w_0, x\}, \quad v = v_0.$$

类似地, 有下面几种情况.

情形 I　　$G_u = G_2, G_v = G_4$. 这里 G_1, G_2, G_3, G_4, 如图 7.5.1 所示. 从 $G_{w_1},$ G_{w_2}, G_{w_3}, 则

$$|N(u) \cap N(v_2)| \leqslant 2, \quad |N(v_3) \cap N(u)| \leqslant 2,$$

$$d(v_2) = d(v_3) = n + 2 = 5,$$

类似地,

$$d(u_2) = d(u_3) = n + 2 = 5,$$

$$d(v_1) = d(w_0) = d(\overline{w_0}) = n + t - 1 = n + 4 = 7.$$

根据 G_2, G_{w_3} 和 G_{v_1}, 则

$$2K_3 \cong G_{w_0} = \langle v_1, v_3, w_3, u_0, u_1, u_2, u_3, \overline{w_0} \rangle,$$

是矛盾的. 所以情形 I 不成立.

情形 II $G_u = G_1, G_v = G_3$. 根据 $G_{w_1}, G_{w_2}, G_{w_3}$, 容易得到 $\{u_0, u_1, u_2, u_3\}$ 与 $\{v_0, v_1, v_2, v_3\}$ 是不邻接的, 以及

$$d(u_i) = d(v_i) = n + 2 = 5, \quad i = 0, 1, 2, 3,$$

$$d(u_i) = d_{G_v}(u_i) + |N(v) \cap N(u_i)|$$

$$= n + 1 + |N(v) \cap N(u_i)| = n + 2,$$

所以有 $|N(v) \cap N(u_i)| = 1$, u_i 与 x 是邻接的. 类似地, v_i 与 x 是邻接的, 因此有

$$d(x) \geqslant 4 + 4 = 8 > n + t - 1 = 7,$$

矛盾, 所以情形 II 不成立.

情形 III $G_u = G_1, G_v = G_4$. 根据 G_{w_i}, $i = 1, 2, 3$, $\{u_2, u_3\}$ 与 $\{v_0, v_1, v_2, v_3\}$ 是不邻接的. 因此有

$$d(u_2) = d(u_3) = n + 2,$$

$$d(u_1) = d(\overline{w_0}) = n + t - 1 = 7,$$

在 G_4, G_{w_2} 中, 有

$$G_{u_1} = \langle \overline{w_0}, u_2, w_2 \rangle \cup \langle v_0, v_1, v_3 \rangle \cong 2K_3.$$

从 G_4 和 G_{w_3}, G_{u_1} 知,

$$2K_3 \cong G_{\overline{w_0}} = \langle v_0, v_1, v_2, v_3, u_0, u_3, w_3 \rangle,$$

矛盾, 所以情形 III 是不成立的, 故有

$$\nu(G) \neq 3n + 4 = 14.$$

综上所述, $\nu(G) \neq 3n + 4 = 13, 14$, 所以有 $\nu(G) \geqslant 3n + 6 = 15$.

引理 7.5.4   令 G 是连通的 m-K_n-残差图, $m \geqslant 2, n \geqslant 3$, 则当 $n \neq 4$ 时, 有

$$\nu(G) \geqslant \min\{(m+1)(n+2), (m+3)n + m - 1\},$$

当 $n = 4$ 时, 有

$$\nu(G) \geqslant \min\{6m + 4, 5m + 11\}.$$

证明   利用数学归纳法证明, 当 $m = 2$ 时, 结论成立. 假设当 $m \geqslant 2$ 时成立, 对于 $m + 1$, 令 G 是 $(m+1)$-K_n-残差图. 当 $\delta(G) = n$, 根据定理 7.5.1 知,

$$\nu(G) \geqslant (m+4)n + m.$$

如果 $\delta(G) \geqslant n + 1$, 存在一点 $v \in G$, 使得 G_v 是连通的, 由归纳假设有

$$\nu(G) = \nu(G_v) + d(v) + 1 \geqslant \nu(G_v) + n + 2,$$

当 $n \neq 4$ 时,

$$\nu(G_v) + n + 2$$
$$\geqslant \min\{(m+1)(n+2), (m+3)n + m - 1\} + (n+2)$$
$$\geqslant \min\{(m+2)(n+2), (m+4)n + m\},$$

当 $n = 4$ 时,

$$\nu(G) \geqslant \min\{6(m+1) + 4, 5(m+1) + 11\}.$$

如果对任意的 $v \in G$, G_v 是不连通的且 $G_v = (m+1)K_n$. 根据引理 7.5.1 知, 当 $n \neq 4$ 时, 有

$$\nu(G) \geqslant 2(m+2)n > (m+2)(n+2),$$

当 $n = 4$ 时, 有

$$\nu(G) \geqslant 2(m+2)n > 6(m+1) + 4.$$

如果 $G_v \neq (m+1)K_n$, 由引理 7.5.3 知,

$$\nu(G) \geqslant \nu(F) + 2(m+1-r)n,$$

这里 F 是连通的 r-K_n-残差图, 且有 $1 \leqslant r \leqslant m + 1 - 2 = m - 1$.
如果 $r = 1$, 则有当 $n \neq 4$ 时, 有

$$\nu(G) \geqslant 2n + 2 + 2mn$$
$$= (m+2)(n+2) + m(n-2) - 2.$$

当 $n = 4$ 时, 有

$$\nu(G) \geqslant 2n + 2 + 2mn$$
$$= (m + 4) + (m - 2) + 2.$$

因此, 当 $n \neq 4$ 时, 有 $\nu(G) \geqslant (m+2)(n+2)$. 当 $n = 4$ 时, 有 $\nu(G) > (m+4)n + m$.

如果 $2 \leqslant r \leqslant m - 1$, 根据归纳假设, 则当 $n \neq 4$ 时, 有

$$\nu(G) \geqslant \min\{(r+1)(n+2), (r+3)n + r - 1 + 2(m+1-r)n\}$$
$$> \min\{(m+2)(n+2), (m+4)n + m\}.$$

当 $n = 4$ 时, 有

$$\nu(G) \geqslant \min\{6r + 4, 5r + 11\} + 2(m+1-r)n$$
$$\geqslant \min\{6(m+1) + 4, 5(m+1) + 11\}.$$

定理 7.5.2 对任意的 $n \geqslant 3$, 存在一个整数 $\phi(n)$, 对于任意的 $m \geqslant \phi(n)$, 可记最小阶为 $\phi_n(m)$, 连通的 m-K_n-残差图的最小阶是 $(m+3)n + m - 1$, 对任意的 $m > \phi(n)$, 有 $G_{n,1}^m$ 是唯一的最小极图.

证明 令 G 是连通的 m-K_n-残差图最小阶为 $\phi_n(m)$, 根据引理 7.5.4 知,

$$\nu(G) \geqslant \min\{(m+1)(n+2), (m+3)n + m - 1\}$$
$$= \begin{cases} (m+1)(n+2), & m \leqslant 2n - 3, \\ (m+3)n + m - 1, & m \geqslant 2n - 3. \end{cases}$$

因此

$$\phi_n(m) = (m+3)n + m - 1, \quad m \geqslant 2n - 3,$$
$$\phi_n(m) \leqslant 2n - 3, \quad n \geqslant 3, \quad n \neq 4.$$

当 $n = 4$ 时, 有

$$\nu(G) \geqslant \min\{6m + 4, 5m + n\}$$
$$= \begin{cases} 6m + 4, & 2 \leqslant m \leqslant 7, \\ 5m + 11, & m \geqslant 7. \end{cases}$$

因此可得 $\phi(4) = 7$.

对任意的 $m > \phi(n)$, 令 G 是连通的 m-K_n-残差图, 则

$$\nu(G) = \phi_n(m) = (m+3)n + m - 1,$$

则存在一点 $v \in G$, 使得 G_v 是连通的 $(m-1)$-K_n-残差图, $m-1 > \phi(n)$, 因此有

$$\nu(G_v) \geqslant (m+2)n + m - 2,$$

$$n \leqslant d(v) = \nu(G) - \nu(G_v) \leqslant n,$$

所以 $d(v) = n$, 则有 $G \cong G_{n,1}^m$.

　　定理 7.5.3　G 是连通的 m-K_3-残差图, $m \geqslant 3$, 则有 $\nu(G) \geqslant 4m + 8$, 当 $m \geqslant 4$ 时, $G_{3,1}^m$ 是唯一的极图.

　　证明　由引理 7.5.4 知, 当 $m = 2$ 时, 有

$$\nu(G) \geqslant \min\{(m+1)(n+2), (m+3)(n+m-1)\}$$
$$= \min\{5m+5, 4m+8\},$$

当 $m = 2$ 时,

$$\min\{5m+5, 4m+8\} = 15,$$

当 $m \geqslant 3$ 时,

$$\min\{5m+5, 4m+8\} = 4m + 18,$$

$\phi(3) = 3$, 根据定理 7.5.2 知, $m > \phi(3) = 3$, $G_{3,1}^m$ 是唯一的极图. 证毕.

　　由定理 7.5.3 直接可以证明定理 7.5.3 的前半部分. 对于定理 7.5.3 后半部分由下面证明, 分两种情形讨论.

　　情形 I　当 $\delta(G) = 3$ 时, 由定理 7.5.1 知, $G_{3,1}^3$ 如图 7.4.3 所示.

　　情形 II　当 $\delta(G) = 4$ 时, 令 $d(u) = 4, v \in G_v, G_v$ 是连通的, 因此有 $\nu(G_v) \geqslant 15$ 以及

$$4 \leqslant d(v) = \nu(G) - \nu(G_v) - 1$$
$$\leqslant 20 - 15 - 1 = 4,$$

所以 $d(v) = 4$ 以及 $\nu(G_v) = 15$, $u \in G_v, d(u) = 4, G_v \neq K_5 \times K_3$.

　　从定理 7.3.1 知, 有两个不同构 $K_5 \times K_3$ 的连通的最小阶为 15 的 2-K_3-残差图, 如图 7.3.3 和图 7.3.5 所示, 所以可以构造两个不同构 $G_{3,1}^3$ 的连通的最小阶为 20 的 3-K_3-残差图, 如图 7.4.4 和图 7.4.5 所示.

　　定理 7.5.4　G 是连通的最小阶为 $\phi_4(m)$ 的 m-K_4-残差图, $m \geqslant 2$, 则有 $G \cong G_m[K_2]$, 当 $2 \leqslant m \leqslant 6$ 时, 有 $G \cong G_{4,1}^m$, 当 $m \geqslant 8$ 时, $G \cong G_7[K_2]$ 或者 $G \cong G_{4,1}^7$, 这里 G_m 是最小阶为 $3m + 2$ 的 m-K_2-残差图.

证明   由引理 7.5.4, 有

$$v(G) \geqslant \min\{6m+4, 5m+11\} = \begin{cases} 6m+4, & 2 \leqslant m \leqslant 6, \\ 46, & m = 7, \\ 5m+11, & m > 7. \end{cases}$$

$G_m[k_2]$ 是最小阶为 $\dfrac{n}{2}(3m+2) = 6m+4$ 的连通的 m-K_4-残差图以及 $G_{4,1}^m$ 是最小阶为 $(m+3)n+m-1 = 5m-11$ 的连通的 m-K_4-残差图. 因此有

$$\phi(m) = \min\{6m+4, 5m+11\}, \quad \phi(4) = 7.$$

由定理 7.5.2 知, 当 $m \geqslant 8, G_{4,1}^m$ 是唯一的最小极图.

7.6 本 章 小 结

本章主要介绍了 m-K_n-残差图, 首先介绍关于 m-K_n-残差图的猜想, 然后分别介绍一些相关的成果.

第 8 章 超平面残差图

超平面残差图是 Erdös, Harary, Klawe 在文献 [9] 提到的完备残差图的推广, 本章主要研究超平面残差图的最小阶和最小极图的问题.

8.1 m-$K_n \times K_s$-残差图

引理 8.1.1 如果 F 是连通图, 但 F 不是完备图, 则不存在不连通的 F-残差图.

证明 假设 G 是不连通的 F-残差图, G 至少有两个极大的连通分支 G_1, G_2. 取 $u \in V(G_1)$, 则 $V(G_2) \cap N^*(u) = \varnothing$. 于是 G_2 就是 $G - N^*(u)$ 的一个极大的连通分支. 又由 $G - N^*(u) \cong F$ 连通, 故

$$G_2 = G - N^*(u) \cong F.$$

由于 F 不是完备图, 所以 G_2 中必有二顶点 v, w 不邻接, 故 w 不属于 $N^*(v)$. 一方面 $G - N^*(v) \cong F$ 连通, 另一方面由

$$V(G_1) \cap N^*(v) = \varnothing,$$

$$V(G_1) \cup \{w\} \subset V(G - N^*(v)),$$

w 与 $V(G_1)$ 中的顶点不邻接, 又 $G - N^*(v)$ 中有一个极大的连通分支 G_1 和一个与 G_1 中顶点不邻接的顶点 w, 从而不连通, 导致矛盾. 证毕.

引理 8.1.2 G 是 $K_n \times K_s$- 残差图, 其中 $n \geqslant s \geqslant 2$, 则对任意 $u \in V(G)$, 有

$$d(u) \geqslant n + s,$$

$$\nu(G) \geqslant (n+1)(s+1).$$

证明 任取 $u \in V(G)$, 有 $G - N^*(u) \cong F$. 记

$$F = K_n \times K_s = \left\langle \left\{ u_i^j \Big|_{j=1,2,\cdots,s}^{i=1,2,\cdots,n} \right\} \right\rangle,$$

F 中 u_i^i 与 u_i^t 邻接, 当且仅当 $i = t, j \neq r$ 或者是 $j = r, i \neq t$. 由于 $n \geqslant s \geqslant 2$, 所以 u_1^1 与 u_n^s 是不邻接的. 另一方面都与 u_n' 和 u_1^s 邻接. 令

$$G_1 = G - N^*(u_n^s),$$

于是

$$d(u_1') \geqslant d_{G_1}(u_1') + 2$$
$$= (n + s - 2) + 2 = n + s.$$

由引理 6.1.5 知, 有 $d(u) = d(u_1') \geqslant n + s$, 可知

$$\nu(G) = \nu(G_1) + d(u) + 1$$
$$\geqslant ns + n + s + 1$$
$$= (n + 1)(s + 1),$$

当且仅当 $\nu(G) = (n + 1)(s + 1)$ 时, 有 $d(u) = n + s$.

引理 8.1.3 令 $F = K_n \times K_s$, 则 F 中彼此邻接的两个顶点都邻接的任意两个顶点彼此邻接.

证明 同样令

$$F = K_n \times K_s = \left\langle \left\{ u_i^j \Big|_{j=1,2,\cdots,s}^{i=1,2,\cdots,n} \right\} \right\rangle,$$

如果 F 中彼此邻接的二顶点为 u_j^i 与 $u_r^i (j \neq r)$. 如果 $u_{j_1}^{i_1}$ 与这两个顶点都邻接, 显然只有 $i_1 = i$. 如果 $u_{j_2}^{i_2} \neq u_{j_1}^{i_1}$ 也与这两个顶点都邻接, 同样有 $i_2 = i$, 从而有 $i_1 = i_2, j_1 \neq j_2$, 故 $u_{i_1}^{i_1}$ 与 $u_{i_2}^{i_2}$ 邻接. 如果彼此邻接的二顶点 u_j^i 与 $u_j^t (j \neq t)$, 同样可以证明引理成立.

引理 8.1.4 令 G 是 $K_n \times K_s$-残差图 $(n \geqslant s \geqslant 2)$, 使得

$$\nu(G) = (n + 1)(s + 1), \quad d(u) = n + s,$$

对于任意的 $u \in V(G)$, 则有

(1) 对任意的 $v \in V(F)(F = G - N^*(u))$, 有 $|N(v) \cap N(u)| = 2$.

(2) 令 $v, w \in V(F)$, 如果 v 与 w 不邻接, 则 v 与 w 不可能都与 $N^*(u)$ 中同一顶点在 G 中邻接.

(3) $N^*(u)$ 中与 $v \in V(F)$ 邻接的二顶点 x, y 彼此不邻接.

(4) 如果 $v_1, v_2 \in V(F)$ 彼此邻接, 则 $N^*(u)$ 中必有一顶点 $\tilde{u}$ 同时与 v_1, v_2 邻接.

证明 (1) 由于

$$d_G(v) - d_F(v) = (n + s) - (n - 2) = 2,$$

$$F = G - N^*(u),$$

故有 $v \in V(F)$ 必与 $N^*(u)$ 中二顶点也仅与二顶点邻接, 但不与 v 邻接, 故有

$$|N(v) \cap N(u)| = 2.$$

(2) 记

$$F = K_n \times K_s = \left\langle \left\{ u_i^j \Big|_{j=1,2,\cdots,s}^{i=1,2,\cdots,n} \right\} \right\rangle,$$

u_j^i 与 u_j^t 邻接, 当且仅当 $i = t, j \neq r$ 或者 $j = r, i \neq t$. $u_{j_1}^{i_1}$ 与 $u_{j_2}^{i_2}$ 是 F 中不邻接的二顶点, 于是应有 $i_1 \neq i_2, j_1 \neq j_2$. 如果 $N^*(u)$ 中有某一顶点 x 与 $u_{j_1}^{i_1}, u_{j_2}^{i_2}$ 邻接, 另外, F 中 $u_{j_2}^{i_1}$ 与 $u_{j_1}^{i_2}$ 也都同时与 $u_{j_1}^{i_1}, u_{j_2}^{i_2}$ 邻接. 于是 $x, u_{j_2}^{i_1}, u_{j_1}^{i_2} \in N^*(u_{j_2}^{i_2}), u_{j_1}^{i_1} \in N^*(u_{j_2}^{i_2})$. 由于

$$G - N^*(u_{j_2}^{i_2}) = G_1 = K_n \times K_s,$$

所以

$$d(u_{j_1}^{i_1}) \geqslant d_{G_1}(u_{j_1}^{i_1}) + 3 = n + s + 1,$$

这与 $d(u) = n + s, u \in V(G)$ 矛盾, 所以 (2) 成立.

(3) 如果 $x, y \in N^*(u)$ 与某一个 $u_j^i \in V(F)$ 邻接, 并且 x 与 y 也邻接. 在 F 中取一顶点 u_r^i 和 u_l^i 不邻接 (由 $n \geqslant s \geqslant 2$ 总可以做到), 于是根据 (2) 可知, x 与 y 与 u_r^i 不邻接, 从而有 $u, x, y, u_l^i \in N^*(u_r^i)$. 令

$$G - N^*(u_r^i) = G_2 = K_n \times K_s,$$

$u, x, y, u_j^i \in V(G_2), x$ 与 y 在 G_2 中邻接. 又如 u, u_j^i 都与 x 与 y 邻接, 根据引理 8.1.4 得出 u 与 u_j^i 邻接, 这与

$$u_j^i \in V(F) = V - N^*(u)$$

矛盾, 故 x 与 y 不邻接, (3) 得证.

(4) $u_{j_1}^i$ 与 $u_{j_2}^i, j_1 \neq j_2$ 是 F 中邻接的二顶点, 如果 $N^*(u)$ 中不存在这样的顶点同时与 $u_{j_1}^i, u_{j_2}^i$ 邻接, 则记 $N^*(u)$ 中与 $u_{j_1}^i$ 邻接的二顶点为 u_1, v_1. 根据 (3) 知, u_1 与 v_1 不邻接. 由假设 $u_1, v_1 \notin N^*(u_{j_2}^i), u_{j_1}^i \in G - N^*(u_{j_2}^i)$, 记 $G - N^*(u_{j_2}^i) = G_3$, 于是 $u_1, v_1 \in V(G_3), u_1$ 与 v_1 在 G_3 中不邻接, 但与 $N^*(u_{j_2}^i)$ 中同一顶点 $u_{j_1}^i$ 邻接, 这与 (2) 矛盾, 故 u_1 与 v_1 中有一顶点与 $u_{j_2}^i$ 邻接, (4) 得证.

定理 8.1.1　　当 $n \geqslant s \geqslant 2$ 时, $K_{n+1} \times K_{s+1}$ 是唯一的具有最小阶 $(n+1)(s+1)$ 的 $K_n \times K_s$-残差图.

证明　　设 G 是 $K_n \times K_s$-残差图, $\nu(G) = (n+1)(s+1), d(u) = n + s$. 任取 $u_0^0 \in V(G)$, 则有

$$G - N^*(u_0^0) = F = K_n \times K_s = \left\langle \left\{ u_i^j \Big|_{j=1,2,\cdots,s}^{i=1,2,\cdots,n} \right\} \right\rangle,$$

这里 u_j^i 与 u_r^t 邻接, 当且仅当 $i = t, j \neq r$ 或者 $j = r, i \neq t$.

根据引理 8.1.3, 记 $N^*(u_0^0)$ 中与彼此邻接的二顶点 u_1^i, u_2^i 都邻接的顶点为 u_0^i, $i = 1, 2, \cdots, n$. 记与 u_i^1, u_i^2 都邻接的顶点为 $u_j^0, j = 1, 2, \cdots, s$. 我们证明 $u_0^1, \cdots, u_0^n$,

$u_1^0, \cdots, u_s^0$ 是 $N^*(u_0^0)$ 中 $n+s$ 个不同顶点. 如果 $i_1 \neq i_2$, 由 $u_0^{i_1}$ 与 $u_1^{i_1}$ 邻接, $u_0^{i_2}$ 与 $u_1^{i_2}$ 邻接, 但 $u_1^{i_1}$ 与 $u_2^{i_2}$ 在 F 中不邻接. 根据引理 8.1.3(2) 知, $u_0^{i_1}$ 和 $u_0^{i_2}$ 是 $N^*(u_0^0)$ 中不同的二顶点. 如果 $j_1 \neq j_2$, 由 $u_{i_1}^0$ 与 $u_{i_1}^1$ 邻接, $u_{i_2}^0$ 和 $u_{i_2}^1$ 在 F 中不邻接. 同理可知 $u_{i_1}^0 \neq u_{i_2}^0$. 下面证明 $u_0^0 \neq u_i^0$, 由 u_0^i 与 $u_{t(j)}^i (t(j) = 1, 2, t(j) \neq j)$ 邻接, u_0^i 与 $u_j^{t(i)} (t(i) = 1, 2, t(i) \neq i)$ 邻接, 知 $u_{t(j)}^i$ 与 $u_j^{t(i)}$ 是 F 中不邻接的二顶点. 根据引理 8.1.4(2) 知 $u_0^i \neq u_i^0$. 综上所述,

$$\{u_0^0, u_1^0, \cdots, u_s^0, u_0^1, \cdots, u_0^n\} = N^*(u_0^0).$$

下面证明对任意的 $u_j^i \in V(F)$ 必与也仅与 $N(u_0^0)$ 中的 u_0^i 和 u_i^0 邻接. 由于 u_0^i 与 u_0^t 当 $t \neq i$ 时不邻接 (因为 u_0^t 与 $u_{t(j)}^t, t(j) = 1, 2, t(j) \neq j$ 邻接, u_1^j 与 $u_{t(j)}^t$ 在 F 中不邻接), 由引理 8.1.4(2) 知, u_j^i 于 u_r^j 当 $j \neq r$ 时不邻接. 因而 u_j^i 仅可能与 $N^*(u_0^0)$ 中 u_0^i 和 u_i^0 邻接. 由引理 8.1.4(1) 知, u_1^i 必与 u_0^i 和 u_t^0 邻接.

由于 u_0^i 和 u_i^0 与 F 中 u_i^i 不邻接, 由引理 8.1.4(4) 知, u_0^i 与 u_0^0 不邻接, 任意的 $i = 1, 2, \cdots, n, j = 1, 2, \cdots, s$, 因而在 $N^*(u_0^0)$ 中 u_0^i 仅可能与 $u_0^0, u_0^1, \cdots, u_0^{i-1}, u_0^{i+1}, \cdots, u_0^n$ 邻接. 由 u_0^i 与且仅与 F 中 $u_1^i, \cdots, u_s^i$ 不邻接. 根据 $d(u_0^i) = n+s$ 知, u_0^i 必与 $u_0^0, u_0^1, \cdots, u_0^{i-1}, u_0^{i+1}, \cdots, u_0^n$ 邻接, 任意的 $i = 1, 2, \cdots, n$. 同理可证明 $u_{j_1}^0$ 与 $u_{j_2}^0, j_1 \neq j_2, j_2 = 1, 2, \cdots, s$ 邻接, 综上所述 F 中已知的顶点间的邻接关系, 得到

$$G = \left\langle \left\{ u_i^j \Big|_{j=1,2,\cdots,s}^{i=1,2,\cdots,n} \right\} \right\rangle,$$

u_j^i 与 u_r^t 邻接, 当且仅当 $i = t, j \neq r$ 或者 $j = r, i \neq t$, 从而证明了 $G \cong K_{n+1} \times K_{s+1}$.

定理 8.1.2　　G 为 m-$K_n \times K_s$-残差图 $(n \geqslant s \geqslant 2)$, 则

(1) $d(u) \geqslant n + s + 2m - 2$,

(2) $\nu(G) \geqslant (n+m)(s+m)$,

(3) 如果 $\nu(G) = (n+m)(s+m)$, 则 $G \cong K_{n+m} \times K_{s+n}$.

证明　　对于 G 中任意的一点 u, 必有 $u_1 \in V(G)$, u 与 u_1 不邻接. 记 $u \in V(G_1)$, 有 $G_1 = G - N^{*1}(u_1)$, G_1 中必有 u_2 与 u 不邻接, 记 $G_2 = G_1 - N^{*1}(u_1)$, 以此类推, 在 G_{m-1} 中必有 u_m 与 u 不邻接. 记

$$F = G_m = G_{m-1} - N^{*1}(u_m),$$

根据定义 $F = K_n \times K_s$, 并记

$$F = \left\langle \left\{ u_i^j \Big|_{j=1,2,\cdots,s}^{i=1,2,\cdots,n} \right\} \right\rangle,$$

这里 u_j^i 与 u_r^t 邻接, 当且仅当 $i = t$, $j \neq r$ 或者 $j = r$, $i \neq t$. 假设 $u = u_1^1$, 由于 $n \geqslant s \geqslant 2$, u_s^n 与 u_1^1 不邻接, 但 u_1^1, u_1^n 与 u_s^n, u_1^1 都邻接, 记 $v = u_s^n$, $G - N^*(v) = G_v$, 则有不等式 $d(u) \geqslant d_{G_v}(u) + 2$.

下面用数学归纳法证明, 当 $m = 1$ 时, 由引理 8.1.4 和定理 8.1.1, 假设对于 $m > 1$ 时, 定理成立. 对于 $m + 1$, 由 G 是 $(m+1)\text{-}K_n \times K_s$-残差图, 对于任意的 $u \in V(G)$, 根据前面的论述存在 $v \in V(G)$, u, v 邻接, 并且 $d(u) \geqslant d_{G_v}(u) + 2$. 由 $G - N^*(v) = G_v$ 是 $m\text{-}K_n \times K_s$-残差图, 根据归纳假设 $d_{G_v}(u) \geqslant n + s + 2m - 2$, 故有

$$d(u) \geqslant (n + s + 2m - 2) + 2$$
$$= n + s + 2(m + 1) - 2,$$
$$\nu(u) \geqslant d(u) + \nu(G_u) + 1$$
$$\geqslant (n + m)(s + m) + n + s + 2m + 1$$
$$= (n + m + 1)(s + m + 1),$$

这里 $G_u = G - N^*(u)$ 是 $m\text{-}K_n \times K_s$- 残差图, 由假设

$$\nu(G_u) \geqslant (n + m)(s + m),$$

所以定理的 (1), (2) 得证.

如果 G 是 $(m+1)\text{-}K_n \times K_s$-残差图, $\nu(G) \geqslant (n + m + 1)(s + m + 1)$, 由于对任意的 $u \in V(G), G_u = G - N^*(u)$ 是 $m\text{-}K_n \times K_s$-残差图, 由 (2) 的证明结果知,

$$\nu(G_u) \geqslant (n + m)(s + m),$$

从而有

$$d(u) = \nu(G) - \nu(G_u) + 1$$
$$\leqslant (n + m + 1)(s + m + 1) - (n + m)(s + m) + 1$$
$$= n + s + 2m.$$

根据 (1) 证明的结果对于任意的 $u \in V(G)$, 有

$$d(u) \geqslant n + s + 2(m + 1) - 2$$
$$= n + s + 2m,$$
$$\nu(G_u) = \nu(G) - d(u) - 1$$
$$= (n + m)(s + m),$$

根据定义, 有 $G_u = G - N^*(u)$ 是 $m\text{-}K_n \times K_s$-残差图, 且 $\nu(G_u) = (n + m)(s + m)$, 由归纳假设有 $G_u = K_{n+1} \times K_{s+1}$, 由 $u \in V(G)$ 的任意性知 G 是 $K_{n+1} \times K_{s+1}$-残差图, 且

$$\nu(G) = (n + m + 1)(s + m + 1),$$

根据定理 8.1.1 知, $G \cong K_{n+m+1} \times K_{s+m+1}$, 由此证明了 (3).

8.2 m-$HPK(n_1, n_2, n_3)$- 残差图

定义 8.2.1   令 V_i 集合的元素 n_i, $i = 1, 2, 3$, 令 $V(G) = V_1 \times V_2 \times V_3$, 其中点 $x = (x_1, x_2, x_3)$ 与点 $y = (y_1, y_2, y_3)$ 邻接, 当且仅当 $x_i = y_i, i = 1, 2, 3$, 2 维超平面残差图简记为 $HPK(n_1, n_2, n_3)$-残差图.

由定义 8.2.1, 如果存在 $i \in 1, 2, 3$, 使得 $n_i = 1$, 则 $HPK(n_1, n_2, n_3)$ 是一个完全图. 事实上, $HPK(n_1, n_2) = K_{n_1} \times K_{n_2}$, 以及 $G = HPK(n) = \overline{K_n}$ 是 n 个定点的空图.

根据定义 8.2.1 和引理 6.1.5, 有下面的结论成立.

引理 8.2.1   令 $x, y, z \in V(F)$ 是两两不相邻的点, 这里 $F = HPK(n_1, n_2, n_3)$, $n_1, n_2, n_3 \geqslant 3$, 则

$$|N^*(x) \cap N^*(y) \cap N^*(z)| = 6,$$

以及

$$|N^*(x) \cap N^*(y)| = 2(n_1 + n_2 + n_3) - 6.$$

证明   令 $S_x = \{x' | x' 与 x 是不邻接的\}$, $S_y = \{y' | y' 与 y 是不邻接的\}$, $S_z = \{z' | z' 与 z 是不邻接的\}$. 显然

$$(N^*(x) \cap N^*(y)) \cap N^*(z) = \overline{S_x} \cap \overline{S_y} \cap \overline{S_z},$$

这里 $\overline{S_x}, \overline{S_y}, \overline{S_z}$ 分别与 S_x, S_y, S_z 完全邻接, 所以

$$
\begin{aligned}
&|N^*(x) \cap N^*(y) \cap N^*(z)| \\
=&\left| \overline{S_x} \cap \overline{S_y} \cap \overline{S_z} \right| \\
=&\nu(F) - (|S_x| + |S_y| + |S_z|) \\
&+ |S_y \cap S_z| + |S_x \cap S_z| - |S_x \cap S_y \cap S_z|.
\end{aligned}
$$

因为 $\nu(F) = n_1 n_2 n_3$, 以及

$$|S_x| = |S_y| = |S_z| = (n_1 - 1)(n_2 - 1)(n_3 - 1),$$

$$|S_x \cap S_y| = |S_y \cap S_z| = |S_x \cap S_z| = (n_1 - 2)(n_2 - 2)(n_3 - 2),$$

$$|S_x \cap S_y \cap S_z| = (n_1 - 3)(n_2 - 3)(n_3 - 3),$$

所以

$$|N^*(x) \cap N^*(y) \cap N^*(z)|$$

$$= n_1 n_2 n_3 - 3(n_1 - 1)(n_2 - 1)(n_3 - 1)$$
$$+ 3(n_1 - 2)(n_2 - 2)(n_3 - 2) - (n_1 - 3)(n_2 - 3)(n_3 - 3)$$
$$= 6.$$

类似地, 有

$$|N^*(x) \cap N^*(y)| = |S_x \cap S_y|$$
$$= \nu(F) - (|S_x| + |S_y|) + (|S_x \cap S_y|)$$
$$= n_1 n_2 n_3 - 2(n_1 - 1)(n_2 - 1)(n_3 - 1) + (n_1 - 2)(n_2 - 2)(n_3 - 2)$$
$$= 2(n_1 + n_2 + n_3) - 6.$$

引理 8.2.2 假设 G 是 F-残差图, $F = HPK(n_1, n_2, n_3)$, $n_1, n_2, n_3 \geqslant 3$, $x, y \in V(G)$, 其中 x 与 y 不邻接, 则有 $|N^*(x) \cap N^*(y)| \geqslant 2(n_1 + n_2 + n_3)$.

证明 对任意的 $u \in (V(G) - (N^*(x) \cup N^*(y)))$, 令 $G_1 = G - N^*(u) \cong F$, 则存在一点 $v \in V(G)$ 与 x 和 y 在 G 中都不邻接, 由引理 8.2.1 知,

$$|N^*(v) \cap N^*(x) \cap N^*(y)| \geqslant |N_{G_1}^*(v) \cap N_{G_1}^*(x) \cap N_{G_1}^*(y)| = 6,$$

令 $H = G - N^*(v) \cong F$, 这里的 $x, y \in V(H)$. 由引理 8.2.1 知, 则有

$$|N_H^*(x) \cap N_H^*(y)| = 2(n_1 + n_2 + n_3) - 6.$$

因为

$$N^*(x) \cap N^*(y) = (N^*(v) \cap N^*(x) \cap N^*(y)) \cup (N_H^*(x) \cap N_H^*(y))$$
$$\supset (N_{G_1}^*(v) \cap N_{G_1}^*(x) \cap N_{G_1}^*(y)) \cup (N_H^*(x) \cap N_H^*(y)),$$

所以

$$|N^*(x) \cap N^*(y)|$$
$$\geqslant 2(n_1 + n_2 + n_3) - 6 + 6$$
$$= 2(n_1 + n_2 + n_3).$$

定理 8.2.1 假设 G 是 F-残差图, $F = HPK(n_1, n_2, n_3)$, $n_1, n_2, n_3 \geqslant 3$, 则

$$\nu(G) \geqslant (n_1 + 1)(n_2 + 1)(n_3 + 1).$$

证明 对任意 $x, y \in V(G)$ 且 x 与 y 不邻接, 令 $H = G - N^*(y)$, 则 $H \cong HPK(n_1, n_2, n_3)$ 以及 $\nu(G) = d(x) + 1 + V(H)$. 因为

$$d(x) + 1 = |N_H^*(x)| + |N^*(x) \cap N^*(y)|,$$

所以

$$|N_H^*(x)| = n_1 n_2 n_3 - (n_1 - 1)(n_2 - 1)(n_3 - 1).$$

又因为 G 是 $HPK(n_1, n_2, n_3)$- 残差图, 由引理 8.2.2 知, $|N^*(x) \cap N^*(y)| \geqslant 2(n_1 + n_2 + n_3)$, 所以

$$d(x) + 1 \geqslant n_1 n_2 n_3 - (n_1 - 1)(n_2 - 1)(n_3 - 1) + 2(n_1 + n_2 + n_3),$$

由定理 8.2.1 知,

$$\begin{aligned}
\nu(G) &= d(u) + 1 + \nu(H) \\
&\geqslant n_1 n_2 n_3 - (n_1 - 1)(n_2 - 1)(n_3 - 1) + 2(n_1 + n_2 + n_3) + n_1 n_2 n_3 \\
&= (n_1 + 1)(n_2 + 1)(n_3 + 1).
\end{aligned}$$

定理 8.2.2 令 G 是简单图, $\nu(G) = (n_1 + 1)(n_2 + 1)(n_3 + 1)$, $n_1, n_2, n_3 \geqslant 3$, 则 G 是 $HPK(n_1, n_2, n_3)$-残差图, 当且仅当 $G \cong HPK(n_1 + 1, n_2 + 1, n_3 + 1)$.

为了证明定理, 下面先给出引理 8.2.3.

引理 8.2.3 假设 G 是 $HPK(n_1, n_2, n_3)$-残差图, $n_1, n_2, n_3 \geqslant 3$, 且 $\nu(G) = (n_1 + 1)(n_2 + 1)(n_3 + 1)$. 存在两个点 $x, y \in V(G)$, 且 x, y 不邻接, 则有

$$N^*(x) \cap N^*(y) = 2(n_1 + n_2 + n_3).$$

证明 由引理 6.1.5 知, 任意的 $u \in V(G)$,

$$|N^*(u)| = \nu(G) - n_1 n_2 n_3 = (n_1 + 1)(n_2 + 1)(n_3 + 1) - n_1 n_2 n_3.$$

令 $H = G - N^*(y) \cong HPK(n_1, n_2, n_3)$, 因为 $x \in HPK(n_1, n_2, n_3)$, 所以

$$N^*(x) = (N^*(x) \cap N^*(y)) \cup N_H^*(x),$$

故

$$\begin{aligned}
|N^*(x) \cap N^*(y)| &= |N^*(x)| - |N_H^*(x)| \\
&= [(n_1 + 1)(n_2 + 1)(n_3 + 1) - n_1 n_2 n_3] \\
&\quad - [n_1 n_2 n_3 - (n_1 - 1)(n_2 - 1)(n_3 - 1)] \\
&= 2(n_1 + n_2 + n_3).
\end{aligned}$$

引理 8.2.4 假设 G 是 $HPK(n_1, n_2, n_3)$-残差图, $n_1, n_2, n_3 \geqslant 3$, 且 $\nu(G) = (n_1 + 1)(n_2 + 1)(n_3 + 1)$. 存在两个点 $x, y, z \in V(G)$, 且 x, y, z 在 G 中两两不邻接, 则有

$$|N^*(x) \cap N^*(y) \cap N^*(z)| = 6.$$

证明　令 $F = G - N^*(z) \cong HPK(n_1, n_2, n_3)$, 由引理 8.2.1 和引理 8.2.3 知,

$$
\begin{aligned}
2(n_1 + n_2 + n_3) &= \left| N^*(x) \cap N^*(y) \right| \\
&= |N_F^*(x) \cap N_F^*(y)| + |N^*(x) \cap N^*(y) \cap N^*(z)| \\
&= 2(n_1 + n_2 + n_3) - 6 + |N^*(x) \cap N^*(y) \cap N^*(z)|,
\end{aligned}
$$

所以

$$
|N^*(x) \cap N^*(y) \cap N^*(z)| = 6.
$$

引理 8.2.5　令 x, y, z 是 F 两两不相邻的三个点, 其中 $F = HPK(n_1, n_2, n_3)$, $n_1, n_2, n_3 \geqslant 3$, 且 $x = (x_1, x_2, x_3), y = (y_1, y_2, y_3), z = (z_1, z_2, z_3)$, 则

(1) $N(x) \cap N(y) \cap N(z) \cap N(x_1, y_2, y_3) \cap N(y_1, y_2, x_3) \cap N(y_1, x_2, x_3) \cap N(x_1, y_2, x_3) = \{(z_1, y_2, x_3)\}$,

(2) $N(x) \cap N(y) \cap N(z) \cap N(y_1, x_2, y_3) \cap N(y_1, y_2, x_3) \cap N(x_1, x_2, x_3) \cap N(x_1, y_2, x_3) = \{(y_1, y_2, x_3)\}$,

(3) $N(x) \cap N(y) \cap N(z) \cap N(y_1, x_2, y_3) \cap N(y_1, y_2, x_3) \cap N(y_1, x_2, x_3) \cap N(x_1, x_2, y_3) = \{(y_1, x_2, z_3)\}$,

(4) $N(x) \cap N(y) \cap N(z_1, x_2, y_3) \cap N(x_1, z_2, x_3) - N(x) = \{(z_1, z_2, y_3)\}$,

(5) $N(z) \cap N(y) \cap N(z_1, x_2, y_3) \cap N(x_1, x_2, z_3) - N(x) = \{(z_1, y_2, z_3)\}$,

(6) $N(z) \cap N(y) \cap N(x_1, z_2, y_3) \cap N(x_1, x_2, z_3) - N(x) = \{(y_1, z_2, z_3)\}$.

证明　(1), (2), (3) 由定义 8.2.1 和引理 8.2.1 知, 结论成立.

(4) 令 $v = (v_1, v_2, v_3) \in N(z) \cap N(y) \cap N(x_1, z_2, x_3) \cap N(x_1, x_2, x_3) - N(x)$, 所以 v 与 x 不邻接, 但是 v 与 (z_1, x_2, x_3) 和 (x_1, z_2, x_3) 邻接. 因此, 有 $v_1 = z_1$ 和 $v_2 = z_2$. 因为 v 与 y 是邻接的, 所以有 $v_3 = y_3$. 所以 (4) 是成立的.

类似地, 可以证明 (5) 和 (6) 成立.

定理 8.2.2 的证明　下面只需证明必要性, 下面分四种情形证明.

情形 I　对任意的 $u \in V(G)$, 令 $F_1 = G - N^*(u)$, 显然有 $F_1 \cong HPK(n_1, n_2, n_3)$, 下面命名 F_1 中的点,

$$
V(F_1) = \{(x_1, x_2, x_3) | 1 \leqslant x_i \leqslant n_i, i = 1, 2, 3\},
$$

若 $x = (x_1, x_2, x_3)$ 与 $y = (y_1, y_2, y_3)$ 邻接, 当且仅当存在一个 $i, i \in 1, 2, 3$, 使得 $x_i = y_i$.

情形 II　令 $F_2 = G - N^*(n_1, n_2, n_3)$, 显然有 $F_2 \cong HPK(n_1, n_2, n_3)$, 下面令 $V(G)$ 中的 3 个集合 $V(F_1), V(F_2) - V(F_1)$ 以及 $N(u) \cap N(n_1, n_2, n_3)$. 其中 $V(F_1)$ 中的点可以根据情形 I 中的点命名, 下面命名 $V(F_2) - V(F_1)$ 中的点.

令 $u = (0, 0, 0)$, 根据引理 8.2.5, 可以命名 $V(F_2) - V(F_1)$ 中的点. 特别地, 在 $F_2 \cap F_1$ 对任意不相邻的两个点 $x = (x_1, x_2, x_3)$ 与 $y = (y_1, y_2, y_3)$, 令

$$N(x) \cap N(y) \cap N(u) \cap N(y_1, x_2, x_3) \cap N(x_1, y_2, y_3) \cap$$
$$N(y_1, y_2, x_3) \cap N(x_1, y_2, x_3) = \{(0, y_2, x_3)\},$$
$$N(x) \cap N(y) \cap N(u) \cap N(x_1, y_2, x_3) \cap N(y_1, x_2, y_3) \cap$$
$$N(y_1, y_2, x_3) \cap N(y_1, x_2, x_3) = \{(y_1, 0, x_3)\},$$
$$N(x) \cap N(y) \cap N(u) \cap N(y_1, y_2, x_3) \cap N(x_1, x_2, y_3) \cap$$
$$N(y_1, x_2, x_3) \cap N(y_1, x_2, y_3) = \{(y_1, x_2, 0)\},$$

根据点 x 和 y 在 $V(F_2) - V(F_1)$ 中的命名, 令

$$N(u) \cap N(y) \cap N(x_1, 0, x_3) \cap N(0, x_2, x_3) - N(x) = \{(0, 0, y_3)\},$$
$$N(u) \cap N(y) \cap N(x_1, x_2, 0) \cap N(0, x_2, x_3) - N(x) = \{(0, y_2, 0)\},$$
$$N(u) \cap N(y) \cap N(x_1, x_2, 0) \cap N(x_1, 0, x_3) - N(x) = \{(y_1, 0, 0)\}.$$

显然在 $V(F_2) - V(F_1)$ 中的所有点都已经命名, 在 $F_2 \cup F_1$ 对任意不相同的两个点 $x = (x_1, x_2, x_3)$ 与 $y = (y_1, y_2, y_3)$ 邻接, 当且仅当存在一个 $i, i \in 1, 2, 3$, 使得 $x_i = y_i$.

情形III　命名 $N(u) \cap N(n_1, n_2, n_3)$ 中的点. 首先, 根据命名的 (n_1, n_2, n_3) 和 $V(F_2) - V(F_1)$ 中点的命名, 令

$$N(0, 0, 0) \cap N(n_1, n_2, n_3) \cap N(0, x_2, x_3) \cap N(x_1, 0, x_3) - N(x) = \{(0, 0, n_3)\},$$
$$N(0, 0, 0) \cap N(n_1, n_2, n_3) \cap N(0, x_2, x_3) \cap N(x_1, x_2, 0) - N(x) = \{(0, n_2, 0)\},$$
$$N(0, 0, 0) \cap N(n_1, n_2, n_3) \cap N(x_1, 0, x_3) \cap N(x_1, x_2, 0) - N(x) = \{(n_1, 0, 0)\},$$
$$N(0, 0, 0) \cap N(n_1, n_2, n_3) \cap N(n_1, x_2, x_3) \cap N(x_1, n_2, x_3) - N(x) = \{(n_1, n_2, 0)\},$$
$$N(0, 0, 0) \cap N(n_1, n_2, n_3) \cap N(n_1, x_2, x_3) \cap N(x_1, x_2, n_3) - N(x) = \{(n_1, 0, n_3)\},$$
$$N(0, 0, 0) \cap N(n_1, n_2, n_3) \cap N(x_1, n_2, x_3) \cap N(x_1, x_2, n_3) - N(x) = \{(0, n_2, n_3)\}.$$

在 $F_2 \cup F_1$ 中任意的点 $x = (x_1, x_2, x_3)$, 根据引理 8.2.5 和已经命名的点, 可以令

$$N(0, 0, 0) \cap N(n_1, n_2, n_3) \cap N(x) \cap N(x_1, n_2, x_3) \cap N(n_1, x_2, x_3)$$
$$\cap N(x_1, x_2, n_3) \cap N(n_1, x_2, n_3) = \{(0, x_2, n_3)\},$$
$$N(0, 0, 0) \cap N(n_1, n_2, n_3) \cap N(x) \cap N(x_1, x_2, x_3) \cap N(x_1, n_2, n_3)$$

$$\cap N(n_1, n_2, x_3) \cap N(x_1, n_2, n_3) = \{(0, n_2, x_3)\},$$

$$N(0,0,0) \cap N(n_1, n_2, n_3) \cap N(x) \cap N(n_1, x_2, n_3) \cap N(x_1, n_2, x_3)$$

$$\cap N(x_1, x_2, n_3) \cap N(x_1, n_2, n_3) = \{(x_1, 0, n_3)\},$$

$$N(0,0,0) \cap N(n_1, n_2, n_3) \cap N(x) \cap N(x_1, n_2, x_3) \cap N(n_1, x_2, n_3)$$

$$\cap N(n_1, n_2, x_3) \cap N(n_1, x_2, x_3) = \{(n_1, 0, x_3)\},$$

$$N(0,0,0) \cap N(n_1, n_2, n_3) \cap N(x) \cap N(n_1, n_2, x_3) \cap N(x_1, x_2, n_3)$$

$$\cap N(n_1, x_2, x_3) \cap N(n_1, x_2, n_3) = \{(n_1, x_2, 0)\},$$

$$N(0,0,0) \cap N(n_1, n_2, n_3) \cap N(x) \cap N(x_1, x_2, n_3) \cap N(n_1, x_2, n_3)$$

$$\cap N(x_1, n_2, n_3) \cap N(x_1, n_2, x_3) = \{(x_1, n_2, 0)\}.$$

显然, $N(u) \cap N(n_1, n_2, n_3)$ 所有的点已经命名, 在 G 中的两个点 $x = (x_1, x_2, x_3)$ 与 $y = (y_1, y_2, y_3)$ 邻接, 当且仅当存在一个 $i, i \in 1, 2, 3$, 使得 $x_i = y_i$.

综上所述, 可以得到 $G \cong HPK(n_1 + 1, n_2 + 1, n_3 + 1)$.

下面介绍 $m\text{-}HPK(n_1, n_2, n_3)$-残差图的最小阶和极图.

引理 8.2.6　假设 G 是 $m\text{-}HPK(n_1, n_2, n_3)$-残差图, $n_1, n_2, n_3 \geqslant 3$. 令 $x, y, z \in V(G)$ 是三个两两不邻接, 则有 $|N^*(x) \cap N^*(y) \cap N^*(z)| \geqslant 6$.

引理 8.2.6 的结论由引理 8.2.1 容易得出.

引理 8.2.7　假设 G 是 $m\text{-}F$-残差图, $F = HPK(n_1, n_2, n_3), n_1, n_2, n_3 \geqslant 3$, $u, v \in V(G)$, 其中 u 与 v 不邻接, 则有 $|N^*(u) \cap N^*(v)| \geqslant 2(n_1 + n_2 + n_3) + 6(m - 1)$.

证明　利用数学归纳法, 当 $m = 1$ 时, 由引理 8.2.2 知, 结论成立. 假设对 $k \leqslant m$ 结论都成立. 对于 $(m + 1)\text{-}HPK(n_1, n_2, n_3)$-残差图. 存在一点 $w \in V(G)$ 与 u, v 都不邻接, 其中 $u, v \in H = G - N^*(w)$, u, v 在 H 中不邻接. H 是 $m\text{-}HPK(n_1, n_2, n_3)$-残差图, 根据归纳假设有

$$\begin{aligned}
&|N^*(u) \cap N^*(v)| \\
&\geqslant |N_H^*(u) \cap N_H^*(v)| + |N^*(u) \cap N^*(v) \cap N^*(w)| \\
&\geqslant 2(n_1 + n_2 + n_3) + 6(m - 1) + 6 \\
&= 2(n_1 + n_2 + n_3) + 6[(m + 1) - 1].
\end{aligned}$$

引理 8.2.8　假设 G 是 $m\text{-}HPK(n_1, n_2, n_3)$-残差图, $n_1, n_2, n_3 \geqslant 3$. 令 $u \in V(G)$, 则有

$$d(u) + 1 \geqslant (n_1 + m)(n_2 + m)(n_3 + m) - (n_1 + m - 1)(n_2 + m - 1)(n_3 + m - 1).$$

证明　用数学归纳法证明, 由引理 6.1.5 和引理 8.2.1 知, 当 $m = 1$ 时, 结

论成立. 假设当 $k \leqslant m$ 时, k-$HPK(n_1, n_2, n_3)$-残差图结论都成立. 对于 $(m+1)$-$HPK(n_1, n_2, n_3)$-残差图. 存在一点 $v \in V(G)$, 与 u 不邻接. 其中 $u \in H = G - N^*(v)$, H 是 m-$HPK(n_1, n_2, n_3)$-残差图, 根据归纳假设和引理 8.2.6 知,

$$
\begin{aligned}
d(u) + 1 &\geqslant |N_H^*(u)| + |N^*(u) \cap N^*(v)| \\
&\geqslant [(n_1 + m)(n_2 + m)(n_3 + m) - (n_1 + m - 1)(n_2 + m - 1)(n_3 + m - 1)] \\
&\quad + 2(n_1 + n_2 + n_3) + 6m \\
&= (n_1 + m + 1)(n_2 + m + 1)(n_3 + m + 1) - (n_1 + m)(n_2 + m)(n_3 + m).
\end{aligned}
$$

定理 8.2.3 假设 G 是 m-$HPK(n_1, n_2, n_3)$- 残差图, $n_1, n_2, n_3 \geqslant 3$, 则有

$$
\nu(G) \geqslant (n_1 + m)(n_2 + m)(n_3 + m).
$$

证明 利用数学归纳法证明, 由定理 8.2.2 知, 当 $m = 1$ 时, 结论成立. 假设当 $k \leqslant m$ 时, k-$HPK(n_1, n_2, n_3)$-残差图, 结论都成立. 令 G 是 $(m+1)$-$HPK(n_1, n_2, n_3)$-残差图, 任意的点 $u \in V(G)$, $H = G - N^*(u)$, H 是 m-$HPK(n_1, n_2, n_3)$-残差图, 有根据归纳假设和引理 8.2.7 知,

$$
\begin{aligned}
\nu(G) &\geqslant d(u) + 1 + \nu(H) \\
&\geqslant [(n_1 + m + 1)(n_2 + m + 1)(n_3 + m + 1) - (n_1 + m)(n_2 + m)(n_3 + m)] \\
&\quad + (n_1 + m)(n_2 + m)(n_3 + m) \\
&= (n_1 + m + 1)(n_2 + m + 1)(n_3 + m + 1).
\end{aligned}
$$

定理 8.2.4 假设 G 是 m-$HPK(n_1, n_2, n_3)$- 残差图, $n_1, n_2, n_3 \geqslant 3$, 当

$$
\nu(G) \geqslant (n_1 + m)(n_2 + m)(n_3 + m)
$$

时, 有

$$
G \cong HPK(n_1 + m + 1, n_2 + m + 1, n_3 + m + 1).
$$

证明 利用数学归纳法证明, 由定理 8.2.2 知, 当 $m = 1$ 时, 结论成立. 假设当 $k \leqslant m$ 时, k-$HPK(n_1, n_2, n_3)$-残差图结论都成立. 令 G 是 $(m+1)$- $HPK(n_1, n_2, n_3)$-残差图, 任意的点 $u \in V(G)$, $H = G - N^*(u)$, H 是 m-$HPK(n_1, n_2, n_3)$-残差图, 有 $\nu(H) \geqslant (n_1 + m)(n_2 + m)(n_3 + m)$, 再根据归纳假设和引理 8.2.7 知,

$$
\begin{aligned}
\nu(G) &= \nu(H) + |N^*(u)| \\
&= [(n_1 + m)(n_2 + m)(n_3 + m) + (n_1 + m + 1)(n_2 + m + 1) \\
&\quad \cdot (n_3 + m + 1)] - (n_1 + m)(n_2 + m)(n_3 + m)
\end{aligned}
$$

$$= (n_1 + m + 1)(n_2 + m + 1)(n_3 + m + 1).$$

由归纳假设, 有 $H \cong HPK(n_1 + m, n_2 + m, n_3 + m)$, 利用超平面残差图的定义知, G 是 $HPK(n_1 + m, n_2 + m, n_3 + m)$-残差图, $n_i + m \geqslant n_i \geqslant 3$, 由定理 8.2.2 知,

$$G \cong HPK(n_1 + m + 1, n_2 + m + 1, n_3 + m + 1).$$

8.3 $HPK(n_1, n_2, \cdots, n_r)$-残差图

定义 8.3.1 图 G 是 r 维超平面完备图, 如果 $x \in V(G)$,

$$V(G) = V_1 \times V_2 \times V_3 \times \cdots \times V_{r+1},$$

其中

$$x = \{(x_1, x_2, x_3, \cdots, x_{r+1}) | x_i \in V_i, i = 1, 2, \cdots, r+1\},$$

$$|V_i| = n, \quad i = 1, 2, \cdots, r+1,$$

两个顶点 $x = (x_1, x_2, x_3, \cdots, x_{r+1})$ 和 $y = (y_1, y_2, y_3, \cdots, y_{r+1})$ 相邻, 当且仅当对某个 $k = 1, 2, \cdots, r+1$. 使得 $x_k = y_k$. 为方便起见, 简单地记 $HPK(n_1, n_2, \cdots, n_{r+1})$ 代替 r 维超平面完备图.

引理 8.3.1 若 G 是 $HPK(n_1, n_2, \cdots, n_r)$-残差图, $n_1, n_2, \cdots, n_r \geqslant r \geqslant 3$, 则对任意两点 $u, v \in V(G)$, 存在一点 $w \in G$, 使得 $u, v \in V(G) - N^*(w)$.

对于 r 任意维超平面残差图还有以下结论.

引理 8.3.2 若 $G \cong HPK(n_1 + 1, n_2 + 1, \cdots, n_r + 1), r_1, n_2, \cdots, n_r \geqslant 1, r \geqslant 2$, 则 G 是 $HPK(n_1, n_2, \cdots, n_r)$-残差图.

证明 令 $V(G) = V_1 \times V_2 \times \cdots \times V_r, |V_i| = n_i + 1$, 点 $x = (x_1, x_2, \cdots, x_r)$ 与 $y = (y_1, y_2, \cdots, y_r)$ 彼此不相邻, 定义为 $x_i \neq y_i$, $i = 1, 2, \cdots, r$, 因此对于任意一点 $v = (v_1, v_2, \cdots, v_r) \in G$, 则

$$G_1 = G - N^*(v)$$

$$= \langle (x_1, x_2, \cdots, x_r) | x_i \in V_i, x_i \neq v_i, i = 1, 2, \cdots, r \rangle$$

$$= \langle V_1 \times V_2 \times \cdots \times V_r \rangle,$$

其中

$$V_i' = V_i - \{v_i\} \subset V_i, \quad i = 1, 2, \cdots, r,$$

点 $x = (x_1, x_2, \cdots, x_r) \in G_1$ 与 $y = (y_1, y_2, \cdots, y_r) \in G_1$, 且有 $G_1 \subset G$, 同时两点的邻接关系与在 G 中邻接关系相同, 因此 $G_1 \cong HPK(n_1, n_2, \cdots, n_r)$, 由残差图的定义可知, G 是 $HPK(n_1, n_2, \cdots, n_r)$-残差图.

引理 8.3.3 若 $G = HPK(n_1, n_2, \cdots, n_r)$, $\{v_1, v_2, \cdots, v_r, v_0\}$ 是 G 的 $r+1$ 独立集, 则有

$$N^*(v_1) \cap N^*(v_2) \cap \cdots \cap N^*(v_r) \cap N^*(v_0) = \varnothing.$$

证明 假设存在点

$$x = (x_1, x_2, \cdots, x_r) \in N^*(v_1) \cap N^*(v_2) \cap \cdots \cap N^*(v_r) \cap N^*(v_0),$$

并且与 $v_k = (v_1^k, v_2^k, \cdots, v_r^k), k = 0, 1, \cdots, r$ 邻接, 由 G 的邻接条件可知, 存在一点 $x_{i_k} = v_{i_k}^k$, 所以有

$$1 \leqslant i_k \leqslant r, \quad k = 0, 1, \cdots, r, \quad i_k = i_l = h, \quad k \neq l,$$

则一定存在 k, l, 使得 $v_h^k = v_h^l = x_h$, 然而 v_h^k 与 v_h^l 在 G 中不邻接, 从而导致矛盾.

引理 8.3.4 若 $H = HPK(n_1 + 1, n_2 + 1, \cdots, n_r + 1)$, $\{V, V_1, V_2, \cdots, v_r\}$ 是 H 的 $(r+1)$-独立集, 且设

$$H_i = H - N^*(v_i), \quad i = 1, 2, \cdots, r,$$

则

$$N^*(v) = N_{H_1}^*(v) \cup (N_{H_2}^*(v) \cap N_{H_2}^*(v_1))$$

$$\cup \cdots \cup (N_{H_k}^*(v) \cap N_{H_k}^*(v_1) \cap \cdots \cap N_{H_k}^*(v_{k-1}))$$

$$\cup \cdots \cup (N_{H_r}^*(v) \cap N_{H_r}^*(v_1) \cap \cdots \cap N_{H_r}^*(v_{k-1})).$$

证明 因为 $V(H) = V(H_i) \cup N^*(v_i)$, $v \in V(H_i)$, 所以

$$N^*(v) = N^*(v) \cap V(H)$$

$$= N^*(v) \cap (V(H_1) \cup N^*(v_1))$$

$$= (N^*(v) \cap (V(H_1)) \cup (N^*(v) \cap N^*(v_1)))$$

$$= (N_{H_1}^*(v) \cup (N^*(v) \cap N^*(v_1))),$$

以及

$$N^*(v) \cap N^*(v_1) \cap \cdots \cap N^*(v_i)$$

$$=(N^*_{H_{i+1}}(v) \cap N^*_{H_{i+1}}(v_1) \cap \cdots \cap N^*_{H_{i+1}}(v_i))$$
$$\cup (N(v) \cap N^*(v_1) \cap \cdots \cap N^*(v_i) \cap N^*(v_{i+1})),$$

其中 $i = 1, 2, \cdots, r$.

引理 8.3.5　如果

$$G \cong H \cong HPK(n_1, n_2, \cdots, n_r),$$

$$\{v_1, v_2, \cdots, v_k\} \subset V(G),$$

$$\{u_1, u_2, \cdots, u_k\} \subset V(H),$$

分别是 G 和 H 的 k-独立集, 则

$$|N^*_G(v_1) \cap N^*_G(v_2) \cap \cdots \cap N^*_G(v_k)| = |N^*_H(v_1) \cap N^*_H(v_2) \cap \cdots \cap N^*_H(v_k)|.$$

证明　对于任意 k-独立集 $\{v_1, v_2, \cdots, v_k\} \subset V(G)$, 这里把 G 的所有 k-独立集定义为一个函数, 记为 g_k, 又假设

$$g_k = g(v_1, v_2, \cdots, v_k)$$
$$= |N^*(v_1) \cap N^*(v_2) \cap \cdots \cap N^*(v_k)|,$$

则 g_k 是一个常值函数, 因为当 $k = 1$ 时,

$$g_1 = g(v) = |N^*(v)| = v(G) - v(G - N^*(v))$$
$$= n_1 n_2 \cdots n_r - (n_1 - 1)(n_2 - 1) \cdots (n_r - 1),$$

所以 $g_1 = g(v)$ 为一个常数. 类似地, 可以证明 g_k 是一个常数, 且由引理 8.3.3 可得, 当 $1 < k < r + 1$ 时, $g_k = 0$. 设

$$G_k = G - N^*(v_1) - N^*(v_2) - \cdots - N^*(v_k),$$

则

$$G_k \cong HPK(n_1 - k, n_2 - k, \cdots, n_r - k)$$

和

$$v(G_k) = (n_1 - k)(n_2 - k) \cdots (n_r - k) = v_k,$$

因此

$$|N^*(v_1) \cap N^*(v_2) \cap \cdots \cap N^*(v_k)|$$

$$= \sum_{i=1}^{k} g(v_i) - \sum_{1 \leqslant i < j \leqslant k} g(v_i, v_j) + \cdots + (-1)^{l-1} \sum_{1 \leqslant j_1 < j_2 < \cdots < j_l \leqslant k} g(v_{i_1}, v_{i_2}, \cdots, v_{i_l})$$

$$+ \cdots + (-1)^{k-1} g(v_1, v_2, \cdots, v_k)$$

$$= \nu(G) - \nu(G_k)$$

$$= v - v_k.$$

又由于 $G \cong H$, 则存在一个映射

$$\sigma : V(H) \to V(G),$$

u_1 和 u_2 在 H 中邻接, 当且仅当 $\sigma(u_1)$ 和 $\sigma(u_2)$ 在 G 中彼此邻接. 假设 $v_i = \sigma(u_i), i = 1, 2, \cdots, r$, 则有 $\{v_1, v_2, \cdots, v_k\} \subset V(G)$ 是一个 k-独立集, 当且仅当 $\{u_1, u_2, \cdots, u_k\} \subset V(H)$ 是 k- 独立集, 因此

$$|N_G^*(v_1) \cap N_G^*(v_2) \cap \cdots \cap N_G^*(v_k)|$$

$$= |N_H^*(v_1) \cap N_H^*(v_2) \cap \cdots \cap N_H^*(v_k)|.$$

定理 8.3.1 若 G 是一个 $HPK(n_1, n_2, \cdots, n_r)$- 残差图, $n_1, n_2, \cdots, n_r \geqslant r \geqslant 3$, 则有

$$v(G) \geqslant (n_1 + 1)(n_2 + 1) \cdots (n_r + 1).$$

证明 对于任意一点 $v \in G$, 有

$$G - N^*(v) = F \cong HPK(n_1, n_2, \cdots, n_r),$$

记

$$V(F) = \{(x_1, x_2, \cdots, x_r) | 1 \leqslant x_i \leqslant n_i, i = 1, 2, \cdots, r\},$$

点 $x = (x_1, x_2, \cdots, x_r)$ 和 $y = (y_1, y_2, \cdots, y_r)$ 在 F 中彼此不邻接, 定义为当且仅当 $x_i \neq y_i$, $i = 1, 2, \cdots, r$. 设 $v_k = (k, k, \cdots, k)$, $k = 1, 2, \cdots, r$, 则有 $(v, v_1, v_2, v_3, \cdots, v_r)$ 是 G 中的 $(r+1)$-独立集, 由引理 8.3.4 与引理 8.3.5 可知,

$$F_i = G - N^*(v_i) \cong HPK = (n_1, n_2, \cdots, n_r), \quad i = 1, 2, \cdots, r.$$

因此

$$N^*(v) = N_{F_1}^*(v) \cup (N_{F_2}^*(v) \cup N_{F_1}^*(v_1)) \cup \cdots$$

$$\cup (N_{F_k}^*(v) \cap N_{F_k}^*(v_1) \cap \cdots \cap N_{F_k}^*(v_{k-1})) \cup \cdots$$

$$\cup (N_{F_r}^*(v) \cap N_{F_r}^*(v_1) \cap \cdots \cap N_{F_r}^*(v_{k-1}))$$

$$\cup \left(N^*(v) \cap N^*(v_1) \cap N^*(v_2) \cap \cdots \cap N^*(v_r)\right).$$

下面设 $H = HPK(n_1+1, n_2+1, \cdots, n_r+1)$, 则

$$
\begin{aligned}
|N^*(v)| = &|N^*_{F_1}(v)| + |N^*_{F_2}(v) \cup N^*_{F_1}(v_1)| + \cdots \\
&+ |N^*_{F_k}(v) \cup N^*_{F_k}(v_1) \cap \cdots \cap N^*_{F_k}(v_{k-1}))| + \cdots \\
&+ |N^*_{F_r}(v) \cap N^*_{F_r}(v_1) \cap \cdots \cap N^*_{F_r}(v_{k-1})| \\
&+ |N^*(v) \cap N^*(v_1) \cap N^*(v_2) \cap \cdots \cap N^*(v_r)| \\
&\cdot |N^*_H(u)| + |N^*(v) \cap N^*(v_1) \cap N^*(v_2) \cap \cdots \cap N^*(v_r)|.
\end{aligned}
$$

因此

$$
\begin{aligned}
\nu(G) &= \nu(F) + |N^*_G(v)| \\
&= \nu(F) + |N^*_H(v)| + |N^*(v) \cap N^*(v_1) \cap N^*(v_2) \cap \cdots \cap N^*(v_r)| \\
&\geqslant n_1 n_2 \cdots n_r + (n_1+1)(n_2+1) \cdots (n_r+1) - n_1 n_2 \cdots n_r \\
&= (n_1+1)(n_2+1) \cdots (n_r+1).
\end{aligned}
$$

上面得到 $r+1$ 维超平面残差图的最小阶, 下面主要构造最小图, 并证明此图是唯一的极图. 为了得到极图, 设 G 是一个 $H = HPK(n_1, n_2, \cdots, n_r)$-残差图, $n_1, n_2 \cdots$, $n_r \geqslant r \geqslant 3$, 主要任务是命名 G 中点的名称以及点与点的邻接关系以及相应的命名规则. 首先定义 G 中的点和邻接关系, 设

$$V(G) = V_1 \times V_2 \times \cdots \times V_r = \{(x_1, x_2, \cdots, x_r) | 0 \leqslant x_i \leqslant n_i, i = 1, 2, \cdots, r\},$$

定义点 $x = (x_1, x_2, \cdots, x_r)$ 与 $y = (y_1, y_2, \cdots, y_r)$ 彼此不相邻, 当且仅当, $x_i \neq y_i$, $i = 1, 2, \cdots, r$. 对任意一点 $u \in G$, 则有

$$G - N^*(u) = H \cong HPK(n_1, n_2, \cdots, n_r),$$

下面定义 H 中的点

$$V(H) = \{(x_1, x_2, \cdots, x_r) | 1 \leqslant x_i \leqslant n_i, i = 1, 2, \cdots, r\}, \tag{8.3.1}$$

在 H 中定义两点不相邻与在 G 中的定义一致, 由此可以根据式 (8.3.1) 定义 $v_k = (k, k, \cdots, k)$, $k = 1, 2, \cdots, r$, 则有

$$H_k = G - N^*(v_k) \cong HPK(n_1, n_2, \cdots, n_r), \quad k = 1, 2, \cdots, r.$$

由引理 8.3.4 可得

$$N^*(v) = N^*_{H_1}(v) \cup N^*_{H_2}(v) \cup N^*_{H_1}(v_1) \cup \cdots$$

$$\cup N_{H_k}^*(v) \cap N_{H_k}^*(v_1) \cap \cdots \cap N_{H_k}^*(v_{k-1}) \cup \cdots$$
$$\cup (N_{H_r}^*(v) \cap N_{H_r}^*(v_1) \cap \cdots \cap N_{H_r}^*(v_{k-1}))$$
$$\cup (N^*(v) \cap N^*(v_1) \cap N^*(v_2) \cap \cdots \cap N^*(v_r)). \tag{8.3.2}$$

再根据引理 7.3.5 可知

$$N^*(v) = \nu(G) - \nu(H) = (n_1 + 1)(n_2 + 1) \cdots (n_r + 1) - n_1 n_2 \cdots n_r,$$

再由引理 8.3.3 知

$$N^*(v_1) \cap N^*(v_2) \cap \cdots \cap N^*(v_r) \cap N^*(v) = \varnothing,$$

所以式 (8.3.2) 最后一个并集的集合为空集, 所以式 (8.3.2) 应为

$$N^*(v) = N_{H_1}^*(v) \cup N_{H_2}^*(v) \cup N_{H_1}^*(v_1) \cup \cdots$$
$$\cup (N_{H_k}^*(v) \cap N_{H_k}^*(v_1) \cap \cdots \cap N_{H_k}^*(v_{k-1})) \cup \cdots$$
$$\cup (N_{H_r}^*(v) \cap N_{H_r}^*(v_1) \cap \cdots \cap N_{H_r}^*(v_{r-1})). \tag{8.3.3}$$

为了命名 G 中的所有点, 因 $H = G - N^*(v)$ 以及 $H_k = G - N^*(v_k)$, 故下面先命名 $N^*(v_k)$ 命名规则, 设

$$H = HPK(n_1, n_2, \cdots, n_r), \quad n_1, n_2, \cdots, n_r \geqslant r \geqslant 3,$$

$$V(H) = \{(x_1, x_2, \cdots, x_r) | 1 \leqslant x_i \leqslant n_i, \ i = 1, 2, \cdots, r\},$$

点 $x = (x_1, x_2, \cdots, x_r)$ 与 $y = (y_1, y_2, \cdots, y_r)$ 不相邻定义为当且仅当 $x_i \neq y_i, i = 1, 2, \cdots, r$, 设 $v = v_1 = (1, 1, \cdots, 1)$,

$$F_1 = H - N^*(v_1) = \langle (x_1, x_2, \cdots, x_r) | 2 \leqslant x_i \leqslant n_i, i = 1, 2, \cdots, r \rangle.$$

则有下面命名规则.

　　命名规则 8.3.1　　$R_1 : i_1, i_2, \cdots, i_l, i_{l+1}, \cdots, i_r$ 是 $\{1, 2, \cdots, r\}$ 的一个排列, 其中

$$1 \leqslant i_1 < i_2 < \cdots < i_l \leqslant r, \quad 1 \leqslant i_{l+1} < \cdots < i_r \leqslant r,$$

$$R_2 : a_1, a_2, \cdots, a_l \text{是一个序列, 其中 } 2 \leqslant a_k \leqslant n_{i_k}, \ k = 1, 2, \cdots, l,$$

$$R_3 : Y = \{(y_1, y_2, \cdots, y_l) \in F_1 | y_{ir} \neq a_k, k = 1, 2, \cdots, l\},$$

$$R_4 : Y = b_1, b_2, \cdots, b_r \text{ 是一个序列, 其中} 1 \leqslant b_k \leqslant n_{i_k}, b_k \neq a_k, k = 1, 2, \cdots, l,$$

$$R_5 : u_5 = (u_1^k, u_2^k, \cdots, u_r^k), \quad k = 1, 2, \cdots, l,$$

其中 $u_{i_k}^k = a_i$, $u_{i_t}^k = b_t$, $1 \leqslant t \leqslant l$, $t \neq k$, $u_{i_{l+1}}^k = \cdots = u_{i_r}^k = 2$, 则有唯一点 $x^* \in N_F^*(v)$, 满足

$R_6 : x^*$ 与 $u_1, u_2, \cdots, u_l$ 邻接.

$R_7 : x^*$ 与 Y 中的点彼此不邻接.

下面说明命名规则 8.3.1 合理性, 设

$$x^* = (x_1, x_2, \cdots, x_r), \quad x_{ik} = a_k, \quad k = 1, 2, \cdots, l, \quad x_{il+1} = \cdots = x_{ir} = 1,$$

这里点 x^* 是满足 C_6 和 C_7 这两条性质的, 且这样的 x^* 是唯一的, 因为 x^* 与 Y 中点是彼此不邻接的, 因此有

$$x_{il+1} = \cdots = x_{ir} = 1.$$

下面需要证明的是 $x_{ik} = a_k, x^*$ 是不邻接 $y \in Y, x_{ik}$ 仅仅只能为 a_k 或者 1, 而这里 $x_{ik} \neq b_k$, 故 x^* 与 u_k 邻接, 以及 $x_{ik} = a_k, k = 1, 2, \cdots, l$, 命题规则是合理的.

　　检验 $N^*(v_1)$ 的点的关键条件是命名规则 8.3.1 中 R_1, R_2, R_3, 由于 $b_1, b_2, \cdots, b_l$ 选择是不唯一的, 导致 $u_1, u_2, \cdots, u_l$ 也是不唯一的, 所以命名的关键主要是 $R_1, R_2,$ R_3, 因此这三个条件可以作为整个图 G 的命名条件, 于是得到下面的命名规则.

　　命名规则 8.3.2　　命名规则 8.3.1 中的 R_1, R_2, R_3, 可以唯一确定 $N(v_1)$ 中的每一个点, 相反 $N^*(v_1)$ 中的所有的点如果都已经确定, 则命名规则 8.3.1 中 R_1, R_2, R_3 也相应被确定.

　　命名规则 8.3.2 的前部分可直接由命名规则 8.3.1 的说明得到, 下面说明结论的后半部分.

　　设 $x = (x_1, x_2, \cdots, x_r) \in N(v_1)$, 根据 $N(v_1)$ 的点的性质, 可以重新命名规则 8.3.1 中的 R_1, R_2, R_3.

　　$R_1 : i_1, i_2, \cdots, i_l, i_{l+1}, \cdots, i_r$, $1 \leqslant i_1 < i_2 < \cdots < i_l \leqslant r$, $1 \leqslant i_{l+1} < \cdots < i_r \leqslant r, 1 \leqslant l \leqslant r - 1$, 其中

$$x_{il+1} = \cdots = x_{ir} = 1, \quad x_{i1}, x_{i2}, \cdots, x_{il} \neq 1,$$

　　$R_2 : a_1, a_2, \cdots, a_l$ 是一个排列, 其中 $a_k = x_{ik}, 2 \leqslant a_k \leqslant n_{ik}, k = 1, 2, \cdots, l$,

　　$R_3 : Y = \{(y_1, y_2, \cdots, y_r) \in F_1 | y_{ik} \neq a_k, k = 1, 2, \cdots, l\}$.

　　由此可以根据命名规则 8.3.1 和命名规则 8.3.2 所有的 $N^*(v_k)$ 中的点, 其中

$$v_k = (k, k, \cdots, k), \quad k = 1, 2, \cdots, r.$$

如果有 $N_H(v)$ 的点 x 未命名, 其中

$$H = HPK(n_1, n_2, \cdots, n_r), \quad n_1, n_2, \cdots, n_r \geqslant r \geqslant 3,$$

则可以任意找一点 $v \in H$, 根据 $H - N^*(v)$ 中的点的命名规则命名, 即可以根据命名规则 8.3.1 和 8.3.2 命名. 对于 $N(v)$ 中点的命名可以根据 $N(v)$ 的点命名, 只需设 $v = (0, 0, \cdots, 0)$, 所以 $N(v)$ 的点的命名规则也被确定.

因为 $H = G - N*(v)$, 以及 $H_k = G - N^*(v_k)$, 要确定 G 中的点, 最后剩下 $N_{Hk}(v)$ 中的点没有命名规则, 由式 (8.3.1),(8.3.3) 可知, 首先命名 $N_{H1}(v)$ 中的点, 有下面的命名规则.

命名规则 8.3.3 只需要把命名规则 8.3.1 和 8.3.2 中的 1 用 0 代替即可得到 $N_{H1}(v)$ 中的点的命名规则. 因为

$$H = G - N^*(v_1), \quad v_1 = (1, 1, \cdots, 1),$$

$$V(H_1) = \{(x_1, x_2, \cdots, x_r) | 0 \leqslant x_i \leqslant n_i, x_i \neq 1\}.$$

$N_{H_1}(v)$ 中的点可以根据

$$V(H_1) - N^*(v) = V(H) - N^*(v_1) = G - N^*(v) - N^*(v_1)$$

的点命名, 即根据 $H = G - N^*(v)$ 的点命名规则命名, 只需把命名规则 8.3.1 和 8.3.2 中的 1 用 0 代替即可.

下面命名 $N_{H_2}(v) \cap N_{H_2}(v_1)$ 的点: 由于

$$H_2 = G - N^*(v_2) \cong HPK(n_1, n_2, \cdots, n_r), \quad v_2(2, 2, \cdots, 2),$$

$$H - N^*(v_k) = G - N^*(v) - N^*(v_k) = H_k - N^*(v) = F_k,$$

$$V(H_2) = \{(x_1, x_2, \cdots, x_r) | 0 \leqslant x_i \leqslant n_i, x_i \neq 2, i = 1, 2, \cdots, r\},$$

为了命名 $N_{H_2}^*(v) \cap N_{H_2}^*(v_1)$ 中的点, 可以根据 $V(H_2) - N_{H_2}^*(v) = V(H) - N_{H_2}^*(v_2)$ 中的点命名, 首先说明 H_2 中点的命名规则.

命名规则 8.3.4 $R_1 : i_1, i_2, \cdots, i_l, i_{l+1}, \cdots, i_r$ 一个排列.
$R_2 : a_1, a_2, \cdots, a_l$ 是一个序列, 其中

$$1 \leqslant a_k \leqslant n_{i_k}, \quad a_k \neq 2, \quad k = 1, 2, \cdots, l, \quad 1 \in \{a_1, a_2, \cdots, a_k\}.$$

$R_3 : Y = \{(y_1, y_2, \cdots, y_r) \in F_2 | y_{ik} \neq a_k, k = 1, 2, \cdots, l\}.$

命名规则 8.3.4 只在命名规则 8.3.2 的 R_2 增加了条件 $1 \in \{a_1, a_2, \cdots, a_l\}$, 增加此条件的目的主要是保证条件 R_1, R_2, R_3 确定的点 x 一定是属于 $N_{H_2}^*(v) \cap N_{H_2}^*(v_1)$. 如果不增加此条件, 根据图 G 的点的命名的唯一性原则, 只能确定 $N_{H_2}^*(v)$ 中的点 x, 增加此条件后在 $N_{H_2}^*(v) \cap N_{H_2}^*(v_1)$ 找一点 x^*, 而点 x^* 可以分别在 H_1 与 H_2 重新命名. 下面主要说明 x^* 在 H_1 与 H_2 的命名是一致的, 前面命名规则 8.3.4 命名

了 H_2 中的点. 下面先完成 H_2 中的命名规则: x^* 在 H_1 命名 $(x_1, x_2, \cdots, x_r)$. 又由于 x^* 不邻接 $v_2 = (2, 2, \cdots, 2) \in H_1$, 因此在 H_1 中的命名规则可以如下.

命名规则 8.3.5　$R_1: i_1, i_2, \cdots, i_l, i_{l+1}, \cdots, i_r$ 是一个排列, 其中

$$x_{i_1}, x_{i_2}, \cdots, x_{i_l} \neq 0, 1, 2, \quad x_{i_{l+1}} = \cdots = x_{i_l} = 0,$$

$R_2: a_1, a_2, \cdots, a_l$ 是一个序列, 其中 $a_k = x_{ik} \neq 0, 1, 2, k = 1, 2, \cdots, l$,

$R_3: Y = \{(y_1, y_2, \cdots, y_r) \in F_2 | y_{ik} \neq a_k, k = 1, 2, \cdots, l\}$.

下面说明 x^* 在 H_1 与 H_2 中命名是一致的, 假设在 H_2 中有一点 $x^{**} = (x_1', x_2', \cdots, x_r')$, 其中 $x_{i_k}' = a_k, k = 1, 2, \cdots, l$ 以及 $x_{i_{l+1}}' = \cdots = x_{i_l}' = 0$ 且 $a_k = 0, 1, 2$, 因此 x^{**} 是与点 $v_1 = (1, 1, \cdots, 1) \in H_2$ 不邻接的, 而 $x^{**} \in (N_{H_2}^*(v) \cap N_{H_2}^*(v))$, 从而 $x^{**} = x^*$, 故 x^* 在 H_1 与 H_2 中命名是一致的.

以上完成了 $N_{H_2}^*(v) \cap N_{H_2}^*(v_1)$ 中的点命名, 对于

$$N_{H_k}^*(v) \cap N_{H_k}^*(v_1) \cap \cdots \cap N_{H_k}^*(v_{k-1})$$

的点的命名与 $N_{H_2}^*(v) \cap N_{H_2}^*(v_1)$ 中点的命名规则类似, 只需在命名规则 8.3.5 的 R_2 与 R_3 改为以下规则即可.

命名规则 8.3.6　$R_1: i_1, i_2, \cdots, i_l, i_{l+1}, \cdots, i_r$ 是一个排列, 其中

$$x_{i_1}, x_{i_2}, \cdots, x_{i_l} \neq 0, 1, 2, \quad x_{i_{l+1}} = \cdots = x_{i_l} = 0,$$

$R_2: a_1, a_2, \cdots, a_l$ 是一个序列, 其中 $1 \leqslant a_i \leqslant n_{it}, a_t \neq k$, 以及

$$\{1, 2, \cdots, k-1\} \subset \{a_1, a_2, \cdots, a_k\},$$

$R_3: Y = \{(y_1, y_2, \cdots, y_r) \in F_k | y_{it} \neq a_t, t = 1, 2, \cdots, l\}$.

根据上面的命名规则可以确定 $x^* = (x_1, x_2, \cdots, x_r)$ 且

$$x^* \in N_{H_k}^*(v) \cap N_{H_k}^*(v_1) \cap \cdots \cap N_{H_k}^*(v_{k-1}).$$

由上面的结论, 可设 $k = r$, 则可以得到式 (8.3.3) 的最后一个式子

$$N_{H_r}^*(v) \cap N_{H_r}^*(v_1) \cap \cdots \cap N_{H_r}^*(v_{r-1})$$

的命名规则.

命名规则 8.3.7　$R_1: i_1, i_2, \cdots, i_{r-1}, i_r$ 是一个排列, 且有

$$1 \leqslant i_1 < i_2 < \cdots < i_{r-1} \leqslant r, \quad 1 \leqslant i_r \leqslant r,$$

$R_2: a_1, a_2, \cdots, a_{r-1}$ 是一个序列, 其中 $\{a_1, a_2, \cdots, a_{r-1}\} = \{1, 2, \cdots, r-1\}$,

$R_3 : Y = \{(y_1, y_2, \cdots y_r) \in F_r | y_{i_k} \neq a_k, k = 1, 2, \cdots, r-1\}.$

根据上面的命名规则 R_1, R_2, R_3, 可以完全命名 H_r, 这里 $H_r = G - N^*(v_k)$, 前面定义了 $N^*(v_k)$ 的命名规则, 这样 G 中的所有的点被 H_r 与 $N^*(v_k)$ 点完全决定, 可以命名为

$$V(G) = \{(x_1, x_2, \cdots, x_r) | 0 \leqslant x_i \leqslant n_i\},$$

G 中的两点 $x = (x_1, x_2, \cdots, x_r)$ 和 $y = (y_1, y_2, \cdots, y_r)$ 彼此不邻接, 当且仅当 $x_i \neq y_i, i = 1, 2, \cdots, r.$

根据上面的命名原则可以得到下面结论.

定理 8.3.2　G 是 $HPK(n_1, n_2, \cdots, n_r)$-残差图, $n_1, n_2, \cdots, n_r \geqslant r \geqslant 3$,

$$\nu(G) = (n_1 + 1)(n_2 + 1) \cdots (n_r + 1),$$

则 $G \cong HPK(n_1 + 1, n_2 + 1, \cdots, n_r + 1)$, 且这样的 G 是唯一的.

证明　对于 G 中任意两点 x 和 y, 根据引理 8.3.1 可知, 一定存在一点 w, 使得 w 与 x 和 y 都不邻接. 假设 $w \in H_k$, 其中 H_k 遵循上面的命名规则, 对于任意一个 k, 如果既有 $x \in H_k$ 也有 $y \in H_k$, 则可以使用 H_k 命名规则来命名. 设

$$H^* = G - N^*(w) \cong HPK(n_1, n_2, \cdots, n_r),$$

则有 $x, y \in H^*$. 因为 G 中的点可根据 H_k 中的点命名规则命名. 又根据命名的唯一性可以命名 G 中所有的点, 因为 $H^* = G - N^*(w)$, 所以根据 G 命名规则命名 H^* 的点, 事实上 $x, y \in H^* = G - N^*(w)$, 根据命名规则可知, $x = (x_1, x_2, \cdots, x_r)$ 和 $y = (y_1, y_2, \cdots, y_r)$ 是彼此不邻接的, 故 G 中任意两点都彼此不邻接, 即

$$G \cong HPK(n_1 + 1, n_2 + 1, \cdots, n_r + 1),$$

再由点的邻接关系 $HPK(n_1 + 1, n_2 + 1, \cdots, n_r + 1)$ 是唯一最小的 $r-1$ 维超平面完备残差图.

下面主要是讨论任意维超平面完备残差图的结构, 有下面的结果.

定理 8.3.3　若 G 是 $HPK(n_1, n_2, \cdots, n_r)$-残差图, $n_1, n_2, \cdots, n_r \geqslant r + 2 \geqslant 5$, 则有

$$\nu(G) = k(n_1 + 1)(n_2 + 1) \cdots (n_r + 1),$$
$$G = G_1 + G_2 + \cdots + G_k,$$
$$G_i = HPK(n_1 + 1, n_2 + 1, \cdots, n_r + 1), \quad i = 1, 2, \cdots, k.$$

为了证明此定理, 先定义有关超平面的点独立集的坐标变换.

定义 8.3.2　如果

$$H = HPK(n_1, n_2, \cdots, n_r), \quad V(H) = \{(x_1, x_2, \cdots, x_r) | 1 \leqslant x_i \leqslant n_i, i = 1, 2, \cdots, r\},$$

假设独立集 $S_1 = \{v_1, v_2, \cdots, v_r, v_0\}$, $S_2 = \{u_1, u_2, \cdots, u_r, u_0\}$, 且 S_1 与 S_2 都是 $(r+1)$-独立集. S_2 与 S_1 坐标变换定义如下, 如果 $u_i = v_i, i = 0, 1, 2, \cdots, r, i \neq k, l$, 其中

$$u_i = (u_1^i, u_2^i, \cdots, u_r^i), \quad v_i = (v_1^i, v_2^i, \cdots, v_r^i), \quad i = 0, 1, 2, \cdots, r,$$

使得 $u_j^k = v_j^k$ 或 v_j^l 或 x_j, $u_j^l = v_j^l$ 或 v_j^k 或 $y_j, j = 1, 2, \cdots, r, x_j, y_j \neq v_j^i, i = 0, 1, 2, \cdots, r$, 则有 $u_j^k \neq v_j^l$.

由定义 4.1, 可以直接得到下面引理.

引理 8.3.6　如果

$$H = HPK(n_1, n_2, \cdots, n_r),$$

$$V(H) = \{(x_1, x_2, \cdots, x_r) | 1 \leqslant x_i \leqslant n_i, i = 1, 2, \cdots, r\},$$

对其中 $n_1, n_2, \cdots, n_r \geqslant r + 1 \geqslant 4$, 则对任意 $u \in H$, 存在一个 $(r+1)$-独立集 $\{u_1, u_2, \cdots, u_r, u\}$, 可以和任何一个 $(r+1)$-独立集 $\{v_1, v_2, \cdots, v_r, v\}$ 进行坐标变换.

下面证明定理 8.4.3, 设 $v_0, v_1, \cdots, v_r$ 是图 G 中的 $r+1$ 独立集. 若

$$H_i = G - N^*(v_i) \cong HPK(n_1, n_2, \cdots, n_r), \quad i = 0, 1, \cdots, r,$$

设

$$G_1 = \langle H_0 \cup H_1 \cup H_2 \cup \cdots \cup H_r \rangle,$$

假设 $G_1 \subset G$ 是 G 中由 $H_0, H_1, \cdots, H_r$ 生成的最小子图, 显然 $v_i \neq H_i$, 以及

$$v_i \in H_j, \quad i, j = 0, 1, 2, \cdots, r, \quad i \neq j,$$

$$N^*(v_i) \cap V(H_i) = \varnothing, \quad i = 0, 1, 2, \cdots, r,$$

因此

$$H_i = H_i - N^*(v_i) \subset G_1 - N^*(v_i) \subset G - N^*(v_i) = H_i, \quad i = 0, 1, 2, \cdots, r,$$

$$H_i = G_1 - N^*(v_i) = G_1 - N_{G_1}^*(v_i), \quad i = 0, 1, 2, \cdots, r.$$

下证 $G_1 \cong HPK(n_1 + 1, n_2 + 1, \cdots, n_r + 1)$, 因为

$$G_1 - N^*(v_i) = H_i \cong HPK(n_1, n_2, \cdots, n_r),$$

所以

$$
\begin{aligned}
N^*_{G_1}(v_0) =& N^*_{H_1}(v_0) \cup (N^*_{H_2}(v_0) \cup N^*_{H_1}(v_1)) \cup \cdots \\
& \cup (N^*_{H_k}(v_0) \cap N^*_{H_k}(v_1) \cap \cdots \cap N^*_{H_k}(v_{k-1})) \cup \cdots \\
& \cup (N^*_{H_r}(v_0) \cap N^*_{H_r}(v_1) \cap \cdots \cap N^*_{H_r}(v_{r-1})) \\
& \cup (N^*_{G_1}(v) \cap N^*_{G_1}(v_1) \cap N^*_{G_1}(v_2) \cap \cdots \cap N^*_{G_1}(v_r))
\end{aligned}
$$

以及

$$
\begin{aligned}
& N^*_{G_1}(v_0) \cap N^*_{G_1}(v_1) \cap N^*_{G_1}(v_2) \cap \cdots \cap N^*_{G_1}(v_r) \\
=& V(G_1) \cap N^*(v_0) \cap N^*(v_1) \cap N^*(v_2) \cap \cdots \cap N^*(v_r) \\
=& \bigcup_{i=0}^{r} (V(H_i) \cap (N^*(v_0) \cap N^*(v_1) \cap N^*(v_2) \cap \cdots \cap N^*(v_r))) = \varnothing,
\end{aligned}
$$

再由引理 8.3.4 和引理 8.3.5 可知

$$
\nu(G_1) = (n_1 + 1)(n_2 + 1) \cdots (n_r + 1).
$$

如果 $G_1 = G$, 再根据定理 8.3.2 知, G 是最小阶的 $HPK(n_1, n_2, \cdots, n_r)$-残差图. 如果 $G_1 \neq G$, 设

$$
N^*(v_0) \cap N^*(v_1) \cap N^*(v_2) \cap \cdots \cap N^*(v_r) = W,
$$

则有 $W \neq \varnothing$ 以及 $G_1 = G - W$, 并且 $V(G) \cap W = \varnothing$, 因此 $V(G_1) \subseteq V(G) - W$. 对于任意 $x \in V(G) - W$, 有 $x \notin W$ 以及 $x \notin N^*(v_i)$, 对任意的 i, 有

$$
x \in G - N^*(v_i) = H_i \subset G_1,
$$

所以

$$
V(G) - W \subseteq V(G_1), \quad G_1 = G - W,
$$

即 G_1 是 $HPK(n_1, n_2, \cdots, n_r)$-残差图.

由上面证明可知任意的 $x \in G_1$ 都与任意 $w \in W$ 邻接. 下面证明对于任意的 $x \in H_0$, x 都与任意的 $w \in W$ 邻接. 因为 $H_0 = G - N^*(v_0)$, 所以 $\{v_1, v_2, \cdots, v_r\} \subset V(H_0)$, 由条件可知 $v \in H_0$ 以及 $\{v_1, v_2, \cdots, v_r, v\}$ 是 H_0 的 $(r+1)$-独立集, 且 v 也是与任意 $w \in W$ 邻接的, 若不然, v 不与 $w^* \in W$ 邻接, 则有

$$
H = G - N^*(v) \cong HPK(n_1, n_2, \cdots, n_r),
$$

以及 $\{v_0, v_1, \cdots, v_r\} \subset V(H)$ 是 $(r+1)$- 独立集, 因此存在 $w^* \in H$, 即

$$w \in N_H^*(v_0) \cap N_H^*(v_1) \cap \cdots \cap N_H^*(v_r) = \varnothing,$$

这与引理 8.3.2 矛盾, 故有 $W \subset N^*(v)$.

因为 $n_1, n_2, \cdots, n_r \geqslant r + 2 \geqslant 5$, 所以存在两点 $u, v \in H_0$, 使得

$$\{v_1, v_2, \cdots, v_r, u, v\} \subset V(H)$$

是 $(r+2)$-独立集, 则 $W \subset N^*(u) \cap N^*(v)$. 现在假设 $\{v_1', v_2', v_3, \cdots, u, v\}$ 是 $(r+2)$-独立集, 则存在 H_0 中存在另一点 $\{v_1, v_2, \cdots, v_r, u, v\}$ 与之进行坐标变换. 根据上面的讨论同样可得 $W \subset N^*(v_1') \cap N^*(v_2')$, 再由引理 3.1 可知, 对任意 $x \in H_0$, 以及 $x \in G_1$, 都有 x 是与任意 $w \in W$ 邻接的, 因此有

$$\begin{aligned} G_1 - N_{G_1}^*(x) &= (G - W) - N_{G_1}^*(x) = G - (W \cup N_{G_1}^*(x)) \\ &= G - N^*(x) \cong HPK(n_1, n_2, \cdots, n_r), \quad \forall x \in G_1. \end{aligned}$$

下面证明 G_1 是 $HPK(n_1, n_2, \cdots, n_r)$-残差图. 由于

$$\nu(G) = (n_1 + 1)(n_2 + 1) \cdots (n_r + 1),$$

根据定理 8.3.4, 有 $G \cong HPK(n_1 + 1, n_2 + 1, \cdots, n_r + 1)$. 又因为任意 $w \in W$, 有 $V(G_1) \subset N^*(w)$. 设 $\langle W \rangle = F$, 有 $G = G_1 + F$ 以及

$$\begin{aligned} G - N^*(w) &= G - (N_F^*(w) \cup V(G_1)) = G - V(G_1) - N^*(w) \\ &= F - N_F^*(w) \cong HPK(n_1, n_2, \cdots, n_r). \end{aligned}$$

由于 $w \in W$ 的任意性, F 是 $HPK(n_1, n_2, \cdots, n_r)$-残差图, 所以对 F 可以类似地讨论, $G_2 \subseteq F$ 的一个最小子图, 则

$$G_2 \cong HPK(n_1 + 1, n_2 + 1, \cdots, n_r + 1),$$

其中 $F_1 = F - V(G_2)$. 重复前面在 G 中的讨论, 则有

$$G = G_1 + G_2 + \cdots + G_k,$$

$$G_i = HPK(n_1 + 1, n_2 + 1, \cdots, n_r + 1), \quad i = 1, 2, \cdots, k.$$

根据多重超平面残差图的定义容易得到引理 8.3.1 和引理 8.3.2.

引理 8.3.7 若 $G = (V, E)$, $\{v_0, v_1, \cdots, v_r\} \subset V(G)$ 是 G 中 $(k+1)$-独立集, 有

$$N^*(v_1) \cap N^*(v_2) \cap \cdots \cap N^*(v_k)$$

$$=N_F^*(v_1) \cap N_F^*(v_2) \cap \cdots \cap N_F^*(v_k)$$

$$\cup\, N^*(v_1) \cap N^*(v_2) \cap \cdots \cap N^*(v_k) \cap N^*(v_0),$$

其中 $F = G - N^*(v_0)$.

引理 8.3.8　令 $G = (V, E)$, $u_1, u_2, \cdots, u_k \in G$, $\{v_0, v_1, \cdots, v_r\} \subset V(G)$ 是 G 中 $(r+1)$-独立集, 对每一个 v_i 都不与 u_j 邻接. 令

$$F_i = G - N^*(v_i), \quad i = 1, 2, \cdots, l,$$

有

$$N^*(u_1) \cap N^*(u_2) \cap \cdots \cap N^*(u_k)$$

$$=N_F^*(u_1) \cap N_F^*(u_2) \cap \cdots \cap N_F^*(u_k)$$

$$\cup\, (N_{F_2}^*(u_1) \cap N_{F_2}^*(u_2) \cap \cdots \cap N_{F_2}^*(u_k) \cap N_{F_2}^*(v_1)) \cup \cdots$$

$$\cup\, (N_{F_l}^*(u_1) \cap N_{F_l}^*(u_2) \cap \cdots \cap N_{F_l}^*(u_k) \cap N_{F_2}^*(v_1) \cap \cdots \cap N_{F_l}^*(v_{l-1}))$$

$$\cup\, (N^*(u_1) \cap N^*(u_2) \cap \cdots \cap N^*(u_k) \cap N^*(v_1) \cap \cdots \cap N^*(v_l)).$$

由任意维超平面残差图的性质也可以得到 m 重任意维超平面残差图的性质.

引理 8.3.9　若 G 是 $HPK(n_1, n_2, \cdots, n_r)$-残差图,

$$H = HPK(n_1 + 1, n_2 + 1, \cdots, n_r + 1), \quad n_1, n_2, \cdots, n_r \geqslant r \geqslant 3,$$

$$\{v_1, v_2, \cdots, v_k\} \subset V(G),$$

$$\{u_1, u_2, \cdots, u_k\} \subset V(H)$$

分别是 G 和 H 中的 k-独立集, 则有

$$|N_{G_1}^*(v_1) \cap N_{G_1}^*(v_2) \cap \cdots \cap N_{G_1}^*(v_k)| \geqslant |N_{H_1}^*(u_1) \cap N_{H_1}^*(u_2) \cap \cdots \cap N_{H_1}^*(u_k)|.$$

证明　当 $k \geqslant r+1$ 时, 由引理 8.3.3 可知,

$$N_H^*(u_1) \cap N_H^*(u_2) \cap \cdots \cap N_H^*(u_k) = \varnothing,$$

则上面不等式成立. 下面假设 $1 \leqslant k \leqslant r$, 存在 $v \in G$ 和 $u \in H$, 且有 $\{v_1, v_2, \cdots, v_k, v\}$, $\{u_1, u_2, \cdots, u_k, u\}$ 分别是 G 和 H 中 $(k+1)$- 独立集. 设 $G_1 = G - N^*(v)$, $H_1 = H - N^*(u)$, 则有

$$G_1 \cong H_1 \cong HPK(n_1, n_2, \cdots, n_r),$$

$$\{v_1, v_2, \cdots, v_k\} \subset V(G_1),$$

以及

$$\{u_1, u_2, \cdots, u_k\} \subset V(H_1)$$

分别是 G_1 和 H_1 的 k-独立集, 且有

$$|N_G^*(v_1) \cap N_G^*(v_2) \cap \cdots \cap N_G^*(v_k)|$$

$$=|N_{G_1}^*(v_1) \cap N_{G_1}^*(v_2) \cap \cdots \cap N_{G_1}^*(v_k)| + |N_G^*(v_1) \cap \cdots \cap N_G^*(v_k) \cap N_G^*(v)|,$$

$$|N_H^*(u_1) \cap N_H^*(u_2) \cap \cdots \cap N_H^*(u_k)|$$

$$=|N_{H_1}^*(u_1) \cap N_{H_1}^*(u_2) \cap \cdots \cap N_{H_1}^*(u_k)| + |N_H^*(u_1) \cap \cdots \cap N_H^*(u_k) \cap N_H^*(u)|.$$

因为 $G_1 \cong H_1 \cong HPK(n_1, n_2, \cdots, n_r)$, 由引理 8.3.4 知,

$$|N_{G_1}^*(v_1) \cap N_{G_1}^*(v_2) \cap \cdots \cap N_{G_1}^*(v_k)| \geqslant |N_{H_1}^*(u_1) \cap N_{H_1}^*(u_2) \cap \cdots \cap N_{H_1}^*(u_k)|,$$

由此可知当 $k \geqslant r+1$, $k = r, r-1, \cdots, 3, 2, 1$ 时, 上面不定式成立.

引理 8.3.10　　假设 G 是 2-$HPK(n_1, n_2, \cdots, n_r)$-残差图,

$$H = HPK(n_1+2, n_2+2, \cdots, n_r+2), \quad n_1, n_2, \cdots, n_r, \quad n_r \geqslant r \geqslant 3,$$

$$\{v_1, v_2, \cdots, v_k\} \subset V(G),$$

以及

$$\{u_1, u_2, \cdots, u_k\} \subset V(H)$$

分别是 G 和 H 的 k-独立集, 则有

$$|N_G^*(v_1) \cap N_G^*(v_2) \cap \cdots \cap N_G^*(v_k)| \geqslant |N_H^*(v_1) \cap N_H^*(v_2) \cap \cdots \cap N_H^*(v_k)|.$$

证明　　由引理 8.3.3 知, $k \geqslant r+1$, 不等式是显然成立的, 下面假设 $1 \leqslant k \leqslant r$, 根据引理 8.3.9 的讨论, 在 G 和 H 中存在点 $v \in G, u \in H$, 使得

$$G_1 = G - N^*(v), \quad H_1 = H - N^*(u),$$

以及 $\{u_1, u_2, \cdots, u_k\} \subset V(H_1)$. 因为 G_1 是 $HPK(n_1, n_2, \cdots, n_r)$-残差图, 以及

$$H_1 = HPK(n_1+1, n_2+1, \cdots, n_r+1),$$

所以当 $k \geqslant r+1$ 时不等式成立, $k = r, r-1, \cdots, 3, 2, 1$.

引理 8.3.11　　假设 G 是 m-$HPK(n_1, n_2, \cdots, n_r)$-残差图,

$$H = HPK(n_1+m, n_2+m, \cdots, n_r+m), \quad n_1, n_2, \cdots, n_r \geqslant r \geqslant 3,$$

$$\{v_1, v_2, \cdots, v_r\} \subset V(G),$$

以及

$$\{u_1, u_2, \cdots, u_k\} \subset V(H)$$

分别 G 和 H 的 k-独立集, 则有

$$|N_G^*(v_1) \cap N_G^*(v_2) \cap \cdots \cap N_G^*(v_k)| \geqslant |N_H^*(u_1) \cap N_H^*(u_2) \cap \cdots \cap N_H^*(u_k)|.$$

证明　当 $m = 1, 2$ 时, 由引理 8.3.10 和引理 8.3.11 知是成立的. 下面对 m 用数学归纳法证明, 假设对 $m - 1$ 成立, 由引理 8.3.3 可知 $k \geqslant r + 1$ 时, 不等式成立, 讨论与引理 8.3.3、引理 8.3.4 的讨论一样可以得到, 对于 $m, k \geqslant r + 1, k = r, r - 1, \cdots, 3, 2, 1$ 是成立的.

定理 8.3.4　假设 G 是 $m\text{-}HPK(n_1, n_2, \cdots, n_r)$-残差图, $n_1, n_2, \cdots, n_r \geqslant r \geqslant 3$, 则有

$$\nu(G) \geqslant (n_1 + m)(n_2 + m) \cdots (n_r + m).$$

证明　当 $m = 1$ 时, 由定理 8.3.1 可知, 结论成立. 利用数学归纳法, 假设当 $m - 1 \geqslant 1$ 时成立, 当为 m 时, G 是 $m\text{-}HPK(n_1, n_2, \cdots, n_r)$-残差图,

$$H = HPK(n_1 + m, n_2 + m, \cdots, n_r + m).$$

由引理 8.3.10 知, $|N_G^*(v)| \geqslant |N_H^*(v)|$, 对于 G 和 H 中的任意一点 $v \in G, u \in H$, 设

$$G_1 = G - N^*(v), \quad H_1 = H - N^*(u),$$

则 G_1 是 $(m-1)\text{-}HPK(n_1, n_2, \cdots, n_r)$-残差图, 故有

$$H_1 = HPK(n_1 + m - 1, n_2 + m - 1, \cdots, n_r + m - 1).$$

利用归纳假设有

$$\nu(G) = \nu(G_1) + |N_G^*(v)|$$
$$\geqslant \nu(H_1) + |N_H^*(u)| = \nu(H)$$
$$= (n_1 + m)(n_2 + m) \cdots (n_r + m).$$

定理 8.3.5　假设 G 是 $m\text{-}HPK(n_1, n_2, \cdots, n_r)$-残差图, $n_1, n_2, \cdots, n_r \geqslant r \geqslant 3$, 以及 $\nu(G) = (n_1 + m)(n_2 + m) \cdots (n_r + m)$, 则有

$$G \cong HPK(n_1 + m, n_2 + m, \cdots, n_r + m).$$

证明   设 G 是 m-$HPK(n_1, n_2, \cdots, n_r)$-残差图, 有 $\nu(G) = \nu(H)$, 以及

$$H = HPK(n_1 + m, n_2 + m, \cdots, n_r + m), \quad n_1, n_2, \cdots, n_r \geqslant 3,$$

当 $m = 1$ 时, 由定理 8.3.2 可知 $G \cong HPK(n_1 + 1, n_2 + 1, \cdots, n_r + 1)$. 利用数学归纳法, 假设 $m - 1 \geqslant 1$ 成立. 对于 m, 存在点 $v \in G$ 和 $u \in H$, 有 $G_1 = G - N^*(v)$, 是 $(m-1)$-$HPK(n_1, n_2, \cdots, n_r)$-残差图, 以及

$$H_1 \cong H - N^*(u) = HPK(n_1 + m - 1, n_2 + m - 1, \cdots, n_r + m - 1).$$

再由引理 8.3.11 和定理 8.3.3, 有

$$|N_G^*(v)| \geqslant |N_H^*(u)| = \nu(H) - \nu(H_1),$$

且

$$\nu(G_1) = \nu(H_1) = (n_1 + m - 1)(n_2 + m - 1) \cdots (n_r + m - 1),$$

因此有 G_1 是最小阶 $(m-1)$-$HPK(n_1, n_2, \cdots, n_r)$-残差图. 根据归纳假设有

$$G_1 \cong HPK(n_1 + m - 1, n_2 + m - 1, \cdots, n_r + m - 1).$$

由于 ν 是 V 中任意一点, 根据定义 6.1.1 知, G 是最小阶的

$$HPK(n_1 + m - 1, n_2 + m - 1, \cdots, n_r + m - 1)\text{-残差图},$$

设 $n_i \geqslant r \geqslant 3$, $i = 1, 2, \cdots, r$, 由定理 8.3.2 可知, $G \cong HPK(n_1 + m, n_2 + m, \cdots, n_r + m)$.

8.4   本 章 小 结

本章拓展了残差图的研究范围, 从 F 为两个完全图的笛卡儿乘积 $F = K_n \times K_s$ 出发, 引入超平面完备图的概念, 研究了 2 维和任意维超平面残差图的最小阶和极图.

第9章 图的合成残差图

超平面残差图是 Erdös, Harary, Klawe 在文献 [9] 提到的完备残差图的推广, 本章主要研究超平面残差图的最小阶和最小极图的问题.

9.1 $F[K_t]$-残差图

定义 9.1.1 设 G 和 H 是两个简单图, $H \cong G[K_t]$, 则称 G 与 H_t-同构.

引理 9.1.1 设 $G = (V, E)$ 是简单图, $G^* = G[K_t]$, $V = \{v_1, v_2, \cdots, v_n\}$, 则 $V(G^*)$ 存在一个分划:

$$V(G^*) = \bigcup_{j=1}^{n} V_j, \quad V^i \cap V^j = \varnothing, \quad i \neq j, \quad |V^j| = t,$$

满足下面结论:

(1) $\langle V^j \rangle = K_t$, $j = 1, 2, \cdots, n$;

(2) 如果有 $u \in V^i, v \in V^j, i \neq j, u$ 与 v 不邻接, 则 V^i 中每一个顶点与 V^j 中的每一个顶点都不邻接;

(3) $(V^i, V^j) \subset E(G^*)$, 当且仅当 $(v^i, v^j) \in E(G)$.

证明 $G^* = G[K_t]$ 的上述性质可由定义直接得到.

定理 9.1.1 设 F 是一给定的图, G 是 m-F-残差图的充要条件是 $G[K_t]$ 是 m-$F[K_t]$-残差图.

证明 如果 $G = (V, E)$, $V = V(G) = \{v_1, v_2, \cdots, v_n\}$, 则定义图 H 有顶点集

$$V(H) = \{x^{ij} | i = 1, 2, \cdots, n; j = 1, 2, \cdots, t\},$$

两个顶点 $x_1 = x^{i_1 j_1}$ 与 $x_2 = x^{i_2 j_2}$ 邻接当且仅当 v_{i_1} 与 v_{i_2} 在 G 中邻接 (或者 $i_1 = i_2, j_1 \neq j_2$), 显然 $H \cong G[K_t]$.

记 $X^i = \{x^{ij} | j = 1, 2, \cdots, t\}$, 有 $(X^i, X^j) \subset E(H)$ 当且仅当 $(v_i, v_j) \in E(G)$. 对任意的顶点 $x = x^{ij} \in V(H)$ 和顶点 $v_i \in V(G)$,

$$N_H^*(x^{ij}) = X^i \cup X^{i_1} \cup \cdots \cup X^{i_t},$$

当且仅当 $N_H^*(v_i) = \{v_i, v_{i_1}, \cdots, v_{i_t}\}$. 于是

$$H - N^*(x^{ij}) = \langle X^{\tau_1} \cup X^{\tau_2} \cup \cdots \cup X^{\tau_{n-d-1}} \rangle = H_1,$$

$$H - N^*(v_i) = \langle v_{\tau_1}, v_{\tau_2}, \cdots, v_{\tau_{n-d-1}} \rangle = H_1.$$

显然 H_{1t}-同构于 G_1, 即有 $H_1 \cong G_1[K_t]$.

当 $m = 1$ 时, 如果 G 是 F-残差图, 则 $G_1 \cong F$, 故

$$H_1 \cong G_1[K_t] \cong F[K_t],$$

从而 H 是 $F[K_t]$- 残差图; 如果 H 是 $F[K_t]$-残差图, 则 $H_1 \cong G_1[K_t]$, $G_1 \cong F$, 故 G 是 F-残差图.

假定对 $m > 1$ 定理成立, 下证对于 $m + 1$ 定理也成立.

如果 G 是 $(m + 1)$-F-残差图, 则

$$G_1 = G - N^*(v_i)$$

是 m-F-残差图. 根据归纳假设, $H_1 \cong G_1[K_t]$ 是 $F[K_t]$-残差图, 但 $H_1 = H - N^*(x^{ij})$, 故 H 是 $(m + 1)$-$F[K_t]$-残差图.

如果 H 是 $(m + 1)$-$F[K_t]$-残差图, 则 $H_1 = H - N^*(x^{ij})$ 是 m-$F[K_t]$-残差图. 故 $H_1 \cong G_1[K_t]$, 故根据假设, G_1 是 m-F-残差图, 但 $G_1 = G - N^*(v_i)$, 故 G 是 $(m + 1)$-F-残差图.

下面说明如果 H 是 $F[K_t]$- 残差图, 则不一定存在 G, 使得 $H \cong G[K_t]$. 下面举例说明: $K_7 \times K_2$ 是 K_6-残差图. 而 $K_6 = K_2[K_3] = K_3[K_2]$, 但却不存在 G, 满足 $K_7 \times K_2 = G[K_2]$, 或者 $K_7 \times K_2 = G[K_3]$. 然而 $K_7 \times K_2$ 是 $F_1[K_2]$-残差图 $(F_1 = K_3)$, 也是 $F_2[K_3]$-残差图 $(F_2 = K_2)$.

定义 9.1.2　设 $G = (V, E)$ 是简单图, $u, v \in V(G)$ 称为是等价的, 如果 $N^*(u) = N^*(v)$.

当 F 满足某些条件时有下列结论成立.

定理 9.1.2　如果 H 是 $F[K_t]$- 残差图, F 满足如下条件.

(1) $V(F) - N_F^*(u) - N_F^*(v) \neq \varnothing$, $\forall u \in F, v \in N_F^*(u)$;

(2) $F_1 = F - N_F^*(u)$ 在 F_1 中不存在相异的等价点, 则必存在图 G, 满足下面两个条件:

(a) $H \cong F[K_t]$;

(b) G 是 F - 残差图.

证明　当 (a) 成立时, (b) 由定理 9.1.1 可得, 因此只需证明 (a). 为此, 又只需证明 H 满足引理 9.1.1. 对于任意的 $u \in H$, 有

$$H - N^*(u) = F_u[K_t] \cong F[K_t],$$

记

$$F_u[K_t] = \langle \{v_u^1, \cdots, v_u^r, v_u^{r+1}, \cdots, v_u^{\nu(F)}\} \rangle = \langle W(u) \rangle. \tag{9.1.1}$$

记 $F = \langle v_1, \cdots, v_r, v_{r+1}, \cdots, v_{\nu(F)} \rangle$, 由 t-同构的定义, 有

$$W(u) = V(H) - N^*(u) = \bigcup_{j=1}^{\nu(F)} V_u^j, \quad V_u^i \cap V_u^j \neq \varnothing, \quad i \neq j,$$

$$|V_u^j| = t, \quad j = 1, 2, \cdots, \nu(F), \quad \langle V_u^j \rangle = K_t,$$

$$(V_u^i, V_u^j) \cap E(F_u[K_t]) = \begin{cases} (V_u^i, V_u^j), \\ \varnothing, \end{cases}$$

且 $(V_u^i, V_u^j) \subset E(F_u[K_t])$ 当且仅当 $(V_i, V_j) \in E(F)$.

假定 v 是与 u 不邻接的任意一点, 于是有 $v \in W(u)$, 不妨设 $v \in V_u^{r+1}$, V_u^{r+1} 与 $V_u^1, V_u^2, \cdots, V_u^r$ 全不邻接, 与 $V_u^{r+2}, V_u^{r+3}, \cdots, V_u^{\nu(F)}$ 全邻接. 根据条件 (1) 知 $r \geqslant 1$, 记

$$H - N^*(v) = F_v[K_t] \cong F[K_t],$$

$$F_v[K_t] = \langle \{v_u^1, \cdots, _u^r, v_u^{r+1}, \cdots, v_u^{\nu(F)}\} \rangle = \langle W(v) \rangle, \tag{9.1.2}$$

$F_v[K_t]$ 与 $F_u[K_t]$ 具有同样的性质. 因 v 与 u 不邻接, 故 $u \in W(v)$, 不妨设 $u \in V_v^{r+1}$. 由于 $\langle V_v^j \rangle = K_t$, 所以 V_v^{r+1} 中不含有 $W(u)$ 的点. 而 $v \in V_u^{r+1}$ 与 $V_u^1, V_u^2, \cdots, V_u^r$ 全不邻接, 故必有

$$V_u^1, V_u^2, \cdots, V_u^r \subset W\langle v \rangle.$$

每个 $V_v^s \subset W\langle v \rangle$ 不可能同时含有 $W(u)$ 和 $N^*(u)$ 的点 (因为如果这样, $u \in V_v^{r+1}$ 就会与 V_u^s 中一些点邻接, 与另一些点不邻接, 与定义矛盾). V_u^s 也不可能同时含有 $W(u)$ 中两个不同的顶点集的点, 因为假如 V_v^1 含有 V_u^1 与 V_u^2 的点, 所以 V_u^1 与 V_u^2 与 $F_u[K_t]$ 中全邻接, 但由条件 (2) 知

$$F_1 = F - N^*(v_{r+1}) = \langle v_1, v_2, \cdots, v_r \rangle,$$

v_1, v_2 在 F_1 中不等价, v_1, v_2 邻接. 设有 v_3 与 v_1 邻接, 而与 v_2 不邻接 (或与 v_1 不邻接而与 v_2 邻接), $v_3 \longleftrightarrow V_u^3$, V_u^3 与 V_u^1 全邻接, 而与 V_u^2 全不邻接. 取 $u_3 \in V_u^3$, 由 u_3 与 $v \in V_u^{r+1}$ 不邻接, $u_3 \subset W(v)$, u_3 显然不属于 V_u^1 (因为假定 V_v^1 含有 V_u^2 的点), 不妨设 $u_3 \in V_v^3$, 则 V_u^s 中的点 u_3 与 V_v^1 中有的顶点邻接, 有的顶点不邻接, 矛盾.

因此我们可以假定: $V_v^j = V_u^j, j = 1, 2, \cdots, r$.

下面证明:

(1) V_v^{r+1} 与 $W(u)$ 全不邻接; V_u^{r+1} 与 $W(v)$ 全不邻接.

由于 $V_v^j = V_u^j$, $j = 1, 2, \cdots, r$, $u \in V_v^{r+1}$ 在 $F_v[K_t]$ 中, 故 V_v^{r+1} 与 $V_u^1, V_u^2, \cdots, V_u^r$ 全不邻接, 于是只需证明 V_v^{r+1} 与 $V_u^{r+s}(s = 1, 2, \cdots, \nu(F) - r)$ 全不邻接即可. 根据

条件 (1), 对每个 V_u^{r+s} 存在 $(j(s) \leqslant r)$ 与 V_u^{r+s} 全不邻接. 取 $u_{j(s)} \in V_u^{j(s)} = V_v^{j(s)}$, 于是 $u_{j(s)}$ 与 V_v^{r+1} 与 V_u^{r+s} 都全不邻接. 所以在

$$H - N^*(u_{j(s)}) = F_{u_{j(s)}}[K_t] = \langle W(u_{j(s)}) \rangle$$

中 $V_u^{r+s} \cup V_v^{r+1} \subset W(u_{j(s)})$, 但 $u \in V_v^{r+1}$ 与 V_u^{r+s} 全不邻接, 故 V_v^{r+1} 与 V_u^{r+s} 全不邻接. 从而证明了 V_v^{r+1} 与 $W(u)$ 全不邻接. 同理可证 V_v^{r+1} 与 $W(u)$ 全不邻接.

(2) 与 $W(u)$ 全不邻接的顶点都在 V_v^{r+1} 中; 与 $W(v)$ 全不邻接的顶点都在 V_u^{r+1} 中. 因为如果 w 与 $W(u)$ 全不邻接, 则与 $v \in W(u)$ 不邻接, 于是 $w \in W(v)$, 且有

$$w \notin V_v^1 \cup V_v^2 \cup \cdots \cup V_v^r = V_u^1 \cup V_u^2 \cup \cdots \cup V_u^r.$$

如果 $w \notin V_v^{r+1}$, 则 $w \in V_v^{r+s}$, 其中 $s = 2, 3, \cdots, \nu(F) - r$. 于是 V_v^{r+s} 与 V_u^1 全不邻接 $v \in V_v^1$.

记

$$F_v[K_t] - N^*_{F_v[K_t]}(v_1) = \widetilde{F}[K_t] = \langle \widetilde{W}(v) \rangle.$$

根据条件 (2), V_v^{r+s} 与 V_v^{r+1} 都在 $W(v)$ 中且 $W(v)$ 全邻接, 故必有 V_v^l 与 V_v^{r+1} 邻接, 而与 V_v^{r+s} 不邻接. 由于 $v_1, v_2, \cdots, v_r$ 与 $V^{r+1}, V^{r+2}, \cdots, V^{r+s}$ 都全不邻接, 故 $l > r, l \neq r+1, r+s$, 于是 V_v^l 与 V_v^{r+s} 全不邻接, 且 $V_v^l \subset N(u)$, 则有

$$H - N^*(w) = \langle W(u) \cup V_v^i \cup \cdots \rangle,$$

这与 $H - N^*(w) \cong F[K_t]$ 矛盾. 故必有 $w \in V_v^{r+1}$.

同理可证与 $W(v)$ 全不邻接的顶点都在 V_u^{r+1} 中.

(3) 因为 $w \in V_v^{r+1}$, $v \in V_u^{r+1}$, 记 $V_v^{r+1} = V(u)$, $V_u^{r+1} = V(v)$, 显然具有如下性质:

$$\langle V(u) \rangle = K_t, \quad \langle V(v) \rangle = K_t.$$

$V(u)$ 与 $W(u)$ 全不邻接, $V(v)$ 与 $W(v)$ 全不邻接, 特别地, 有 $V(u)$ 与 $V(v)$ 全不邻接.

(4) 按照上述方法, 对于每一点 $u \in H$ 都对应着两个顶点集 $V(u)$ 和 $W(u)$,

$$W(u) = V(H) - N^*(u),$$

$V(u)$ 与 $W(u)$ 全不邻接, $V(v)$ 与 $W(v)$ 全不邻接的顶点都在 $V(u)$ 中.

对于每一个与 u 不邻接的顶点 v, 对应着顶点集 $V(v)$ 与 $W(v)$, $V(v)$ 与 $V(u)$ 全不邻接, 且有 $V(u) \subset W(v)$, $V(v) \subset W(u)$.

于是可以得到 $V(H)$ 的一个分划. 令

$$V^1 = V(u_1), \quad u_1 \in V(H),$$
$$V^2 = V(u_2), \quad u_2 \in V(H) - V^1,$$
$$V^3 = V(u_3), \quad u_3 \in V(H) - (V^1 \cup V^2),$$
$$\vdots$$
$$V^r = V(u_r), \quad u_r \in V(H) - (V^1 \cup V^2 \cup \cdots \cup V^{r-1}),$$
$$\vdots$$
$$V^r = V(u_n), \quad u_n \in V(H) - (V^1 \cup V^2 \cup \cdots \cup V^{n-1}),$$

这里 $V(u_j)$ 与 $W(u_j)$ 全不邻接. $V(u_j)$ 与 $W(u_j)$ 是顶点 u_j 按前面的方法对应的两个顶点集. 由于 $V(H)$ 的有限性, 经过有限步之后 $V(H)$ 中每一个顶点都必属于某个 $V(u_j) = V^j$, 所以

(i) $V(H) = \bigcup\limits_{j=1}^{n} V_j$, 且 $|V^j| = t, j = 1, 2, \cdots, n$.

显然 $i \neq j$ 时 $V_i \cap V_j = \varnothing$. 不妨设 $i < j$. 如果 $u \in V_i \cap V_j$, 则对应的顶点集 $W(u_i), W(u_j), W(u)$ 与 u 全不邻接. 故

$$W(u_i) = W(u_j) = W(u),$$

由 (4) 知

$$V(u_i) = V(u_j) = V(u),$$
$$u_j \in V(H) - (V^1 \cup V^2 \cup \cdots \cup V^i \cup \cdots \cup V^{j-1}),$$

这与 $V(u_j)$ 的构造矛盾. 于是显然 $i \neq j$ 时 $V^i \cap V^j = \varnothing$.

(ii) 由 (3) 知 $\langle V^j \rangle = K_t$.

(iii) $(V^i, V^j)E(H) = \begin{cases} (V^i, V^j), & i \neq j, \\ \varnothing. \end{cases}$

因为如果 $u \in V^i, v \in V^j$, 所以有

$$V^i = V(u_i) = V(u), \quad V^j = V(u_j) = V(v).$$

如果 u 与 v 不邻接, 根据 (4), $V(u)$ 与 $V(v)$ 全不邻接, 即 V_i 与 V_j 全不邻接. 从而有 (iii) 成立.

令 $G = (V, E) = \langle v_1, v_2, \cdots, v_n \rangle$, V^j 对应于 v_j, v_i 与 v_j 邻接当且仅当 $(V^i, V^j) \subset E(H)(V^i, V^j)E(H)$, 则 $H = G[K_t]$.

推论 9.1.1　对于图 F, 如果存在 m-F-残差图, 且 m-F-残差图的最小阶是 p, 则 m-$F[K_t]$-残差图的最小阶小于或等于 tp. 如果 F 满足定理 9.1.2 的条件, F-残差图的最小阶小于或等于 tp.

定理 9.1.3　如果 $F = K_n \times K_s$, $n \geqslant s \geqslant 3$, 则唯一的具有最小阶 $t(n+1)(s+1)$ 的 m-$K_n \times K_s[K_t]$-残差图是 $K_{n+1} \times K_{s+1}[K_t]$.

证明　如果 $n \geqslant s \geqslant 3$, 令

$$F = (V, E), \quad V\{x^{ij} | i = 1, 2, \cdots, n; j = 1, 2, \cdots, s\},$$

则 $x_1 = x^{i_1 j_1}$ 与 $x_2 = x^{i_2 j_2}$ 邻接当且仅当 $i_1 = i_2, j_1 \neq j_2$ 或 $i_1 \neq i_2, j_1 = j_2$. 显然 $F \cong K_n \times K_s$. 对于任意的 $x^{ij} \in V(F), x^{ij} \in N(x^{ij})$, 有

$$V(F) - N^*(x^{ij}) - N^*(x^{i_1 j_1}) = \{x^{\tau v} | \tau \neq i, v \neq j\} - N^*(x^{i_1 j_1})$$
$$= \begin{cases} \{x^{\tau v} | \tau \neq i, v \neq j, j_1\} \neq \varnothing, \\ \{x^{\tau v} | \tau \neq i, i_1, v \neq j\} \neq \varnothing \end{cases}$$

(其中, 第一种情况当 $i = i_1$ 时, 第二种情况当 $j = j_1$ 时).

$$F_1 = F - N_F^*(x^{ij}) = \langle \{x^{\tau v} | \tau \neq i, v \neq j\} \rangle.$$

对于 F_1 中任意邻接的二项点, 如 $x^{\tau v_1}$ 与 $x^{\tau v_2}$, $v_1 \neq v_2$, 都有 $x^{\tau_1 v_1}(\tau_1 \neq \tau, i)$ 与 $x^{\tau v_1}$ 邻接, 而与 $x^{\tau v_2}$ 不邻接. 故 F_1 中不存在相异的等价点. 由于 F 满足定理 9.1.2 的条件, 由定理 8.1.1 知当 $n \geqslant s \geqslant 2$ 时, $K_{n+1} \times K_{s+1}$ 是唯一具有最小阶 $(n+1)(s+1)$ 的 $K_n \times K_s$-残差图, 从而得到 $K_{n+1} \times K_{s+1}[K_t]$ 是唯一的具有最小阶 $t(n+1)(s+1)$ 的 $K_n \times K_s[K_t]$-残差图.

9.2　m-$HPK(n_1, n_2, n_3)[K_t]$-残差图

引理 9.2.1　令 $F = F_1[K_t]$, $F_1 = HPK(n_1, n_2, n_3)$, $n_1, n_2, n_3 \geqslant 3$, 以及 $x, y, z \in V(F)$ 是两两不邻接, 则有 $|N^*(x) \cap N^*(y) \cap N^*(z)| = 6t$.

证明　令 $S_x = \{x' | x' 与 x 是不邻接的\}$, $S_y = \{y' | y' 与 y 是不邻接的\}$, $S_z = \{z' | z' 与 z 是不邻接的\}$. 显然有

$$(N^*(x) \cap N^*(y)) \cap N^*(z) = \overline{S_x} \cap \overline{S_y} \cap \overline{S_z},$$

这里 $\overline{S_x}, \overline{S_y}, \overline{S_z}$ 分别与 S_x, S_y, S_z 完全邻接, 所以有

$$|N^*(x) \cap N^*(y) \cap N^*(z)|$$
$$= |\overline{S_x} \cap \overline{S_y} \cap \overline{S_z}|$$

$$= \nu(F) - (|S_x| + |S_y| + |S_z|)$$
$$+ |S_y \cap S_z| + |S_x \cap S_z| - |S_x \cap S_y \cap S_z|.$$

因为 $\nu(F) = n_1 n_2 n_3 t$, 以及

$$|S_x| = |S_y| = |S_z| = (n_1 - 1)(n_2 - 1)(n_3 - 1)t,$$
$$|S_x \cap S_y| = |S_y \cap S_z| = |S_x \cap S_z| = (n_1 - 2)(n_2 - 2)(n_3 - 2)t,$$
$$|S_x \cap S_y \cap S_z| = (n_1 - 3)(n_2 - 3)(n_3 - 3)t,$$

所以

$$|N^*(x) \cap N^*(y) \cap N^*(z)|$$
$$= n_1 n_2 n_3 t - 3(n_1 - 1)(n_2 - 1)(n_3 - 1)t + 3(n_1 - 2)(n_2 - 2)(n_3 - 2)t$$
$$- (n_1 - 3)(n_2 - 3)(n_3 - 3)t$$
$$= 6t.$$

引理 9.2.2 令 $F = F_1[K_t]$, $F_1 = HPK(n_1, n_2, n_3)$, $n_1, n_2, n_3 \geqslant 3$, 以及 $x, y \in V(F)$ 是两两不邻接的, 则有 $|N^*(x) \cap N^*(y)| = [2(n_1 + n_2 + n_3) - 6]t$.

证明 令 $x = (x_1, x_2, x_3, x_4)$, $y = (y_1, y_2, y_3, y_4)$, 由引理 9.1.1 知, x 与 y 不邻接, 则有 $x_i \neq y_i$, $i = 1, 2, 3$. 如果 $u = (u_1, u_2, u_3, u_4)$, u 不与 x, y 邻接, 则

$$u_i = x_i, \quad u_j = x_j, \quad 1 \leqslant i, \quad j \leqslant 3, \quad i \neq j,$$

因此

$$N^*(x) \cap N^*(y) = \{(x_1, y_2, u_3, u_4) | u_3 \in V_3, u_4 \in V_4\}$$
$$\cup \{(x_1, u_2, y_3, u_4) | u_2 \in V_2, u_4 \in V_4\}$$
$$\cup \{(y_1, x_2, u_3, u_4) | u_3 \in V_2, u_4 \in V_4\}$$
$$\cup \{(y_1, u_2, x_3, u_4) | u_2 \in V_2, u_4 \in V_4\}$$
$$\cup \{(u_1, x_2, y_3, u_4) | u_1 \in V_1, u_4 \in V_4\}$$
$$\cup \{(u_1, y_2, x_3, u_4) | u_1 \in V_1, u_4 \in V_4\}.$$

因此

$$|N^*(x) \cap N^*(y)| = [2(n_1 + n_2 + n_3) - 6]t.$$

引理 9.2.3 假设 G 是 F-残差图, $F = HPK(n_1, n_2, n_3)$, $n_1, n_2, n_3 \geqslant 3$, 以及 $x, y \in V(F)$ 是两两不邻接的, 则有 $|N^*(x) \cap N^*(y)| \geqslant 2(n_1 + n_2 + n_3)t$.

证明   对任意的 $u \in V(G)$, u 不邻接 x, y. 令 $G_i = G - N^*(u) \cong F$, 因为 $n_1, n_2, n_3 \geqslant 3$, 所以存在 $v \in V(G)$, v, x, y 在 G 中是两两不邻接的. 由引理 9.2.1, 则

$$|N^*(v) \cap N^*(x) \cap N^*_{G_1}(y)| \geqslant |N^*_{G_1}(v) \cap N^*_{G_1}(x) \cap N^*_{G_1}(y)| = 6t.$$

令 $H = G - N^*(v) \cong F$, $x, y \in V(H)$, 由引理 9.2.2, 则有

$$|N^*_H(x) \cap N^*_H(y)| = 2(n_1 + n_2 + n_3)t - 6t,$$

因为

$$
\begin{aligned}
N^*(x) \cap N^*(y) =& (N^*(v) \cap N^*(x) \cap N^*(y)) \cup (N^*_H(x) \cap N^*_H(y)) \\
\supset& (N^*_{G_1}(v) \cap N^*_{G_1}(x) \cap N^*_{G_1}(y)) \cup (N^*_H(x) \cap N^*_H(y)),
\end{aligned}
$$

因此

$$
\begin{aligned}
|N^*(x) \cap N^*(y)| \geqslant& 2(n_1 + n_2 + n_3)t - 6t + 6t \\
=& 2(n_1 + n_2 + n_3)t.
\end{aligned}
$$

引理 9.2.4   假设 G 是 F-残差图, $F = F_1[K_t]$, $F_1 = HPK(n_1, n_2, n_3)$, $n_1, n_2, n_3 \geqslant 3$, 对任意的 $u \in V(G)$, 则有 $d(u) \geqslant [(n_1 + 1)(n_2 + 1)(n_3 + 1) - n_1 n_2 n_3]t - 1$.

证明   令 $F = G - N^*(v)$, 对任意的 $v \in V(G)$, v 与 u 在 G 中不邻接, 根据残差图和超平面的概念可知

$$|V(F) - N^*_F(u)| = (n_1 - 1)(n_2 - 1)(n_3 - 1)t,$$

$$|N^*_F(u)| = n_1 n_2 n_3 t - (n_1 - 1)(n_2 - 1)(n_3 - 1)t,$$

所以

$$d_F(u) = n_1 n_2 n_3 t - (n_1 - 1)(n_2 - 1)(n_3 - 1)t - 1.$$

又因为 v 与 u 在 G 中不邻接, 由引理 9.2.3 知

$$|N^*(u) \cap N^*(v)| \geqslant 2(n_1 + n_2 + n_3)t,$$

所以

$$
\begin{aligned}
d(u) =& d_F(u) + |N^*(u) \cap N^*(v)| \\
\geqslant& [n_1 n_2 n_3 - (n_1 - 1)(n_2 - 1)(n_3 - 1) + 2(n_1 + n_2 + n_3)]t - 1 \\
=& [(n_1 + 1)(n_2 + 1)(n_3 + 1) - n_1 n_2 n_3)]t - 1.
\end{aligned}
$$

定理 9.2.1 假设 G 是 F-残差图, $F = F_1[K_t]$, $F_1 = HPK(n_1, n_2, n_3)$, n_1, n_2, $n_3 \geqslant 3$, 则有 $\nu(G) \geqslant (n_1 + 1)(n_2 + 1)(n_3 + 1)t$.

证明 令 $F = G - N^*(v)$, 对任意的 $u \in V(G)$, 由引理 6.1.5 和引理 9.2.4 知

$$
\begin{aligned}
\nu(G) &= d(u) + 1 + \nu(F) \\
&\geqslant [(n_1 + 1)(n_2 + 1)(n_3 + 1) - n_1 n_2 n_3)]t + n_1 n_2 n_3 t \\
&= (n_1 + 1)(n_2 + 1)(n_3 + 1)t.
\end{aligned}
$$

定理 9.2.2 假设 G 是 F-残差图, $F = F_1[K_t]$, $F_1 = HPK(n_1, n_2, n_3)$, n_1, n_2, $n_3 \geqslant 3$, 当 $\nu(G) = (n_1 + 1)(n_2 + 1)(n_3 + 1)t$ 时, 则有 $G \cong HPK(n_1 + 1, n_2 + 1, n_3 + 1)[K_t]$.

为了证明定理 9.2.2, 先给出下面的引理.

引理 9.2.5 假设 G 是 F- 残差图, $F = F_1[K_t]$, $F_1 = HPK(n_1, n_2, n_3)$, n_1, n_2, $n_3 \geqslant 3$, 当 $\nu(G) \geqslant (n_1 + 1)(n_2 + 1)(n_3 + 1)t$ 时, $x, y \in F$, 且有 x 与 y 不邻接, 则有

$$|N^*(x) \cap N^*(y)| = 2(n_1 + n_2 + n_3)t.$$

证明 由引理 6.1.5 知, 对任意的 $u \in V(G)$, 有

$$
\begin{aligned}
|N^*(u)| &= \nu(G) - n_1 n_2 n_3 t \\
&= (n_1 + 1)(n_2 + 1)(n_3 + 1)t - n_1 n_2 n_3 t.
\end{aligned}
$$

令 $F = G - N^*(y)$, 因为 $x \in V(F)$, 有

$$N^*(x) = N^*(x) \cap N^*(y) \cup N_F^*(x),$$

所以

$$
\begin{aligned}
&|N^*(x) \cap N^*(y)| \\
&= |N^*(x)| - |N_F^*(x)| \\
&= (n_1 + 1)(n_2 + 1)(n_3 + 1)t - n_1 n_2 n_3 t - [n_1 n_2 n_3 t - (n_1 - 1)(n_2 - 1)(n_3 - 1)t] \\
&= 2(n_1 + n_2 + n_3)t.
\end{aligned}
$$

引理 9.2.6 根据引理 9.2.5 的命名条件, 这里 x, y, z 是 G 中两两不相邻的三点, 则有

$$|N^*(x) \cap N^*(y) \cap N^*(z)| = 6t.$$

证明 令 $F = G - N^*(z)$, 根据引理 9.2.2 和引理 9.2.5 有

$$2(n_1 + n_2 + n_3)t = |N^*(x) \cap N^*(y)|$$

$$= |N_F^*(x) \cap N_F^*(y)| + |N^*(x) \cap N^*(y) \cap N^*(z)|$$

$$= 2(n_1 + n_2 + n_3)t - 6t + |N^*(x) \cap N^*(y) \cap N^*(z)|,$$

所以 $|N^*(x) \cap N^*(y) \cap N^*(z)| = 6t$.

引理 9.2.7　令 $F = F_1[K_t]$, $F_1 = HPK(n_1, n_2, n_3)$, $n_1, n_2, n_3 \geqslant 3$, $x, y, z \in V(F)$ 是两两不相邻的三点, 令 $x = (x_1, x_2, x_3, x_4)$, $y = (y_1, y_2, y_3, y_4)$, $z = (z_1, z_2, z_3, z_4)$, 则有

(1) $N(x) \cap N(y) \cap N(z) \cap N(x_1, y_2, y_3, x_4) \cap N(y_1, x_2, x_3, y_4)$
$\cap N(x_1, x_2, y_3, y_4) \cap N(y_1, x_2, y_3, y_4) = \{(z_1, x_2, y_3, r) | r \in V_4\}$;

(2) $N(z_1, z_2, z_3, z_4) \cap N(x_1, x_2, x_3, y_4) \cap N(y_1, z_2, y_3, y_4) \cap N(z_1, y_2, y_3, y_4)$
$- N(y_1, y_2, y_3, y_4) = \{(z_1, z_2, x_3, r) | r \in V_4\}$.

证明　(1) 的证明可直接由超平面的定义和引理 9.2.1 知, 结论成立.

(2) 令 $v = (v_1, v_2, v_3, v_4)$, 且有

$$v \in N(z_1, z_2, z_3, z_4) \cap N(x_1, x_2, x_3, y_4) \cap N(y_1, z_2, y_3, y_4)$$
$$\cap N(z_1, y_2, y_3, y_4) - N(y_1, y_2, y_3, y_4),$$

根据超平面定义以及 v 与 y 不邻接, 因此 $v_i \neq y_i$, $i = 1, 2, 3$ 以及 $v = (v_1, v_2, v_3, v_4)$ 与 (y_1, z_2, y_3, y_4), (z_1, y_2, y_3, y_4) 是邻接的, 有 $v_1 = z_1$, $v_2 = z_2$, 因为 v 与 x 是邻接的, 所以有 $x_1 \neq z_1 = v_1$, $x_2 \neq z_2 = v_2$, 所以对任意的 $v_4 \in V_4$, 有 $v_3 = x_3$.

定理 9.2.2 的证明　定理的充分性是显然的, 下面分四种情形证明:

情形 I　令 $F_1 = G - N^*(u)$, $F_1 = HPK(n_1, n_2, n_3)$, $n_1, n_2, n_3 \geqslant 3$, 对任意的 $u \in V(G)$, 从超平面的定义知

$$V(F_1) = \{(x_1, x_2, x_3, x_4) | 1 \leqslant x_i \leqslant n_i, i = 1, 2, 3, 1 \leqslant x_4 \leqslant t\},$$

不同的点 $x = (x_1, x_2, x_3, x_4)$, $y = (y_1, y_2, y_3, y_4)$ 在 F_1 中邻接的, 当且仅当存在一点 i, $i \in 1, 2, 3$, 使得 $x_i = y_i$.

情形 II　令 $F_2 = G - N^*(n_1, n_2, n_3)$, $F_2 = HPK(n_1, n_2, n_3)$, $n_1, n_2, n_3 \geqslant 3$, 由引理 9.2.7 来命名 $V(F_2) - V(F_1)$ 的点. 首先, 令 $u = (0, 0, 0, 1)$, 对任意的 $x, y \in V(F_2) \cap V(F_1)$, $x = (x_1, x_2, x_3, 1)$, $y = (y_1, y_2, y_3, 1)$, $x_i \neq y_i$, $i = 1, 2, 3$. 为方便起见, 记 $N(x_1, x_2, x_3, x_4)$ 为点 $x = (x_1, x_2, x_3, x_4)$ 的闭邻域, 而

$$N^*(x_1, x_2, x_3, x_4) = N(x_1, x_2, x_3, x_4) \cup (x_1, x_2, x_3, x_4),$$

由引理 9.2.7, 令

$$N(u) \cap N(x) \cap N(y) \cap N(y_1, x_2, x_3, 1) \cap N(x_1, y_2, y_3, 1)$$

$$\cap N(y_1, y_2, x_3, 1) \cap N(x_1, y_2, x_3, 1) = \{(0, y_2, x_3, r)|1 \leqslant r \leqslant t\},$$

$$N(u) \cap N(x) \cap N(y) \cap N(x_1, y_2, x_3, 1) \cap N(y_1, x_2, y_3, 1)$$

$$\cap N(y_1, y_2, x_3, 1) \cap N(y_1, x_2, x_3, 1) = \{(y_1, 0, x_3, r)|1 \leqslant r \leqslant t\},$$

$$N(u) \cap N(x) \cap N(y) \cap N(y_1, y_2, x_3, 1) \cap N(x_1, x_2, y_3, 1)$$

$$\cap N(y_1, x_2, x_3, 1) \cap N(y_1, x_2, y_3, 1) = \{(y_1, x_2, 0, r)|1 \leqslant r \leqslant t\},$$

其次下面具体命名 $V(F_2) - V(F_1)$ 的点.

$$N(0, 0, 0, 1) \cap N(y_1, y_2, y_3, 1) \cap N(x_1, 0, x_3, 1) \cap N(0, x_2, x_3, 1)$$

$$- N(x_1, x_2, x_3, 1) = \{(0, 0, y_3, r)|1 \leqslant r \leqslant t\},$$

$$N(0, 0, 0, 1) \cap N(y_1, y_2, y_3, 1) \cap N(x_1, x_2, 0, 1) \cap N(0, x_2, x_3, 1)$$

$$- N(x_1, x_2, x_3, 1) = \{(0, y_2, 0, r)|1 \leqslant r \leqslant t\},$$

$$N(0, 0, 0, 1) \cap N(y_1, y_2, y_3, 1) \cap N(x_1, x_2, 0, 1) \cap N(x_1, 0, x_3, 1)$$

$$- N(x_1, x_2, x_3, 1) = \{(y_1, 0, 0, r)|1 \leqslant r \leqslant t\}.$$

显然, $V(F_2) - V(F_1)$ 所有的点已经命名, 任意的不同的两点 $x, y \in F_1 \cup F_2$, 其中 $x = (x_1, x_2, x_3, x_4)$, $y = (y_1, y_2, y_3, y_4)$ 是彼此邻接的, 当且仅当存在一点 $i, i \in 1, 2, 3$, 使得 $x_i = y_i$.

情形 III　令 $F_3 = G - N^*(n_1, n_2, n_3)$, $F_3 = HPK(n_1, n_2, n_3)$, $n_1, n_2, n_3 \geqslant 3$, 下面命名 F_3 中的点, 根据

$$\begin{aligned}
V(F) - V(F_1) - V(F_2) &= V(F_3) \cap \overline{(V(F_1) \cup V(F_2))} \\
&= V(F_3) \cap N^*(0, 0, 0, 1) \cap N^*(n_1, n_2, n_3, 1) \\
&= N^*(0, 0, 0, 1) \cap N^*(n_1, n_2, n_3, 1) - N^*(1, 1, 1, 1),
\end{aligned}$$

对任意的 $x = (x_1, x_2, x_3, 1) \in V(F_1) \cap V(F_2) \cap V(F_3)$, $2 \leqslant x_i \leqslant n_{i-1}$, $i = 1, 2, 3$, 根据引理 9.2.7, 令

$$N(0, 0, 0, 1) \cap N(x_1, x_2, x_3, 1) \cap N(n_1, n_2, n_3, 1) \cap N(x_1, n_2, n_3, 1) \cap N(x_1, x_2, n_3, 1)$$

$$= \{(0, x_2, n_3, r)|1 \leqslant r \leqslant t\}.$$

类似地, 可以命名

$$\{(0, n_2, x_3, r), (x_1, 0, n_3, r), (x_1, n_2, 0, r), (n_1, x_2, 0, r)|1 \leqslant r \leqslant t\}.$$

由引理 9.2.7, 令

$$N(0, 0, 0, 1) \cap N(x_1, x_2, n_3, 1) \cap N(n_1, 0, x_3, 1) \cap N(0, n_2, x_3, 1) - N(n_1, n_2, x_3, 1)$$

$$=\{(0,0,n_3,r)|1\leqslant r\leqslant t\},$$

$$N(0,0,0,1)\cap N(n_1,x_2,n_3,1)\cap N(0,x_2,n_3,1)\cap N(n_1,x_2,0,1)-N(n_1,x_2,n_3,1)$$
$$=\{(0,n_3,0,r)|1\leqslant r\leqslant t\},$$

$$N(0,0,0,1)\cap N(x_1,n_2,x_3,1)\cap N(x_1,0,n_3,1)\cap N(x_1,n_2,0,1)-N(x_1,n_2,n_3,1)$$
$$=\{(n_1,0,0,r)|1\leqslant r\leqslant t\},$$

类似地, 令

$$N(n_1,n_2,n_3,1)\cap N(x_1,x_2,0,1)\cap N(0,n_2,x_3,1)\cap N(n_1,0,x_3,1)-N(0,0,x_3,1)$$
$$=\{(n_1,n_2,0,r)|1\leqslant r\leqslant t\},$$

$$N(n_1,n_2,n_3,1)\cap N(x_1,0,x_3,1)\cap N(n_1,x_2,0,1)\cap N(0,x_2,n_3,1)-N(0,x_2,0,1)$$
$$=\{(n_1,0,n_3,r)|1\leqslant r\leqslant t\},$$

$$N(n_1,n_2,n_3,1)\cap N(0,x_2,x_3,1)\cap N(x_1,n_2,0,1)\cap N(x_1,0,n_3,1)-N(x_1,0,0,1)$$
$$=\{(0,n_2,n_3,r)|1\leqslant r\leqslant t\}.$$

重复命名 $V(F_2)\cap V(F_3)$, 由引理 9.2.7 知在 F_2 命名的唯一性,

$$V(F_3)=\{(x_1,x_2,x_3,x_4)|1\leqslant x_i\leqslant n_i,i=1,2,3,1\leqslant x_4\leqslant t\},$$

其中 $x=(x_1,x_2,x_3,x_4),y=(y_1,y_2,y_3,y_4)$ 是彼此邻接的, 当且仅当存在一点 $i,i\in 1,2,3$, 使得 $x_i=y_i$.

情形Ⅳ　G 中所有未命名的点可以通过在

$$N^*(0,0,0,1)\cap N^*(n_1,n_2,n_3,1)\cap N^*(1,1,1,1)$$

中的点优先命名. 下面令

$$F_4=G-N^*(2,2,2,1)=HPK(n_1,n_2,n_3)[K_t].$$

显然有 $(0,0,0,1),(n_1,n_2,n_3,1),(1,1,1,1)\in V(F_4)$. 由引理 9.2.2 和引理 9.2.7, 有

$$|N_{F_4}^*(0,0,0,1)\cap N_{F_4}^*(n_1,n_2,n_3,1)\cap N_{F_4}^*(1,1,1,1)|=6,$$
$$N_{F_4}^*(0,0,0,1)\cap N_{F_4}^*(n_1,n_2,n_3,1)\cap N_{F_4}^*(1,1,1,1)\subset V(F_4).$$

由引理 9.2.7 和情形Ⅲ, 可以重复命名 $V(F_2)\cap V(F_4),V(F_3)\cap V(F_4)$ 的点, 而且也知道 F_2,F_3 中的点的命名. 现在令

$$N(0,0,0,1)\cap N(1,1,1,1)\cap N(n_1,n_2,n_3,1)\cap N(1,n_2,n_3,1)\cap N(1,1,n_3,1)$$

$$\cap N(n_1, 1, 1, 1) \cap N(n_1, 1, n_3, 1) = \{(0, 1, n_3, r) | 1 \leqslant r \leqslant t\}.$$

类似地, 可以命名:

$$\{(0, n_2, 1, r), (1, 0, n_3, r), (1, n_2, 0, r), (n_1, 0, 1, r), (n_1, 1, 0, r) | 1 \leqslant r \leqslant t\},$$

所以

$$V(F_4) = \{(x_1, x_2, x_3, x_4) | x \neq 2, i = 1, 2, 3, 1 \leqslant x_4 \leqslant t\},$$

其中 $x = (x_1, x_2, x_3, x_4)$, $y = (y_1, y_2, y_3, y_4)$ 是彼此邻接的, 当且仅当存在一点 i, $i \in 1, 2, 3$, 使得 $x_i = y_i$.

综上, G 中所有的点都已经命名即为

$$V(G) = \{(x_1, x_2, x_3, x_4) | 1 \leqslant x_i \leqslant n_i, i = 1, 2, 3, 1 \leqslant x_4 \leqslant t\},$$

其中 $x = (x_1, x_2, x_3, x_4), y = (y_1, y_2, y_3, y_4)$, 如果 x, y 在 $F_i, i = 1, 2, 3, 4$, 则称 x, y 邻接的, 当且仅当存在一点 $i, i \in 1, 2, 3$, 使得 $x_i = y_i$. 否则, 对任意的 $z \in V(G)$, z 与 x, y 不邻接. 令 $G_1 = G - N^*(z)$, 其中 $G_1 = HPK(n_1, n_2, n_3)$, $n_1, n_2, n_3 \geqslant 3$, 则有 $x, y \in V(G_1)$, 根据 x, y 在 G_1 中命名的唯一性, 所以在 G 中命名也是唯一的. 所以在 G 中其中 $x = (x_1, x_2, x_3, x_4)$, $y = (y_1, y_2, y_3, y_4)$ 是彼此邻接的, 当且仅当存在一点 i, $i \in 1, 2, 3$, 使得 $x_i = y_i$.

综上, 证明了 $G \cong HPK(n_1 + 1, n_2 + 1, n_3 + 1)[K_t]$.

下面讨论 m-$HPK(n_1, n_2, n_3)$-残差图的性质.

引理 9.2.8 令 G 是 m-F-残差图, 其中令 $F = F_1[K_t]$, $F_1 = HPK(n_1, n_2, n_3)$, $n_1, n_2, n_3 \geqslant 3$, 以及 $x, y, z \in V(G)$ 两两不邻接, 则

$$|N^*(x) \cap N^*(y) \cap N^*(z)| = 6t.$$

证明 由超平面的定义和引理 9.2.2 知, 结论显然成立.

引理 9.2.9 令 G 是 m-F-残差图, 其中令 $F = F_1[K_t]$, $F_1 = HPK(n_1, n_2, n_3)$, $n_1, n_2, n_3 \geqslant 3$, 以及 $u, v \in V(G)$ 是不邻接的, 则有

$$|N^*(u) \cap N^*(v)| \geqslant 2(n_1 + n_2 + n_3)t + 6(m-1)t.$$

证明 利用数学归纳法证明, 当 $m = 1$ 时, 由引理 9.2.3 知, 结论成立. 假设当 $m \geqslant 1$ 时成立, 对于 $m+1$, 令 G 是连通的 $(m+1)$-$HPK(n_1, n_2, n_3)$-残差图, u, v 在 G 中不邻接, 对任意的 $w \in G$, w 与 u, v 都不邻接. 令 $H = G - N^*(w)$, 则有 u, v 在 H 中不邻接, 其中 $H = m$-$HPK(n_1, n_2, n_3)$-残差图. 根据归纳假设, 则有

$$|N^*(u) \cap N^*(v)|$$

$$=|N_H^*(u) \cap N_H^*(v)| + |N^*(u) \cap N^*(v) \cap N^*(w)|$$

$$\geqslant 2(n_1 + n_2 + n_3)t + 6(m-1)t + 6t$$

$$= 2(n_1 + n_2 + n_3)t + [6(m+1) - 1]t.$$

引理 9.2.10   令 G 是 m-F-残差图, 其中令 $F = F_1[K_t]$, $F_1 = HPK(n_1, n_2, n_3)$, $n_1, n_2, n_3 \geqslant 3$, 以及 $u \in V(G)$, 则有

$$d(u) + 1 \geqslant [(n_1 + m)(n_2 + m)(n_3 + m) - (n_1 + m - 1)(n_2 + m - 1)(n_3 + m - 1)]t.$$

证明   利用数学归纳法证明, 当 $m = 1$ 时, 由引理 9.2.4 知, 结论成立. 假设当 $m \geqslant 1$ 时成立, 对于 $m + 1$, 令 G 是连通的 $(m+1)$-$HPK(n_1, n_2, n_3)$-残差图, 令 $H = G - N^*(v)$, 则有 $u \in H$, 其中 $H = m$-$HPK(n_1, n_2, n_3)$-残差图. 根据归纳假设以及引理 9.2.3, 则有

$$d(u) + 1 \geqslant d_H(u) + |N^*(u) \cap N^*(v)|$$

$$\geqslant [(n_1 + m)(n_2 + m)(n_3 + m) - (n_1 + m - 1)(n_2 + m - 1)(n_3 + m - 1)]t - 1$$

$$+ 2(n_1 + n_2 + n_3)t + 6(m-1)t$$

$$= [(n_1 + m + 1)(n_2 + m + 1)(n_3 + m + 1) - (n_1 + m)(n_2 + m)(n_3 + m)]t$$

定理 9.2.3   令 G 是 m-F-残差图, 其中令 $F = F_1[K_t]$, $F_1 = HPK(n_1, n_2, n_3)$, $n_1, n_2, n_3 \geqslant 3$, $\nu(G) \geqslant (n_1 + m)(n_2 + m)(n_3 + m)t$.

证明   利用数学归纳法证明, 当 $m = 1$ 时, 由定理 9.2.1 知, 结论成立. 假设当 $m \geqslant 1$ 时成立, 对于 $m + 1$, 令 G 是连通的 $(m+1)$-$HPK(n_1, n_2, n_3)$-残差图, 对任意的 $u \in G$, 令 $H = G - N^*(v)$, 则有 $u \in H$, 其中 $H = m$-$HPK(n_1, n_2, n_3)$-残差图. 根据归纳假设以及定理 9.2.1, 则有

$$\nu(H) \geqslant (n_1 + m)(n_2 + m)(n_3 + m)t,$$

$$\nu(G) = d(u) + 1 + \nu(H)$$

$$\geqslant [(n_1 + m + 1)(n_2 + m + 1)(n_3 + m + 1) - (n_1 + m)(n_2 + m)(n_3 + m)]t$$

$$+ (n_1 + m)(n_2 + m)(n_3 + m)t$$

$$= (n_1 + m + 1)(n_2 + m + 1)(n_3 + m + 1)t.$$

定理 9.2.4   令 G 是 m-F-残差图, 其中令 $F = F_1[K_t]$, $F_1 = HPK(n_1, n_2, n_3)$, $n_1, n_2, n_3 \geqslant 3$, 当 $\nu(G) = (n_1 + m)(n_2 + m)(n_3 + m)t$ 时, 有

$$G \cong HPK(n_1 + m, n_2 + m, n_3 + m)[K_t].$$

证明 利用数学归纳法证明, 当 $m = 1$ 时, 由定理 9.2.2 知, 结论成立. 假设当 $m \geqslant 1$ 时成立, 对于 $m+1$, 令 G 是连通的 $m+1\text{-}HPK(n_1, n_2, n_3)[K_t]$-残差图, 对任意的 $u \in G$, 令 $H = G - N^*(v)$, 则有 $u \in H$, 其中 $H = m\text{-}HPK(n_1, n_2, n_3)[K_t]$-残差图. 根据归纳假设以及定理 9.2.3, 则

$$
\begin{aligned}
\nu(H) &= \nu(G) - |N^*(u)| \\
&\leqslant (n_1 + m + 1)(n_2 + m + 1)(n_3 + m + 1) \\
&\quad - [(n_1 + m + 1)(n_2 + m + 1)(n_3 + m + 1) - (n_1 + m)(n_2 + m)(n_3 + m)]t \\
&= (n_1 + m)(n_2 + m)(n_3 + m)t.
\end{aligned}
$$

由定理 9.2.3 知

$$
\nu(H) = (n_1 + m)(n_2 + m)(n_3 + m)t.
$$

由归纳假设知

$$
H \cong HPK(n_1 + m, n_2 + m, n_3 + m)[K_t],
$$

因此, 根据条件和定理 9.2.2 知

$$
H \cong HPK(n_1 + m + 1, n_2 + m + 1, n_3 + m + 1)[K_t].
$$

9.3 本章小结

合成残差图概念的引入不仅拓展了残差图的研究范围, 而且对完备残差图的研究也有重要的影响. 本章研究了 $F[K_t]$- 残差图的性质, 并且举例说明当 $F = m\text{-}HPK(n_1, n_2, n_3)$ 时, $F[K_t]$-残差图的最小阶和极图.

第10章 结论与展望

10.1 本书的主要创新点

本书主要是围绕一些数学家提出的几个关于图论的重要猜想来写的, 让更多读者了解这些重要问题的提出、解决以及证明的方法和思路.

(1) 关于等部图的因子分解是由著名的数学家 Harary, Robinson 提出的, 本书运用了两种不同的方法来证明整个猜想.

(2) 数学家 Harary, Robinson 等提出的关于完备三分图的同构因子分解的猜想, 本书在证明此猜想时, 先由解决特殊的 t 出发, 后引用置换和染色的思想方法, 解决了整个猜想.

(3) Hamilton 圈分解的猜想是由数学家 Kötzig 提出的, 本书对此猜想的证明, 是先从特殊的两个圈的笛卡儿乘积和三个圈的笛卡儿乘积的 Hamilton 圈分解出发, 最后再利用矩阵和任意圈笛卡儿乘积的关系, 解决了任意个圈的笛卡儿乘积的 Hamilton 圈分解.

(4) 关于连通的 m-K_n-残差图的问题是由数学家 Erdös, Harary, Klawe 等提出的, 此猜想至今尚未完全解决. 本书对他们的猜想作了系统的研究, 并作出了重要的修正.

(5) 对于完备残差图, 本书主要把数学家 Erdös, Harary, Klawe 等提出的关于残差图到超平面上的问题, 研究了超平面上残差图的性质. 此外还研究了合成残差图的性质.

10.2 研究展望

本书对等部图的因子分解、完备三分图的因子分解、圈的笛卡儿乘积的 Hamilton 圈分解以及完备残差图的性质、合成残差图的性质等内容展开了研究, 虽然取得了一些有价值的研究成果, 但在许多方面还有待完善和进一步的研究.

(1) 关于等部图的因子分解和完备三分图的因子分解的猜想目前已经完全解决, 关于图的因子分解能否拓展到其他的图, 如 $K_n \times K_s$ 能否同构因子分解, 超平面图 $HPK(n_1, n_2, \cdots, n_r)$ 能否同构因子分解, 目前还比较缺乏这方面的研究成果.

(2) 圈的笛卡儿乘积的 Hamilton 圈分解, 目前对任意圈笛卡儿乘积的 Hamilton

圈分解已经完全解决, 但对于同样由 Kötzig 提出的关于圈的合成的 Hamilton 圈分解目前已经解决两个圈的合成, 但任意个圈的合成的 Hamilton 圈分解还未解决.

(3) 对于连通的 m-K_n-残差图猜想, 目前只解决了一部分, 还有很大部分的 m, n 的值未解决. 对此还可以提出以下猜想:

(i) 若 G 是连通的 m-K_n-残差图, 当 n 为奇数时, $m \geqslant 3, n \geqslant 3$, 有

$$\nu(G) \geqslant \min\{(m+n)(m+1), (m+3)n+m-1\}.$$

当 n 为偶数时, 有

$$\nu(G) \geqslant \min\left\{(m+n)(m+1), (m+3)n+m-1, \frac{n}{2}(3m+2)\right\}.$$

(ii) 若 G 是连通的 m-K_n-残差图, n 为偶数, 且 G 含有子图 $C_5\left[K_{\frac{n}{2}}\right]$, 这里 G^m 是阶为 $3m+2$ 的连通的 m-K_2-残差图.

(4) 关于合成残差图的性质研究, 目前这方面的成果较少, 而且所涉及的都是 $F[K_t]$-残差图的性质, 目前解决的只有 $F = HPK(n_1, n_2, n_3)$ 和 $F = HPK(n_1, n_2, n_3, n_4)$, 是否还有其他的 F 满足条件, 需要进一步研究.

参 考 文 献

[1] 王建方. 完全等部多分图的同构因子分解 ——Harary, Robinson 和 Wormald 猜想的证明 [J]. 中国科学 (A 辑), 1982, 8: 702–712.

[2] Petersen J. Die theorie der ruglaren graphen[J]. Acta Mathematics, 1891, (5): 193–220.

[3] Lovasz L. Combinatoial Problems and Exercises North-Holand Publishing Company Amsterdam[M]. New York: Oxford, 1979.

[4] Garey M R, Johnson D S. Computer and Intractability: A Guide to the Theory of NP-Completeness[M]. San Francisco: W.H. Freeman and Company Publishers, 1976.

[5] Chung F R K, Graham R L. Recent results in graph compositions[J]. Combinatorics, London Math. Soc., 1983: 191–201.

[6] Ringel G. Selbstkemplementare graphen[J]. Arch. Math, 1963: 354–358.

[7] Sachs H. Uber Selbstkementare Graphen[J]. Publ. Math. Debrecen, 1962, (9): 270–288.

[8] Harary F, Robinson R W, Wormald N C. Isomorphic factorisations III, complete multipartite[J]. Combinatoial Mathematics, 1978: 47–54.

[9] Harary F, Robinson R W, Wormald N C. Isomorphic factorisations I, complete graphs[J]. Transaction of Amer. Math. Soc., 1978, 5: 243–260.

[10] Harary F, Robinson R W, Wormald N C. In Combinatorial Mathematics, Proceeding of the International Conference on Combinatorial Theory Canberra, August 16–27, 1977. New York: Springer-Verlag: 47–48.

[11] Quinn S J. Isomorphic factorizations of complete equipartite graphs[J]. J. Graph Thory, 1983, 7: 285–310.

[12] 杨世辉. 完备等部图 $K_n(m)$ 的同构分解 [J]. 曲阜师范学院学报, 1984, 2: 52–70.

[13] Yang S H. The isomorphic factorization of complete tripartite graphs $K(m, n, s)$-A proof of Harary F, Robinson R W and Wormald N C conjecture [J]. Discrete Mathematics, 1995, 145: 239–257.

[14] 杨世辉. 完备三分图 K(A, B, C) 有同构因子的某些充分条件 [J]. 应用数学学报, 1983, 6(4), 393–405.

[15] Duan H M. The isomorphic factorization of complete tripartite graphs $K(m, n, s)$ into 9×2^k isomorphic factors[J]. Journal of Discrete Mathematical Sciences and Cryptography, 2015, 18(4): 371–383.

[16] Kötzig A. Every Cartesion Product of Two Circuits is Decomposable into Two Hamiltonian Circuirts Centre de Recherches Mathematiques [M]. Quebec City: Montreal, 1973.

[17] Fregger M F. Hamiltonian decompositon of produchts of Cycles[J]. Discrete Mathematics, 1978: 251–260.

[18] 连广昌. n 个图笛积的 Hamilton 分解 ——A.Kötzig 猜猜的证明 [J]. 应用数学学报, 1988, 11: 123–126.

[19] Bermond J C. Hamiltonian decompostions of graphs directed graphs and hypergraphs[J]. Ann Discrete Mathematics, 1978: 21–28.

[20] Quinn S J. On the Existence and Enumeration of Isomorphic Factorizations and Graphs. Newcastle: University of Newcastle, 1984.

[21] Baranyai Z, Szasz G Y R. Hamiltonian decomposition of lexicographic product[J]. Journal of combinatorial theory, series B, 1981, 31: 253–261.

[22] Erdös P, Harary F, Klawe M. Residually-complete graphs[J]. Annals of Discrete Mathematics, 1980, 6: 117–123.

[23] Liao J D, Yang S H, Deng Y. On connected 2-K_n-residual graphs[J]. Mediterranean Journal of Mathematics, 2012, 6: 12–27.

[24] Liao J D, Long G. Luoming Erdös conjecture on connected residual graphs[J]. Journal of Computer, 2012, 7: 1497–1502.

[25] Liao J D, Yang S H. Two improvement on the Erdös, Harary and Klawe conjecture[J]. Mediterraean Journal of Mathematics, 2014, 3: 1–16.

[26] 段辉明, 曾波, 窦智. 连通的三重 K_n-残差图 [J]. 运筹学学报, 2014, 18(2): 59–68.

[27] Duan H M, Zeng B, Jin L Y. On connected m-K_2-residual graphs[J]. Ars Combinatoria, 2016, 125: 23–32.

[28] 杨世辉, 段辉明. 奇阶完备残差图 [J]. 应用数学学报, 2011, 34(5): 778–785.

[29] 杨世辉, 段辉明. 具有次最小阶的连通的残差完备图 [J]. 西南师范大学学报 (自然科学版), 2006, 31(6): 7–10.

[30] 段辉明, 李永红. 关于 m-$HPK(n_1, n_2, n_3, n_4)$-残差图 [J]. 数学杂志, 2014, 34(2): 324–334.

[31] Duan H M. On connected m multiply 2 dimensions composite hyperplane complete graphs[J]. Journal of Discrete Mathematical Sciences & Cryptography, 2013, 16(6): 313–328.

[32] 杨世辉, 刘学文. $F[K_t]$-残差图 [J]. 西南师范大学学报 (自然科学版), 2003, 28(3): 8–12.

[33] 杨世辉. m-$K_m \times K_n$-残差图 [J]. 曲阜师院学报 (自然科学版), 1985, 2: 34–38.

[34] 杨世辉. m-$K_m \times K_n$-残差图 [J]. 科学通报 (A 辑), 1983, 15: 955–956.

[35] Duan H M, Li Y H. On connected m-$HPK(n_1, n_2, n_3, n_4)$-$[K_t]$-residual graphs[J]. Journal of Discrete Mathematics, Vol. 2013, Article ID 983830, 7 pages doi:10.1155/2013/983830.

[36] Chernyak A A. Residual reliability of P-threshold graphs[J]. Discrete Applied Mathematics, 2004,135(12): 83–95.

[37] Luksic P, Pisanski T. Distance-residual graphs[J]. Mathematics, 2006, (9): 104–111.

[38] Michael H. Image segmentation using iterated graph cuts with residual graph[J]. Eduard Sojka in Advances in Visual Computing, 2013, 1: 228–237.

[39] Trotta B. Residual properties of simple graphs[J]. Bulletin of the Australian Mathematical Society, 2010, 82: 488–504.

[40] 王建方. 关于图的因子分解 [J]. 数学季刊, 1988, 3(4): 37–49.

[41] 王建方. 关于图的路因子分解 [J]. 福州大学学报, 1988, 3: 35–38.

[42] 杨世辉. 完备等部图 $K_n(m)$ 的同构因子分解 [J]. 运筹学专刊, 1984, (2): 52–71.

[43] 华罗庚. 数论导引. 北京: 科学出版社, 1979.

[44] Bela B. Extremal Graph Theory[M]. Addison-Wesley, 1978.

[45] Bang J J, Gutin G. Digraphs: Theory, Algorithms and Applications[M]. London: Springer, 2000.

[46] Hilton A J W. Hamiltonian decompositions of complete graphs[J]. J Combin Theory(B), 1984, 36: 125–134.

[47] Hoffman D G, Rodger C A, Rosa A. Maximal set of 2-factors and hamilton cycles[J]. J Combin Theory(B),1993,57:69–76.

[48] Fu H L,Long S L, Rodger C A. Maximal set of hamilton cycles in K_{2p}-F[J]. Discrete Math, 2008, 308: 2822–2829.

[49] 郭巧萍, 李胜家. 完全图的 Hamilton 圈分解 [J]. 山西大学学报 (自然科学版), 2010, 33(1): 41–42.

[50] 杨世辉. $C_1 \times C_2 \times C_3$ 的 Hamilton 圈分解 ——A.Kötzig 猜想的一个新的证明 [J]. 涪陵师专学报 (自然科学版),1997, 13(3): 1–12.

[51] Auber J, Schneider B. Decomposition de la some cartesienne dun cycle et de Iunion de deux cyckes Hamiltonian[J]. Discrete Mathematics, 1982, 38: 7–16.

索　引